有限单元法及应用

李地元　苏晓丽　韩明罡　编著

中南大学出版社
www.csupress.com.cn

·长沙·

内容简介

  《有限单元法》是土木、采矿、水利、地质、机械等工程领域开展数值计算分析的重要专业基础课，本教材基于有限单元法的基本理论、单元特性、求解过程及有限元软件工程应用案例进行编写。

  本教材系统阐述了有限单元法的基本原理及其工程应用案例。第1章绪论部分简要叙述了有限单元法的发展历程、基本思想和主要求解步骤，以及有限单元法的特点和应用范围。第2~7章为有限单元法的基础理论内容，包括有限单元法的数学力学基础、伽辽金有限单元法和杆单元分析、梁单元和杆-梁组合单元分析、弹性固体力学的平面问题分析和三维空间问题分析，以及有限单元法中的非线性问题分析等内容。第8~11章为有限单元法主要商业软件介绍及工程应用案例分析，包括有限元通用软件 ANSYS 和 ABAQUS 的基本特征介绍及典型案例分析，以及岩土和地下工程方面的有限元软件 PLAXIS、MIDAS GTS NX 的基本特征介绍和工程案例应用分析。本书内容丰富，有限单元法的概念清晰、工程案例分析取材新颖，教材内容重视理论联系实际，兼具科学性和实用性。

  本书可作为土木工程、城市地下空间工程、采矿工程等专业的本科生有限单元法及应用课程的教材使用，也可作为相关专业的高等学校教师、科研院所及工程设计与施工单位技术人员的参考用书。

前　言

　　有限单元法是 20 世纪六七十年代发展起来的强有力的数值分析方法，特别是随着电子计算机的快速发展，基于有限单元法的数值分析软件已经在众多工程领域内得到了广泛应用，各种商业有限元软件，如 ANSYS、MIDAS GTS NX、ABAQUS 等纷纷被国内企业、高校和研究机构引进。有限单元法涉及数学和力学等学科的多种知识，有限单元法数学力学基础包含大篇幅的理论计算公式，为有限单元法的教学带来一定困难。

　　中南大学城市地下空间工程专业是全国该专业办学最早的高校，"有限单元法及应用"课程一直是该专业的基础选修课程，设置课时为 40 课时，选学人数众多。虽然国内外关于有限单元法方面的教材较多，但能便于本科三年级左右的学生进行学习和使用的教材仍然较为缺乏，且现有的大部分教材偏向于基础理论介绍，学生难以在较短的时间内掌握并进行应用。因此，本教材针对城市地下空间工程专业的本科生"有限单元法及应用"课程，参照城市地下空间工程专业的培养计划和目标，是基于编著者教学团队在多年的课程教学实践经验基础上，编写的一本可读性较高、便于学生理解、偏向城市地下空间工程专业方向的有限单元法及应用类书籍。本教材在有限元理论分析的基础上引入有限元软件实例教学，使学生了解并掌握有限元的基本原理方法以及相关软件的基本特征与操作过程，并以视频教程等辅助激发学生学习兴致，从而促使学生较顺利地掌握有限元软件的使用，并正确地理解、分析有限元软件所给出的结果，引导本科生利用有限元等数值分析软件进行科学研究和探索。

　　本教材内容分为有限单元法理论篇和有限元软件应用篇。

　　理论篇：第 1 章简单介绍了有限单元法的发展历程及有限元求解的基本过程和应用范围；第 2 章叙述了有限单元法的数学力学基础，如直接刚度法、加权残差法和瑞利-里茨法等，本教材重点阐述了加权残差法，并详细推导了有关公式，以利于读者建立有限单元法的基本数学概念；第 3 章至 4 章详细讲述了如何利用伽辽金加权残差有限单元法构建杆单元、梁单元的单元平衡方程，并通过单元组装形成整体平衡方程，进而实现杆单元、梁单元以及杆-梁组合单元的有限元求解全过程。第 5 章至 6 章讲述实体单元弹性力学问题，较全面地介绍了各种平面和空间单元的计算方法，对实体单元的特性、形函数的构建、局部坐标系等问题进行了阐述和介绍。第 7 章简要介绍了有限单元法在处理一些非线性问题中的方法和应用。

应用篇：本教材第 8 章到 11 章介绍了 4 种较为成熟的有限元软件及其典型应用案例。第 8 章介绍了有限元通用软件 ANSYS 的基本情况，并以杆单元、梁单元和三维实体单元为例，介绍了不同单元类型在有限元软件和结构分析中的应用；第 9 章介绍了有限元软件 ABAQUS 的基本情况，并以模拟局部荷载作用下地基中的竖向应力分布为例，介绍了该有限元软件的详细分析步骤；第 10 章介绍了在岩土工程中广泛采用的有限元软件 PLAXIS 的基本情况，并以公路边坡支护与稳定性分析以及新奥法隧道施工过程模拟为例，介绍了 PLAXIS 有限元软件在实际工程中的应用案例及分析过程；第 11 章介绍了有限元软件 MIDAS GTS NX 的基本情况，并以 TBM 盾构掘进施工模拟为例，介绍了该有限元软件模拟隧道连续施工工况的具体操作分析过程。

本书由中南大学资源与安全工程学院李地元教授基于过去近十年的《有限单元法及应用》课程教学经验完成，教材内容一部分取材于国内外有关文献和专著，理论篇内容特别感谢中南大学资源与安全工程学院林杭教授推荐的 Smith I. M. 和 Griffiths D. V. 编写的专著 *Programming the Finite Element Method*(第四版)（第五版），该书对本课程的教学和本教材的编写起到了重要的作用，另外一部分内容取材于有限元软件的应用和典型案例分析，主要是本课程的计算机上机教学环节开展的教学内容。

在教材编写过程中，本课题组研究生苏晓丽、韩明罡、周奥辉等对全书有限元理论篇内容及公式进行了详细的审阅和修改，研究生张晨曦、陈昱达、彭珍、吕欣欣等做了有限元软件应用篇的部分算例，中南大学城市地下空间工程专业本科生李瑞圆、周子俊对全书文字内容进行了校对，中南大学城市地下空间工程专业 2015、2016、2017、2018 级选修本课程的学生在课堂教学互动环节中提出了一些的有益的建议，并提供了丰富的课程上机分析案例。此外，本教材编写得到了 2022 年中南大学教材建设工作立项和资助，在此一并表示感谢。由于本书涉及内容较为广泛，加之限于作者水平和精力，虽经多次修改和完善，书中仍难免存在一些不足之处，热情欢迎读者批评指正。

目 录

第 1 章　绪论

1.1　数值分析方法概述

在科学技术领域内，对于许多力学问题和物理问题，人们已经得到了它们应遵循的基本方程(常微分方程或偏微分方程)和相应的定解条件，但能用解析方法求出精确解的只是少数方程，解决的是性质比较简单且几何形状相当规则的问题。对于大多数问题，由于方程某些特征的非线性性质或求解区域的几何形状比较复杂，不能得到解析的答案。这类问题通常有两种解决途径：一种是引入简化假设，将方程和几何边界简化为能够处理的情况，从而得到问题在简化状态下的解答。但是这种方法在有限的情况下是可行的，过多的简化可能导致误差很大，甚至得到错误的解答。因此，人们多年来寻找和发展了另一种求解方法——数值分析方法，特别是近几十年来，随着电子计算机的飞速发展和广泛应用，数值分析已成为求解复杂科学方程的主要方法。数值分析方法分为连续数值分析方法和非连续数值分析方法。连续数值分析方法包括有限单元法、有限差分法和边界元法等；而非连续数值分析方法包括离散单元法和非连续变形分析方法。

有限单元法(finite element method, FEM)是一种求解边界和初始条件已知(或两者之一)的偏微分方程组的数值解法，属于连续介质微分法。其主要原理是将一个连续的求解域分割成有限个单元，用未知参数方程表征单元的特性，然后将各个单元的特征方程组合成大型代数方程组，通过求解方程组得到节点上的未知参数，获取结构内力等需要考察的输出结果。有限单元法可以利用计算机进行计算分析，它通过对连续问题进行有限数目的单元离散来近似，是分析复杂结构和复杂问题的一种强有力的分析工具，应用十分广泛。有限单元法的代表软件包括 ANSYS、ABAQUS、PLAXIS、MIDAS GTS NX 等。

有限差分法(finite difference method, FDM)是一种求解微分方程数值解的近似方法，其主要原理是对微分方程中的微分项进行直接差分近似，从而将微分方程转化为代数方程组求解。有限差分法是建立在经典的数学逼近理论基础之上的分析方法，原理简单易懂，在科研领域得到了大量的应用。但它不适宜处理复杂流体区域的边界形状问题。有限差分法的代表软件为 FLAC 3D、FLAC 2D 等。

边界元法(boundary element method, BEM)是 20 世纪 70 年代兴起的一种数值方法，是在经典积分方程和有限单元法基础上发展起来的求解微分方程的方法。其通过在节点之间插值，把边界积分方程转变为线性代数方程组，由此解出各边界单元的节点处待定的边界值，再利用把边界值与域内函数值联系起来的解析公式，求得计算区域内任一点的函数值。相较于有限单元法，边界元法具有单元未知数少，数据准备简单等优点。但用边界元法解非线性问题时，会遇到同非线性项相对应的区域积分，这种积分在奇异点附近有强烈的奇异性，使求解变得困难。边界元法代表软件为 Examine 3D、Examine 2D 等。

离散单元法(distinct element method, DEM)是 20 世纪 70 年代初提出的专门用来解决不连续介质问题的数值模拟方法。最初它的研究对象主要是岩石等非连续介质的力学行为,该方法把节理岩体视为由离散的岩块和岩块间的节理面所组成,允许岩块平移、转动和变形,而节理面可被压缩、分离或滑动。因此,岩体被看作一种不连续的离散介质,其内部可存在大位移、旋转和滑动乃至块体的分离运动,从而可以较真实地模拟节理岩体中的非线性大变形特性。离散单元法特别适用于节理岩体的应力分析,在工程方面尤其在边坡稳定分析方面应用广泛。离散单元法的代表软件为 PFC 3D、PFC 2D、UDEC 等。

非连续变形分析方法(discontinuous deformation analysis, DDA)是美籍华裔科学家石根华博士于 1988 年提出来的用以模拟岩体非连续变形行为的隐式求解的动力离散数值方法。DDA 方法中模型可以由任意形状块体组成,且通过罚函数法和开闭迭代算法来保证块体间的开闭迭代收敛。而且,DDA 方法允许块体有多种运动模式,比如滑动、转动和张开,可以模拟块体系统的大变形和大位移。由于 DDA 中块体系统本身就是一种离散系统,其力学特征与节理岩体相似,非常适用于模拟节理岩体。该方法是基于最小势能原理建立的整体控制方程,由于控制方程的动力特性,DDA 非常适用于模拟岩体动力问题。

上述不同方法在不同领域或类型的问题中均得到了成功应用,但就其实用性和应用的广泛性而言,有限单元法更为突出。目前,有限单元法在工程技术领域中的应用十分广泛,是当今公认的一种用数值方法求解工程中所遇到的各种问题(力学问题、场问题等)有效且通用的方法,几乎所有的弹塑性结构静力学和动力学问题都可用它求得满意的数值近似结果。

1.2 有限单元法的发展历程

有限单元法的发展历程大致可以分为诞生(1943)、发展(1944—1960)、完善(1961 年至今)三个阶段。

1. 有限单元法的诞生

300 多年前,牛顿和莱布尼茨发明了积分法,证明了该运算具有整体对局部的可加性。虽然积分运算与有限元技术对定义域的划分是不同的,前者是进行无限划分而后者是进行有限划分,但积分运算为实现有限元技术奠定了理论基础。在牛顿之后约一百年间,著名数学家高斯提出了加权余值法及线性代数方程组的解法,前者是将微分方程改写为积分表达式,后者被用来求解由有限单元法所得出的代数方程组。18 世纪,另一位数学家拉格朗日提出泛函分析。泛函分析是将偏微分方程改写为积分表达式的另一途径。19 世纪末 20 世纪初,数学家瑞利和里茨首先提出可对全定义域运用展开函数来表达其上的未知函数。1915 年,数学家伽辽金提出了选择展开函数中形函数的伽辽金法,该方法后来被广泛地用于有限元分析中。

20 世纪 40 年代,航空事业的快速发展对飞机内部结构设计提出了越来越高的要求,即重量轻、强度高、刚度好,人们不得不进行精确的设计和计算。正是在这一背景下,有限元分析的方法逐渐发展起来。

1943 年,柯朗(R. Courant)发表的数学论文《平衡和振动问题的变分解法》,详细描述了使用三角形区域的多项式函数求解扭转问题的近似解的方法。此外,阿格瑞斯利用类似的思想在工程学中也取得了重大突破,这意味着有限元思想的诞生。

2. 有限单元法的发展

1944—1960 年是有限单元法的早期发展阶段。20 世纪 40—50 年代，飞机设计师们发现无法用传统的力学方法分析飞机的应力、应变等问题。基于此，1956 年波音公司工程师特纳（M. J. Turner），华盛顿大学土木工程教授克劳夫（R. W. Clough）、航空工程教授马丁（H. C. Martin）及波音公司工程师托普（L. J. Topp）将有限单元法用于分析飞行器结构中的应力，首次利用电子计算机求解复杂平面弹性问题，并共同在航空科技期刊上发表了一篇采用有限元技术计算飞机机翼强度的论文 Stiffness and Deflection Analysis of Complex Structures，文中把这种解法称为刚性法（stiffness），一般认为这是工程学界有限单元法的开端。1960 年，美国克劳夫（R. W. Clough）教授在美国土木工程学会（ASCE）计算机会议上，发表了一篇名为 The Finite Element in Plane Stress Analysis 的论文，将应用范围扩展到飞机以外土木工程中，提出了"finite element method"的概念。与此同时，我国的冯康教授也独立地在论文中提出了"有限单元"这一名词。从此之后，这种叫法被大家接受，有限元技术从此正式诞生，并很快风靡世界。

1944—1960 年这一阶段内研究人员得出了有限单元法的原始代数表达形式，开始了对单元划分、单元类型选择的研究，并且在解的收敛性研究上取得了很大突破，为有限单元法的应用奠定了理论基础。

3. 有限单元法的完善

1961 年起，有限单元法的理论迅速发展并不断完善，广泛地应用于各种力学问题和非线性问题研究，成为分析大型、复杂工程结构的强有力手段。

1961—1970 年期间，出现了各种各样的单元模式，并开始利用加权残差法来确定单元特性和建立有限单元求解方程。随着电子计算机的日益完善和广泛应用，大量有限元应用程序开始出现，1971—1973 年期间，国际上较大型的通用计算程序大约有 500 种。

从 20 世纪 70 年代至今，随着工业的快速发展，有限单元法开始应用到许多新的领域。有限单元法的应用从静力平衡问题扩展到稳定、动力问题，从线弹性问题扩展到几何及材料的非线性问题，从结构力学问题扩展到流体力学、渗流、热传导、焊接残余应力、原子反应堆热应力、电磁场、建筑声学与噪声、地质力学、生物力学、流体与结构相互作用等各方面问题，分析的对象从弹性材料扩展到弹塑性材料、黏塑性材料和复合材料等。在工程分析中的作用已从分析和校核扩展到优化设计，并和计算机辅助设计结合。

在断裂力学中，裂纹扩展是研究人员最为关心的问题，而传统的有限单元法由于存在病态边值问题，无法很好地模拟局部断裂情况。为了避免这一问题，研究人员在标准化有限元中引入了很多新技术，其中单元间裂纹法、单元侵蚀法和扩展有限单元法都已被广泛应用于脆性断裂模型。在单元间裂纹法中，裂纹被认为可以沿单元边缘扩展。在此基础上，结合内聚力模型（CZM），提出了 ICZM 和 ECZM 两种通用有限元方法。在单元侵蚀法中，裂纹扩展通过一组失效单元来模拟，包含裂纹的单元被停用，并且在其余的模拟过程中没有材料阻力或应力。扩展有限单元法（XFEM）则是在传统有限元的位移模式中增加了能反映间断问题的改进函数项，同时附加了节点自由度，采用水平集法（LSM）描述追踪界面动态变化。上述方法都是在传统有限单元法的基础上进行改进得到的，可以有效模拟裂纹扩展问题，极大地扩展了有限单元法的适用性。

在这一阶段国内外研究人员建立了严格的数学和工程学基础，并将应用范围扩展到了结构力学以外的领域，同时对其收敛性进行了进一步研究，形成了系统的误差估计理论。此外，还开发了大量商业有限元软件。可以预计，随着现代力学、计算数学和计算机技术等学科的发展，有限单元法作为具有稳固理论基础和广泛应用效力的数值分析工具，必将在国民经济建设和科学技术中发挥更大的作用，其自身也将得到进一步的发展和完善。

1.3 有限单元法的基本思想

构成有限单元法的三个基本要素是节点、单元和自由度。节点(node)是构成有限元系统的基本对象，也是这个工程系统中的最基本点，它包含了坐标位置以及具有物理意义的自由度信息。单元(element)是由节点与节点相连而成，是构成有限元系统的基础。一个有限元系统必须有至少一个单元。单元与单元之间由各节点相互连接，在具有不同特性的材料和不同的具体结构当中，可选用不同种类的单元，单元中包含了物理对象的各种特性。因此单元的选择极为重要，决定求解效率和精度。自由度(degree of freedom)包括系统的自由度和节点自由度。在分析中需要对整个系统的自由度进行适当的约束，系统中每个节点都有各自的节点坐标系和对应的节点自由度，不同单元上的节点具有不同的自由度。

有限单元法的基本思想是将研究对象离散化，用有限个容易分析的单元来代替复杂的研究对象，单元之间通过有限个节点相互连接，然后根据变形协调条件来综合求解。

本节以结构力学中的屋顶桁架结构受均布荷载作用力问题为例，对有限单元法的基本思想进行简要解释。如图1-1所示，一个屋顶桁架结构受到了均布荷载作用力，通过合理的假设对该系统进行简化，可以得到屋顶桁架结构受力的数学模型。如图1-2所示，按照有限单元法思想，我们将结构移除荷载和支撑单独考虑，将其分解成有限个被称作单元的小区域，在这里每一个单元都是一个简单梁。将划分好的单元进行合并组装，并重新施加作用于单元节点上的荷载和边界条件。由于划分好的单元变形和受力情况十分简单，每一个单元节点的变形和应力都可以通过计算机快速求得，从而最终得到整个结构的变形与受力情况。

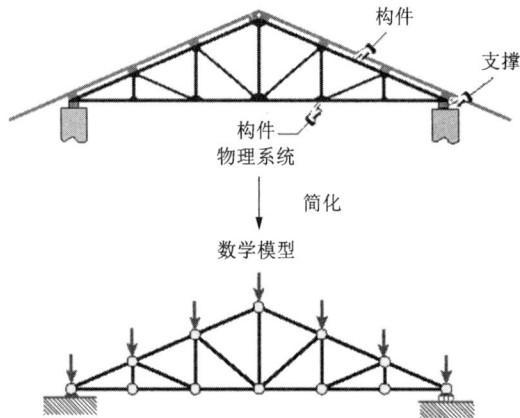

图1-1 屋顶桁架结构受力模型

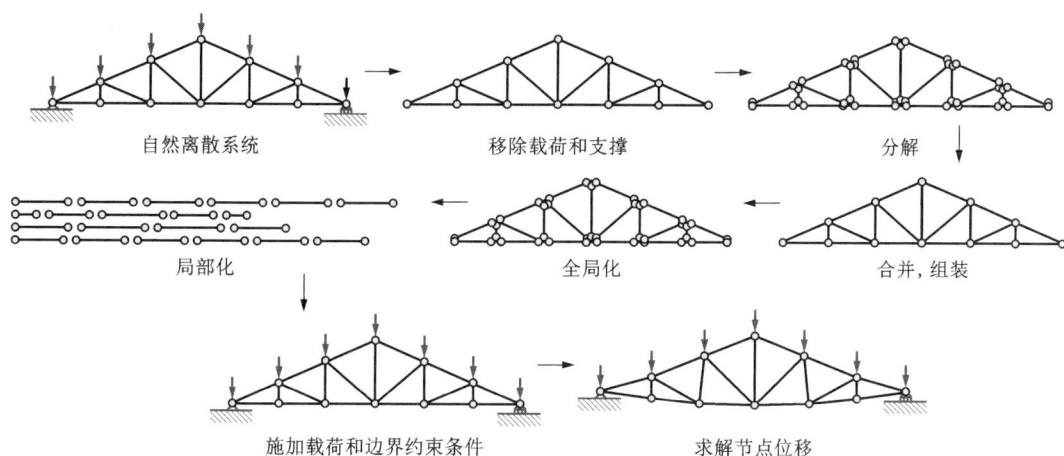

图 1-2 有限单元法在屋顶桁架结构问题中的应用

可以看出,将工作环境下的物体离散成简单单元和节点是进行有限元分析的第一步,这一步通常被称作有限元网格划分。网格划分成的单元包括一维杆元及集中质量元、二维三角形元、四边形元和三维四面体元、五面体元和六面体元等。网格分类方法大致包括拓扑分解法、节点连元法、网格模板法、映射法和几何分解法 5 种,目前主要是上述方法的混合使用及现代技术的综合应用。如图 1-3 所示是有限元网格划分示意图,可以看出,对于同一个物体,网格划分越密集,越接近物体实际情况,但同时计算量也大幅度增加。

图 1-3 有限元网格划分

事实上,当划分的区域越小,每个区域内的变形和应力越是趋于简单,计算的结果也就越接近真实情况。理论上可以证明,当单元数目足够多时,有限单元解将收敛于问题的精确解,但是计算量相应增大。因此,实际工作中总是要在计算量和计算精度之间找到一个平衡点。有限单元法中相邻的小区域通过边界上的节点连接起来,可以用一个简单的插值函数来描述每个小区域内的变形和应力,求解过程只需要计算出节点处的应力或者变形,非节点处的应力或者变形是通过函数插值获得的,换句话说,有限单元法并不求解区域内任意一点的变形或者应力。

1.4 有限单元法的主要分析步骤

用有限单元法进行分析时,首先将研究区域离散成为许多小单元,然后给定边界条件、荷载条件和材料特性,接着建立单元刚度矩阵、组装总体刚度矩阵,形成总体方程,修正后求解总体方程,得到位移、应力、应变、内力等量,最后处理和分析计算结果。

总体上来说,有限单元分析包括前处理、分析求解和后处理3个阶段。①前处理阶段:将整体结构或其一部分简化为理想的数学力学模型,用离散化的单元代替连续实体结构或求解区域,主要包括定义分析的类型、添加材料属性、添加荷载和约束、网格的划分等。②分析求解阶段:运用有限单元法对结构离散模型进行分析计算,这个过程一般是由计算机来完成的。③后处理阶段:对计算结果进行分析、整理和归纳,并以适当方式(数据表格、曲线或图形等)显示结果,便于对结果进行分析研究。

具体而言,有限单元法分析力学问题的基本过程可以分为以下6个步骤。

1. 模型抽象化与结构离散化

从实际问题中抽象出力学模型,对实际问题的边界条件、约束条件和外荷载条件进行简化。把所要求的连续区域划分为一组由虚拟的线或面构成的有限个单元的组合体,将复杂模型拆分成有限个形状相对规则的单元,相当于用一个有限自由度系统代替无限自由度系统。

2. 选择位移函数

有限单元法包括位移法、力法、混合法3种。①位移法:选择节点位移作为基本未知量称为位移法。位移型有限单元法以节点位移为基本未知量,以满足各单元内部及其边界上的变形协调的位移函数为基础,且只是在节点处保持力的平衡。②力法:选择节点力作为基本未知量时称为力法。平衡型有限单元法以节点力为基本未知量,以满足各单元内部和边界上任何地方的力的平衡为基础,且只是在节点处才保持位移的协调。③混合法:取一部分节点力和一部分节点位移作为基本未知量时称为混合法。混合型有限单元法为了计算方便,对各个不同部分进行分别处理,分别以某些位移和内力作为未知量。

因为位移型有限单元法在计算机上更容易实现复杂问题的系统化,便于用计算机来求解,并易于推广到非线性和动力效应等其他方面,所以现在位移型有限单元法应用更为广泛。

位移函数也称位移模式,是单元内部位移变化的数学表达式,是坐标的函数。一般而言,位移函数的选取会影响甚至严重影响计算结果的精度。有限单元法的基本思想是采用有限多个局部位移函数逼近全局位移函数。当单元区域划分得足够小时,把单元位移函数设定为简单的多项式就可以获得相当好的精度。这是有限单元法特有的优势之一。

3. 单元刚度矩阵的建立

根据单元的材料性质、形状、尺寸、节点数目、位置及其含义等,找出单元节点力和节点位移的关系式,利用弹性力学中的几何方程和物理方程来建立力和位移的方程式,从而导出单元刚度矩阵。

4. 计算等效节点力

结构经过离散后,假定力是通过节点在单元体之间进行传递的。但是,对于实际的连续体,力是通过单元的公共边界进行传递的。因此,作用在单元上的各种力就需要等效移植到节点上去,也就是用等效的节点力来代替单元上的力。移植的方法是按照虚功等效原则进行的。

5. 单元组装

单元组装是利用结构力的平衡条件和边界条件把各个单元按原来的结构重新连接起来,形成整体的有限元方程。它包括两部分,一部分是将各个单元的刚度矩阵组装成整个物体的总体刚度矩阵;另一部分是将作用于各单元的等效节点力列阵合成总的荷载列阵。组装所依据的原则是要求相邻的单元在公共节点处的位移相等。结构总体刚度矩阵体现了结构对荷载的响应,是整个有限单元法的基础。

6. 求解未知节点的位移和计算单元应力

由集合起来的平衡方程组,解出未知位移。对于线弹性平衡问题,可以根据方程组的具体特点选择合适的计算方法。对于非线性问题,则需通过一系列的步骤,逐步修正刚度矩阵或荷载矩阵,才能获得解答。最后,利用物理方程和求出的节点位移,计算各单元的应力,并加以整理得出所要的结果。

1.5　有限单元法的特点

有限单元法作为数值计算的主要方法之一,存在以下几大特点。

(1)概念清楚,容易理解,可以在不同程度、不同深度上理解与应用。采用有限单元法分析工程实际问题,需要在计算机上应用某种分析软件。这就为使用者在多个层面上学习和应用有限元提供了平台,既可以通过直观的物理意义来学习,也可以通过严格的力学概念和数学概念进行推导,甚至可以研究新型单元或新算法。

(2)通用性强,应用范围广泛。有限元的基本做法是离散化,由于单元种类多,单元大小随意,单元数量不限,因此可以用来求解工程中任何复杂问题,如复杂结构形状问题,复杂边界条件问题等。有限单元法在应用上已远远超过了其诞生之初的范围,例如由平衡问题扩展到稳定问题与动力问题,由弹性问题扩展到弹塑性、非均质与非线性材料、大变形、接触等问题。

(3)采用矩阵形式表达,计算格式统一,便于编程计算,可以充分发挥计算机计算能力强的优势。

(4)已有大型通用软件问世。目前,大型通用软件成熟且已商业化,不需要专门编程,为广泛应用有限单元法解决工程实际问题提供了有效工具和手段。有限元软件可以分为通用软件和专用软件两类。通用软件适用性广、规范、输入方法简单,有较全的单元库,大多数还提供了二次开发的接口,可进一步拓展软件应用功能,使用通用软件分析常见的问题都能够得到满意的结果。但对于一些比较特殊的问题,尤其是处于研究阶段的问题,往往需要使用针对某些特定领域、特定问题开发的专用软件,以解决专门问题。

(5)先进的前处理方法实现了网格自动划分,提高了效率;完善的后处理技术可视或动态显示,直观形象。应用有限单元法进行结构分析时,首先要建立有限元分析模型,对结构实体进行离散化、准备相关数据,但这样做的工作量相当大,人工操作效率低且容易出错。随着软件的不断完善,前处理功能越来越强大,能实现单元自动划分,并进行网格检查,减少错误，减轻结构分析的劳动强度，提高效率。此外，一些通用软件能与CAD、Creo等软件对接，实现数据的共享和交换，这样会使结构方案的优化、修改和分析变得更加快捷。有限元软件的后处理功能很完善，能够显示应力、变形、温度等变量的分布，动态显示变化过程，形象逼真，为后续结构评判提供便捷方式。

1.6 有限单元法的应用范围

有限单元法作为工程师工具包中用来帮助解决问题和寻找答案的重要工具之一，可以利用数学近似的方法对真实的物理系统(几何和荷载工况)进行模拟，其应用范围几乎涵盖了各个工程领域等。目前，有限单元法已能成功地求解固体力学、流体力学、温度场、电磁场、声场等多场耦合的各类线性、非线性问题。有限单元法可求解的内容包括三部分：系统平衡问题、结构优化特征值问题以及动态传播问题。表1-1给出了当前有限单元法应用的领域与可解决的问题。

表1-1 有限单元法应用的领域与可解决的问题

序号	应用领域	可解决的问题
1	岩土工程领域	①基坑、挡土墙等岩土工程结构稳定性问题 ②隧道掘进与地下工程开挖等施工仿真模拟分析 ③不同环境因素影响下岩土体应力分析等静力学问题 ④应力波在岩土中的传播等岩石动力学问题
2	土木工程领域	①桁架、框架、剪力墙、桥梁、预应力混凝土结构、薄壳屋顶等结构的静力分析问题 ②结构对非周期性荷载响应等力学问题 ③土木工程结构稳定性问题
3	水利工程与流体力学领域	①水利结构工程问题分析 ②势流、边界层流、黏性流、跨声速气动分析等问题 ③非定常流体流动与波传播等问题 ④含水层和多孔介质中的瞬态渗流等问题
4	航空航天领域	①飞机机翼、机身、翼片等的静态分析问题 ②飞机结构对随机荷载的响应以及非周期性荷载的动态响应问题
5	热传导领域	①固体和液体的稳态温度分布问题 ②内燃机、涡轮叶片、火箭喷嘴等的瞬态热流问题
6	核工程领域	①核压力容器及密封结构分析、反应堆组件的稳态温度分布等问题 ②反应堆安全壳结构对动荷载的响应等问题 ③反应堆部件温度不稳定分布分析等问题
7	生物医学工程领域	①眼球、骨骼、牙齿应力分析等问题 ②植入物和假体系统的承载能力等问题 ③颅骨撞击分析等问题

续表1-1

序号	应用领域	可解决的问题
8	机械工程领域	①应力集中分析问题 ②压力容器、活塞、连杆和齿轮等结构的应力分析问题 ③动态荷载下机械裂纹和断裂问题 ④连杆、齿轮和机床的固有频率和稳定性问题
9	电气机械和电磁学领域	①同步电机和感应电机的稳态分析问题 ②电机中的涡流和磁芯损耗问题 ③机电设备的瞬态行为问题

第2章 有限单元法数学力学基础

有限单元法是一种求解微分方程近似解的数值方法，当工程分析中出现了微分方程，就可以使用有限单元法进行求解。有限单元法通过将待求解的系统转化为离散模型，使得解微分方程变成解线性代数方程组。本章以弹簧系统为例，从力学的角度，利用直接刚度法介绍有限单元法的力学求解思路。然后以一个简单的二阶微分方程为例，从数学角度介绍加权残差法以及瑞利-里茨法近似求解过程。

2.1 直接刚度法

直接刚度法通常被用于桁架类结构，本节以一维弹簧系统为例，应用直接刚度法，先将弹簧系统离散为弹簧单元，列出弹簧单元的平衡方程，再将单元的平衡方程组装成系统的总体平衡方程，最后施加边界条件进行求解。

【例2.1】 如图2-1所示为一维弹簧系统(各弹簧用方框数字表示，各弹簧间连接的节点用圆圈数字表示)，弹簧系统左端固定，右端作用有一集中力 $p=2000$ kN，已知各弹簧刚度为 $k_1=500$ kN/m，$k_2=250$ kN/m，$k_3=2000$ kN/m，$k_4=1000$ kN/m。求：各节点的位移 $u=\begin{bmatrix}u_2 & u_3 & u_4\end{bmatrix}^T$、节点1处反力及各弹簧内力。

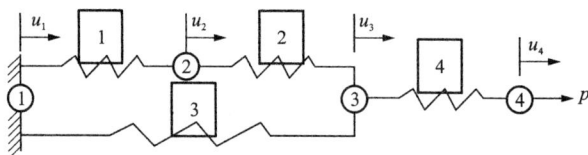

图2-1 一维弹簧系统

1. 单元离散

为表达方便，将弹簧系统离散成各个弹簧单元并对各弹簧单元进行编号，编号的对应关系如表2-1所示。

表2-1 弹簧系统离散后各弹簧单元编号对应关系

弹簧单元编号	弹簧单元局部节点1对应的节点总体编号	弹簧单元局部节点2对应的节点总体编号
1	1	2
2	2	3
3	1	3
4	3	4

2. 单元分析

考虑一个任意的 2 节点弹簧单元，如图 2-2 所示。单元节点局部编号为 1 和 2，相应的单元节点位移向量为 $\boldsymbol{u}_e = [\, u_1 \quad u_2 \,]^T$，单元节点力向量为 $\boldsymbol{f}_e = [\, f_1 \quad f_2 \,]^T$，节点位移及节点力与坐标同向为正，反向为负。

图 2-2　2 节点弹簧单元

弹簧单元在 X 方向的力平衡方程为

$$f_1 + f_2 = 0 \tag{2-1}$$

对弹簧在节点 1 处施加作用力 f_1，由平衡条件可知节点 2 的作用力大小相等方向相反，如图 2-3 所示，弹簧受压，由弹簧力与变形关系可得

$$k(u_2 - u_1) = f_1 \tag{2-2}$$

图 2-3　弹簧单元受一对反向力作用

同理，对弹簧在节点 2 处施加作用力 f_2，由平衡方程及弹簧力与变形关系得

$$k(u_2 - u_1) = f_2 \tag{2-3}$$

将式(2-2)及式(2-3)合并写成矩阵形式

$$\begin{bmatrix} k & -k \\ -k & k \end{bmatrix} \begin{Bmatrix} u_1 \\ u_2 \end{Bmatrix} = \begin{Bmatrix} f_1 \\ f_2 \end{Bmatrix} \quad \text{或} \quad \boldsymbol{k}_e \boldsymbol{u}_e = \boldsymbol{f}_e \tag{2-4}$$

其中 $\begin{bmatrix} k & -k \\ -k & k \end{bmatrix}$ 定义为单元刚度矩阵。

3. 组装

从式(2-4)中可以得到各弹簧单元的平衡方程：

单元 1：
$$\begin{bmatrix} k_1 & -k_1 \\ -k_1 & k_1 \end{bmatrix} \begin{Bmatrix} u_1 \\ u_2 \end{Bmatrix} = \begin{Bmatrix} f_1^{(1)} \\ f_2^{(1)} \end{Bmatrix}$$

单元 2：
$$\begin{bmatrix} k_2 & -k_2 \\ -k_2 & k_2 \end{bmatrix} \begin{Bmatrix} u_2 \\ u_3 \end{Bmatrix} = \begin{Bmatrix} f_1^{(2)} \\ f_2^{(2)} \end{Bmatrix}$$

单元 3：
$$\begin{bmatrix} k_3 & -k_3 \\ -k_3 & k_3 \end{bmatrix} \begin{Bmatrix} u_1 \\ u_3 \end{Bmatrix} = \begin{Bmatrix} f_1^{(3)} \\ f_2^{(3)} \end{Bmatrix}$$

单元 4：
$$\begin{bmatrix} k_4 & -k_4 \\ -k_4 & k_4 \end{bmatrix} \begin{Bmatrix} u_3 \\ u_4 \end{Bmatrix} = \begin{Bmatrix} f_1^{(4)} \\ f_2^{(4)} \end{Bmatrix}$$

公式中上角标($i=1$，2，3，4)为单元号。

将上述各弹簧单元的平衡方程按单元间的连接关系叠加起来，得到：

$$
\begin{bmatrix}
k_1+k_3 & -k_1 & -k_3 & 0 \\
-k_1 & k_1+k_2 & -k_2 & 0 \\
-k_3 & -k_2 & k_2+k_3+k_4 & -k_4 \\
0 & 0 & -k_4 & k_4
\end{bmatrix}
\begin{Bmatrix}
u_1 \\ u_2 \\ u_3 \\ u_4
\end{Bmatrix}
=
\begin{Bmatrix}
f_1^{(1)}+f_1^{(3)} \\
f_2^{(1)}+f_1^{(2)} \\
f_2^{(2)}+f_2^{(3)}+f_1^{(4)} \\
f_2^{(4)}
\end{Bmatrix}
\tag{2-5}
$$

方程左端的矩阵称为系统的总体刚度矩阵，方程右端的各行表示弹簧对于节点的作用力，详细分析后，可以进一步简化，具体过程如下。

对节点1列 X 方向力平衡方程：

$$
f_1^{(1)}+f_1^{(3)}=R
$$

对节点2列 X 方向力平衡方程：

$$
f_2^{(1)}+f_1^{(2)}=0
$$

对节点3列 X 方向力平衡方程：

$$
f_2^{(2)}+f_2^{(3)}+f_1^{(4)}=0
$$

对节点4列 X 方向力平衡方程：

$$
f_2^{(4)}=p
$$

通过上述对右端项的分析，将式(2-5)进行简化得到系统的总体平衡方程：

$$
\begin{bmatrix}
k_1+k_3 & -k_1 & -k_3 & 0 \\
-k_1 & k_1+k_2 & -k_2 & 0 \\
-k_3 & -k_2 & k_2+k_3+k_4 & -k_4 \\
0 & 0 & -k_4 & k_4
\end{bmatrix}
\begin{Bmatrix}
u_1 \\ u_2 \\ u_3 \\ u_4
\end{Bmatrix}
=
\begin{Bmatrix}
R \\ 0 \\ 0 \\ p
\end{Bmatrix}
\tag{2-6}
$$

可见，式(2-5)与式(2-6)是完全相同的。

从式(2-6)可知，方程右端的节点力向量只出现外力项(包括反作用力)，不会出现单元内力项，这是因为单元内力在每个节点上自动保持平衡。从单元组装的过程可以看出，通过将单元刚度矩阵组装成总体刚度矩阵，将节点集中力形成节点力向量，就可以得到系统的总体平衡方程组。

4. 求解

引入位移约束条件 $u_1=0$，即划去矩阵的第1行第1列，得到：

$$
\begin{bmatrix}
k_1+k_2 & -k_2 & 0 \\
-k_2 & k_2+k_3+k_4 & -k_4 \\
0 & -k_4 & k_4
\end{bmatrix}
\begin{Bmatrix}
u_2 \\ u_3 \\ u_4
\end{Bmatrix}
=
\begin{Bmatrix}
0 \\ 0 \\ p
\end{Bmatrix}
\tag{2-7}
$$

通过求解式(2-7)可得到未知节点位移向量 $\boldsymbol{u}=\begin{bmatrix} u_2 & u_3 & u_4 \end{bmatrix}^{\mathrm{T}}$，进而由方程组中的第1个方程可计算得到节点1的反力：

$$
R=-k_1u_2-k_3u_3
\tag{2-8}
$$

各弹簧的内力可由式(2-8)计算得到：

$$
k(u_2-u_1)=f_2
\tag{2-9}
$$

总结直接刚度法的计算过程，可分为两大步：离散；组装+求解。

（1）离散：单元分析得到单元平衡方程；离散化；形成单元组装向量表。

（2）组装+求解：依据单元组装向量表将单元刚度矩阵组装成总体刚度矩阵，将单元荷载向量组装成总体荷载向量；施加位移边界条件；求解节点未知位移；求解单元结果。

2.2　加权残差法

单元分析方法有直接刚度法和数值法。数值法是求解微分方程边值问题近似解的计算方法，包括加权残差法和变分法。本节以一个简单的二阶微分方程为例，先阐明加权残差法的基本概念，介绍加权残差法近似过程。然后利用一个实例说明在有限单元法中如何应用加权残差法。

1. 基本原理

【例 2.2】　求解下列微分方程。

$$\frac{\mathrm{d}^2 y}{\mathrm{d}x^2} = f\left(x, y, \frac{\mathrm{d}y}{\mathrm{d}x}\right) \tag{2-10}$$

$$\begin{cases} y(x_A) = y_A \\ y(x_B) = y_B \end{cases} \tag{2-11}$$

式（2-10）、式（2-11）分别为待求解的微分方程与该方程的边界条件。若通过找到在自变量 x 范围中 y 的取值，可以求出上面问题的精确解，但由于物理问题的微分方程精确解通常很难求得，人们转而设法寻求具有一定精度的近似解（数值解），其形式为：

$$\tilde{y} = \sum_{1}^{n} c_i \psi_i(x) \tag{2-12}$$

其中，$\tilde{y}$ 为数值解（近似解）；c_1、c_2 等参数称作"待定参数"；c_i 参数在最初是未知的，但通过"加权残差法"将其优化，可以使得 $\tilde{y}$ 尽可能地准确；$\psi_1(x)$、$\psi_2(x)$ 等函数为"试函数"（形函数）。

把近似解代入控制微分方程式（2-12），由于近似解与精确解之间存在差值，因此引入了一个误差，称为残差"R"。

$$\frac{\mathrm{d}^2 \tilde{y}}{\mathrm{d}x^2} - f\left(x, \tilde{y}, \frac{\mathrm{d}\tilde{y}}{\mathrm{d}x}\right) = R \tag{2-13}$$

一般 $\psi_i(x)$ 函数为多项式，这是因为多项式函数的求导和微积分运算都简单，可以在局部区域内逼近任意的光滑函数，并且可以通过项数的多少直接控制计算精度，因此我们可以自由选择近似解中多项式的类型和个数，但试解必须至少满足边界条件。

如果有两个待定参数，即 $n = 2$ 时，则有：$\tilde{y} = c_1 \psi_1(x) + c_2 \psi_2(x)$，且试解满足边界条件 $\tilde{y}(x_A) = y_A$ 和 $\tilde{y}(x_B) = y_B$，得到残差 $R(x, c_1, c_2)$，我们的目标是通过找到 c_1 和 c_2 的"最佳"值来最小化 R。

当有 n 个待定参数时，例如：$\tilde{y} = \sum_{1}^{n} c_i \psi_i(x)$，在微分方程的代换之后，我们也同样得到一个残差 $R(x, c_1, c_2, \cdots, c_n)$。

2. 加权残差法的几种形式

为了使近似解能够很好地逼近精确解，加权残差法提供了一种求解微分方程近似解的策略。假设 W_i 是满足一定连续可微条件的任意函数，使微分方程乘以任意函数 W_i，并在域内积分，可以得到微分方程的积分形式：

$$\int_{x_A}^{x_B} R W_i \mathrm{d}x = 0 \tag{2-14}$$

若将任意函数理解为权函数，通过选择合适的权函数，由式(2-14)可以确定近似解中的待定函数，选择的权函数个数和近似解 $\tilde{y}$ 中的待定参数相同。由于权函数是任意的，不同权函数的选取方法对应不同形式的加权残差法。

下面是几种不同的加权残差法。

1) 配点法(collocation)

选择权函数：

$$W_i = \begin{cases} 1, & x = x_i \\ 0, & x \neq x_i \end{cases} \quad i = 1, 2, \cdots, n \tag{2-15}$$

实际上，这就是要求近似解在 n 个分散的点上满足微分方程。换句话说，在这 n 个点上残差应等于零。则公式(2-14)可以写为：

$$R(x_i) = 0, \quad i = 1, 2, \cdots, n \tag{2-16}$$

这种方法相当于直接令残差在域内 n 个点上等于零。

【例 2.3】 求解下列二阶常微分方程

$$\frac{\mathrm{d}^2 u}{\mathrm{d}x^2} + u + x = 0 \quad (0 \leqslant x \leqslant 1) \tag{2-17}$$

边界条件：

$$当 x = 0 时, u = 0; 当 x = 1 时, u = 0 \tag{2-18}$$

取近似解为

$$u = x(1-x)(\beta_1 + \beta_2 x + \cdots) \tag{2-19}$$

显然，式(2-19)满足边界条件式(2-18)，但不满足微分方程式(2-17)。如在式(2-19)中关于待定系数 β 项的表达式只取一项，得到第一近似解

$$u = \beta_1 x(1-x)$$

代入式(2-16)，余量为

$$R(x) = x + \beta_1(-2 + x - x^2)$$

取 $x = \dfrac{1}{2}$ 作为配点

$$R\left(\frac{1}{2}\right) = \frac{1}{2} - \frac{7}{4}\beta_1 = 0$$

由此得到 $\beta_1 = \dfrac{2}{7}$，所以第一近似解为

$$u = \frac{2}{7}x(1-x) \tag{2-20}$$

14

如在式(2-19)中关于待定系数 β 项的表达式取两项，得到第二近似解

$$u = x(1-x)(\beta_1 + \beta_2 x)$$

余量为

$$R(x) = x + \beta_1(-2 + x - x^2) + \beta_2(2 - 6x + x^2 - x^3)$$

把区间 0~1 三等分，取 $x = \dfrac{1}{3}$ 及 $x = \dfrac{2}{3}$ 作为配点，得到

$$R\left(\frac{1}{3}\right) = \frac{1}{3} - \frac{16}{9}\beta_1 + \frac{2}{27}\beta_2 = 0$$

$$R\left(\frac{2}{3}\right) = \frac{2}{3} - \frac{16}{9}\beta_1 - \frac{50}{27}\beta_2 = 0$$

由此解得 $\beta_1 = 0.1948$，$\beta_2 = 0.1731$。所以第二近似解为 $u = x(1-x)(0.1948 + 0.1731x)$。

这个问题的精确解为：$u = \dfrac{\sin x}{\sin 1} - x$。

用配点法求得的近似解与精确解的比较见表 2-2。可见对于本问题来说，第二近似解与精确解已相当接近，最大误差只有 3%。如取更多的项，计算精度还可以进一步提高。

表 2-2　配点法计算结果与精确解的比较

x 取值	第一近似解	第二近似解	精确解
0.25	0.0536	0.0446	0.0440
0.50	0.0713	0.0704	0.0697
0.75	0.0536	0.0619	0.0601

2）子域法（sub-domain）

子域法是一种对应特定权函数的加权残差法，它把两点边值问题求解区间 $[x_A, x_B]$ 划分为 n 个子区间 $[x_{i-1}, x_i]$（$i = 1, 2, \cdots, n$）。

取权函数：

$$W_i = \begin{cases} 1, & i^{\text{th}} \text{ 子域上} \\ 0, & \text{所有其他子域上} \end{cases} \quad i = 1, 2, \cdots, n \tag{2-21}$$

则公式（2-14）可以写为：

$$\int_{x_A}^{x_A + \Delta x} R\mathrm{d}x = 0, \quad \int_{x_A'+\Delta x}^{x_A + 2\Delta x} R\mathrm{d}x = 0, \quad \cdots \tag{2-22}$$

3）最小二乘法（least squares）

将残差的二次方（R^2）在自变量取值范围内积分，得到：

$$I = \int_{x_A}^{x_B} R^2 \mathrm{d}V \tag{2-23}$$

这样选择系数 c_i，使得积分 I 的值为极小，因此要求：

$$\frac{\partial I}{\partial c_i} = 0, \quad i = 1, 2, \cdots, n \tag{2-24}$$

即

$$\int_{x_A}^{x_B} R \frac{\partial R}{\partial c_i} \mathrm{d}x = 0, \quad i = 1, 2, \cdots, n \qquad (2\text{-}25)$$

由此得到 n 个方程，正好可以求 n 个待定系数 c_i。可见目前的权函数为：

$$W_i = \frac{\partial R}{\partial c_i}, \quad i = 1, 2, \cdots, n \qquad (2\text{-}26)$$

这种方法的实质是使得残差平方和最小。

4）伽辽金法（Galerkin）

取权函数：

$$W_i = \psi_i, \quad i = 1, 2, \cdots, n \qquad (2\text{-}27)$$

则公式（2-14）可以写为：

$$\int_{x_A}^{x_B} R\psi_i \mathrm{d}x = 0, \quad i = 1, 2, \cdots, n \qquad (2\text{-}28)$$

由此得到 n 个方程，正好可以求解 n 个待定系数 c_i。

实质上，在布勃诺夫（Bubnov，1872—1919）-伽辽金（Galerkin，1871—1945）方法中，我们其实是使用"试函数"（近似函数）对残差进行加权。

值得注意的是所有这些方法都涉及对求解域的某些区域的残差进行加权、积分并将结果设为零。即满足公式（2-14）。

下面利用伽辽金加权残差法求解例2.2。

如果 $n=2$，得到两个方程：

$$\int_{x_A}^{x_B} R\psi_1(x) \mathrm{d}x = 0 \qquad (2\text{-}29)$$

$$\int_{x_A}^{x_B} R\psi_2(x) \mathrm{d}x = 0 \qquad (2\text{-}30)$$

利用式（2-29）和式（2-30）则可以求解两个"待定参数" c_1 和 c_2。

最后这些值都被代入"试解"可得：

$$\widetilde{y} = c_1\psi_1(x) + c_2\psi_2(x) \qquad (2\text{-}31)$$

3. 加权残差法求解近似解的全过程

利用上述4种加权残差法求解一维简支梁受均布荷载作用的结构系统，介绍利用加权残差法求解近似解的全过程。

【例2.4】 如图2-4所示，在一个长度为 L 的简支梁上施加有均布荷载 q，在 $n=1$ 的情况下，分别使用下面所给的两个试解来估计简支梁中心的挠度，并将计算结果与下面细长梁的精确解进行比较。

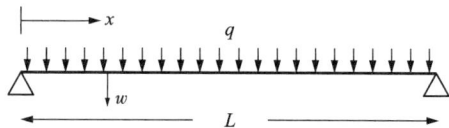

图 2-4 受均布荷载作用的简支梁

假设近似解如下：

近似解 1：$\widetilde{w} = c_1(Lx - x^2)$。

近似解 2：$\widetilde{w} = c_1\sin\dfrac{\pi x}{L}$。

精确解：$w_{mid} = \dfrac{5qL^4}{384EI} = 0.0130\dfrac{qL^4}{EI}$

首先我们需要建立一个描述该问题的微分方程，利用材料力学可得：

控制方程为：$EI\dfrac{\mathrm{d}^2w}{\mathrm{d}x^2} = M(x)$。

力矩函数为：$M(x) = \dfrac{qx^2}{2} - \dfrac{qLx}{2} = \dfrac{q}{2}(x^2 - Lx)$。

因此控制方程简化为：

$$EI\frac{\mathrm{d}^2w}{\mathrm{d}x^2} = \frac{q}{2}(x^2 - Lx) \tag{2-32}$$

边界条件为：$w(0) = 0$，$w(L) = 0$。

1）利用试解 1 求解

当试解是 $\widetilde{w} = c_1(Lx - x^2)$ 时，则试函数为 $\psi_1 = Lx - x^2$；求导可得 $\dfrac{\mathrm{d}\widetilde{w}}{\mathrm{d}x} = c_1(L - 2x)$；$\dfrac{\mathrm{d}^2\widetilde{w}}{\mathrm{d}x^2} = -2c_1$。

注意试解必须满足边界条件，即 $\widetilde{w}(0) = \widetilde{w}(L) = 0$。

将试解代入控制方程可得：

$$EI\frac{\mathrm{d}^2\widetilde{w}}{\mathrm{d}x^2} = \frac{q}{2}(x^2 - Lx) \tag{2-33}$$

计算残差为：

$$R = \frac{q}{2}(x^2 - Lx) - EI\frac{\mathrm{d}^2\widetilde{w}}{\mathrm{d}x^2} = \frac{q}{2}(x^2 - Lx) + 2c_1EI \tag{2-34}$$

（1）利用配点法对残差加权（配点为 $x = L/2$）。

将 $x = \dfrac{L}{2}$ 代入式（2-34），即 $R\left(\dfrac{L}{2}\right) = 0$，可得：

$$2c_1EI - \frac{qL^2}{8} = 0 \tag{2-35}$$

可以解出待定参数 c_1：

$$c_1 = \frac{1}{16}\frac{qL^2}{EI} \tag{2-36}$$

代入原始的试解可以得到：

$$\widetilde{w} = \frac{1}{16}\frac{qL^2}{EI}(Lx - x^2) \tag{2-37}$$

最终解出：

$$\widetilde{w}_{mid} = \frac{1}{64}\frac{qL^4}{EI} = 0.0156\frac{qL^4}{EI} \tag{2-38}$$

（2）使用子域法对残差加权。

将式（2-34）代入式 $\displaystyle\int_0^L R\mathrm{d}x = 0$ 中，可得：

$$\int_0^L \left[\frac{q}{2}(x^2 - Lx) + 2c_1 EI \right] \mathrm{d}x = 0 \tag{2-39}$$

将式(2-39)展开,积分,代入极限,可求出待定参数 c_1 为:

$$c_1 = \frac{1}{24} \frac{qL^2}{EI} \tag{2-40}$$

代入原始的试解得到:

$$\widetilde{w} = \frac{1}{24} \frac{qL^2}{EI}(Lx - x^2) \tag{2-41}$$

最终解出:

$$\widetilde{w}_{\mathrm{mid}} = \frac{1}{96} \frac{qL^4}{EI} = 0.0104 \frac{qL^4}{EI} \tag{2-42}$$

(3)使用最小二乘法对残差加权。

将式(2-34)代入式 $\int_0^L R \frac{\partial R}{\partial c} \mathrm{d}x = 0$,可得:

$$\int_0^L \left[\frac{q}{2}(x^2 - Lx) + 2c_1 EI \right] \times 2EI \mathrm{d}x = 0 \tag{2-43}$$

由于 EI 为常数,其求解同式(2-39),将式(2-43)展开,积分,代入极限,可求待定参数为:

$$c_1 = \frac{1}{24} \frac{qL^2}{EI} \tag{2-44}$$

代入原始的试解得到:

$$\widetilde{w} = \frac{1}{24} \frac{qL^2}{EI}(Lx - x^2) \tag{2-45}$$

最终解出:

$$\widetilde{w}_{\mathrm{mid}} = \frac{1}{96} \frac{qL^4}{EI} = 0.0104 \frac{qL^4}{EI} \tag{2-46}$$

(4)用伽辽金法对残差进行加权。

将式(2-34)代入式 $\int_0^L R \psi_1 \mathrm{d}x = 0$ 中,可得:

$$\int_0^L \left[\frac{q}{2}(x^2 - Lx) + 2c_1 EI \right](Lx - x^2) \mathrm{d}x = 0 \tag{2-47}$$

将式(2-47)展开,积分,代入极限,可求待定参数为:

$$c_1 = \frac{1}{20} \frac{qL^2}{EI} \tag{2-48}$$

代入原始的试解得到:

$$\widetilde{w} = \frac{1}{20} \frac{qL^2}{EI}(Lx - x^2) \tag{2-49}$$

因需要的结果在简支梁的中心,令 $x = \frac{L}{2}$,因此得到:

18

$$\widetilde{w}_{\mathrm{mid}} = \frac{1}{80} \frac{qL^4}{EI} = 0.0125 \frac{qL^4}{EI} \tag{2-50}$$

利用各加权残差法求得的近似解列在表 2-3 中。

从表 2-3 可以看出,相对于其他数值积分方法,伽辽金法具有更高的精度和更快的收敛速度。它的精度可以通过增加选取的积分点和权重系数的数量来进一步提高,本书的第 3 章将主要介绍伽辽金有限单元法的应用。

表 2-3 试解 1 的近似解系数值

求解方法	系数值
精确解	0.0130
配点法(在 $L/2$ 处)	0.0156
最小二乘法	0.0104
子域法	0.0104
伽辽金法	0.0125

2)利用试解 2 进行求解

同理,当试解为 $\widetilde{w} = c_1 \sin \dfrac{\pi x}{L}$ 时,则试函数 $\psi_1 = \sin \dfrac{\pi x}{L}$。利用伽辽金法解得:

$$c_1 = \frac{4}{\pi^5} \frac{qL^4}{EI} \tag{2-51}$$

代入原试解,令 $x = L/2$,可以得到:

$$\widetilde{w}_{\mathrm{mid}} = \frac{4}{\pi^5} \frac{qL^4}{EI} \sin \frac{\pi}{2} = 0.0131 \frac{qL^4}{EI} \tag{2-52}$$

使用其他加权残差法得到的近似解系数值如表 2-4 所示。

表 2-4 试解 2 的近似解系数值

方法	系数值
精确解	0.0130
配点法(在 $L/2$ 处)	0.0127
最小二乘法	0.0131
子域法	0.0133
伽辽金法	0.0131

3)利用中点挠度进行求解

在前面的例子中,所需要的结果是简支梁中点的挠度 $w_{\mathrm{mid}}(x = L/2)$,另一种方法是让 w_{mid} 作为原始试验解中的待定参数。这有两个好处:①待定参数具有物理意义,比待定参数 c_1 更加具象;②利用加权残差法直接求得我们想要的结果。再次考虑前面所列的试解 1:

试解为 $\widetilde{w} = c_1(Lx - x^2)$,其中 c_1 为待定参数,令 $x = L/2$,得到:

$$\widetilde{w}_{\mathrm{mid}} = c_1\left(\frac{L^2}{2} - \frac{L^2}{4}\right) = \frac{c_1 L^2}{4} \tag{2-53}$$

$$c_1 = \frac{4\widetilde{w}_{\mathrm{mid}}}{L^2} \tag{2-54}$$

因此：

$$\widetilde{w} = \widetilde{w}_{\mathrm{mid}}\frac{4}{L^2}(Lx - x^2) \tag{2-55}$$

2.3 瑞利-里茨法

求解偏微分方程的近似解的另一种常用计算方法为瑞利-里茨法(Rayleigh-Ritz)。与伽辽金(Galerkin)法类似，瑞利-里茨法(Rayleigh-Ritz)也是将微分方程转化为等效积分形式，但两种积分形式完全不同。瑞利-里茨法(Rayleigh-Ritz)利用变分原理，将偏微分方程问题转化为一个泛函极值问题，然后通过选择合适的试探函数和调节参数，来寻找泛函的极小值，从而得到偏微分方程的近似解。

1.基本原理

泛函指以函数构成的向量空间为定义域，实数为值域的"函数"，即某一个依赖于其他一个或者几个函数确定其值的量，往往被称为"函数的函数"。所谓泛函是指这样一种变量，它的值是由一个函数 $y=y(x)$，或几个函数 $[y_1(x), y_2(x), \cdots]$ 所确定的。泛函与函数之间具有一些相似之处。

变分法是研究泛函极值的方法，由于泛函的极值与函数的极值有许多联系和类似之处，因此泛函极值的解法非常类似于函数极值的求法。相关的证明可以查阅泛函分析理论书籍，此处直接将需要用到的重要结论列于表2-5中。

表2-5 两种方法的对比

函数 $f=f(x)$	泛函 $I=I[y(x)]$
①如果对于变量 x 的某一域中的每一个 $f(x)$，f 都有一个值与之对应，则变量 f 叫作变量 x 的函数，记为 $f(x)$	①如果对于某一类函数 $y(x)$ 中的每一个函数 $y(x)$，I 都有一值与之对应，则变量 I 叫作依赖于函数 $y(x)$ 的泛函，记为 $I[y(x)]$
②如果对于 x 的微小改变，有函数 $f(x)$ 的微小改变与之对应，则函数 $f(x)$ 是连续的	②如果对于 $y(x)$ 的微小改变，有泛函 $I[y(x)]$ 的微小改变与之对应，则泛函 $I[y(x)]$ 是连续的
③如果可微函数 $f(x)$ 在内点 $x=x_0$ 处达到极大或极小值，则在这点有 $\mathrm{d}f=0$	③如果具有变分的泛函 $I[y(x)]$ 在 $y=y_0(x)$ 上达到极大或极小值，则在 $y=y_0(x)$ 上有 $\delta I=0$

【例2.5】 泛函

$$I[y(x)] = \int_0^1 \left[(y')^2 + 2xy\right]\mathrm{d}x$$

边界条件：$y(0)=0$，$y(1)=1$，试问泛函在什么曲线上达到极值？

解：

$$F = (y')^2 + 2xy, \quad \frac{\partial F}{\partial y} = 2x, \quad \frac{\partial F}{\partial y'} = 2y', \quad \frac{\mathrm{d}}{\mathrm{d}x}\left(\frac{\partial F}{\partial y'}\right) = 2y''$$

欧拉方程为：$y'' - x = 0$。

其通解为：$y = \dfrac{x^3}{6} + c_1 x + c_2$。

由边界条件求得 $c_1 = 5/6$，$c_2 = 0$，所以泛函只能在曲线 $y = \dfrac{5}{6}x + \dfrac{x^3}{6}$ 上达到极值。

2. 瑞利–里茨法求解过程

瑞利–里茨法求微分方程边值问题近似解需要 2 个步骤。

1）建立微分方程边值问题对应的泛函

由于使泛函实现其极值的函数 $\varphi(x, y, z)$ 必然满足相应的欧拉方程，因此可以构造一个泛函，使它的欧拉方程是需要求解的微分方程，这样就把求解微分方程的问题转化为求泛函极值的变分问题。一般有两种途径可以利用微分方程和边界条件建立等效泛函形式。第一种方法是物理的方法，对于一些实际的物理问题，可以直接写出其泛函。例如，对结构问题，系统总势能是平衡微分方程的泛函，其泛函极值条件就是最小势能原理。第二种方法是数学的方法。并非所有微分方程边值问题都能建立其对应的泛函，对一定类型的微分方程边值问题，其泛函可通过等效积分弱形式建立。

例如，当需要求解平面拉普拉斯方程时：

$$\frac{\partial^2 \varphi}{\partial x^2} + \frac{\partial^2 \varphi}{\partial y^2} = 0 \tag{2-56}$$

把式（2-56）当作欧拉方程，求出相应的泛函：

$$I(\varphi) = \iint_R \frac{1}{2}\left[\left(\frac{\partial \varphi}{\partial x}\right)^2 + \left(\frac{\partial \varphi}{\partial y}\right)^2\right]\mathrm{d}x\mathrm{d}y \tag{2-57}$$

2）由泛函极值条件求得原问题的近似解

当求得了使泛函实现极值的函数 $\varphi(x, y)$ 后，它也满足求解的微分方程，因而是所需要的解。以下步骤为函数 $\varphi(x, y, z)$ 的求解方法。

瑞利–里茨法的概念是先假设泛函 $I(\varphi)$ 所依赖的函数 $\varphi(x, y)$ 具有如式（2-58）所示的形式：

$$\varphi(x, y) = \alpha_1 w_1(x, y) + \alpha_2 w_2(x, y) + \cdots + \alpha_n w_n(x, y) = \sum_{i=1}^{n} \alpha_i w_i(x, y) \tag{2-58}$$

式中：$w_1(x, y)$，$w_2(x, y)$，$\cdots$，$w_n(x, y)$ 为给定的一组满足边界条件的函数序列，称为坐标函数。α_1，α_2，$\cdots$，α_n 为待定系数。

把式（2-58）代入泛函 $I(\varphi)$ 的表达式，于是泛函 $I(\varphi)$ 就变换成系数 α_1，α_2，$\cdots$，α_n 的函数，可以写成：

$$I[\varphi(x, y)] = I(\alpha_1, \alpha_2, \cdots, \alpha_n) \tag{2-59}$$

既然泛函 $I[\varphi(x, y)]$ 在 $\varphi(x, y)$ 上实现极值，根据多元函数实现极值的必要条件可知系数 α_1，α_2，$\cdots$，α_n 应满足方程组：

$$\frac{\partial I}{\partial \alpha_1} = 0, \quad \frac{\partial I}{\partial \alpha_2} = 0, \quad \cdots, \quad \frac{\partial I}{\partial \alpha_n} = 0 \tag{2-60}$$

解方程组(2-60)，求得系数 $\frac{\partial I}{\partial \alpha_1}=0$，$\frac{\partial I}{\partial \alpha_2}=0$，$\cdots$，$\frac{\partial I}{\partial \alpha_n}=0$，代入 $I[\varphi(x,y)]=I(\alpha_1,\alpha_2,\cdots,\alpha_n)$，即得到所求的解 $\varphi(x,y)$。

因此，用瑞利-里茨法求解一个工程问题时，其计算步骤如下：

(1)把实际工程所提出的微分方程作为欧拉方程，找出其相应的泛函 $I(\varphi)$。

(2)假设有一组满足边界条件的坐标函数序列 $w_1(x,y)$，$w_2(x,y)$，$\cdots$，$w_n(x,y)$，并令 $\varphi=\sum_{i=1}^{n}\alpha_i w_i$，将这些式子代入泛函，使泛函变成以系数 α_1，α_2，$\cdots$，α_n 为变量的函数 $I(\alpha_1,\alpha_2,\cdots,\alpha_n)$。

(3)由方程组(2-60)求出系数 α_1，α_2，$\cdots$，α_n。

(4)把求得的系数 α_i 代回式(2-59)就得到使泛函实现极值的解，也就是所求的微分方程的近似解。

3. 瑞利-里茨法求解有限元问题

用瑞利-里茨法求解变分问题时，坐标函数 w_i 必须在原求解区域上满足边界条件。显然，只有求解区域比较规则(如圆形、矩形、椭圆形等)而且边界条件比较简单时，才能找到这样的坐标函数。在实际工程中，求解区域往往是不规则的，边界条件也往往比较复杂，很难找到满足边界条件的坐标函数 w_i，因而不能用瑞利-里茨法求解。在用有限单元法求解时，可以将求解区域划分成有限多个三角形(或其他形状)的单元，由这些单元组成区域，按变分思路求解，寻找使泛函实现极值的函数 $\varphi(x,y)$。由于求解区域被划分成有限多个单元，可以适应不规则外形和复杂边界条件，因而在方法上就得到了很大的改进，可以求解实际工程中提出的种种复杂问题。

本章习题

1. 请对以下名词进行解释或释义：

(1)加权残差法

(2)节点

(3)单元

(4)节点自由度

2. 简述加权残差法和有限单元法之间的关系，加权残差法中的权函数和有限单元法中的形函数有何关系？

3. 求解下列二阶常微分方程

$$\frac{\mathrm{d}^2 u}{\mathrm{d}x^2}+u+x=0 \quad (0\leqslant x\leqslant 1)$$

边界条件：

$$当 x=0 时，u=0；当 x=1 时，u=0$$

(1)使用最小二乘法求解。

(2)使用伽辽金法求解。

4. 已知微分方程 $\dfrac{\mathrm{d}^2 u}{\mathrm{d}x^2} + x = 0$，$0 \leq x \leq 1$，$x$ 在区间 $[0,1]$ 上满足 $u(0) = 0$，$\dfrac{\mathrm{d}u}{\mathrm{d}x}(1) = 1$。

（1）求精确解 u 的表达式。

（2）设 $u = a_0 + a_1 x + a_2 x^2$，求残差 R 函数的表达式，并利用伽辽金加权残差法求解出 u 的表达式。

（3）令 $x = 0.5$，比较伽辽金加权残差法和精确解 u 值的区别。

5. 泛函

$$I[y(x)] = \int_0^1 \left[(y')^2 - xy \right] \mathrm{d}x$$

边界条件为 $y(0) = 0$，$y(1) = -1/24$，试求出泛函取最小值的曲线。

第3章　伽辽金有限单元法与杆单元

第2章介绍了如何利用加权残差法求解微分方程边值问题的近似解,本章将在此基础上以一维直杆受轴向力作用的杆件系统为例,介绍如何用加权残差法建立伽辽金有限元基本方程。

3.1　一维弹性拉杆

【例3.1】　如图3-1所示,弹性杆受沿长度分布的轴向荷载 $F(x)$ 作用,并且杆的刚度可变。试估计:杆任意截面 x 处的轴向位移 u。

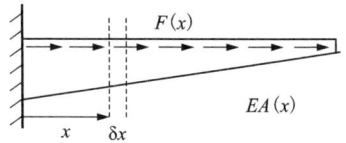

图3-1　受轴向力作用的直杆

1.全域离散化

全域离散化是把所要求解的连续区域划分为一组由虚拟的线或面构成的有限个单元的组合体,即把连续体内的某些点设为单元的节点,这些节点通过特定的方式连线成为一个个单元,用这些有限个单元体的集合来代替原来的求解区域。一般由离散化的单元集成的组合体可以模拟原求解区域。通过连续体离散化,将求解无限自由度的问题近似转化为求解有限自由度问题。离散化是有限单元处理的重要组成部分,通过划分可得到以下信息:节点信息(主要是节点的编号和节点坐标)和单元信息(主要为单元编号和单元中节点的编号顺序)。

一维杆单元是最简单的一维有限元,适用于求解一维空间微分方程。如图3-2所示,设节点位移分别为 u_1 和 u_2。

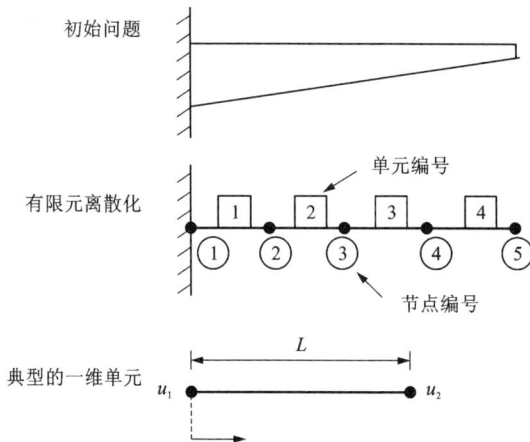

图3-2　全域离散化与2节点杆单元

2. 建立基本控制方程

首先在弹性杆中截取一个长度为 $\delta x(\delta x>0)$ 的微元体(图 3-3),对该微元体进行受力分析,则该微元体满足:

平衡方程:

$$P + \frac{\mathrm{d}P}{\mathrm{d}x}\delta x + F\delta x = P \qquad (3-1)$$

即:

$$\frac{\mathrm{d}P}{\mathrm{d}x} + F = 0$$

本构方程:

$$\sigma_x = E\varepsilon_x \qquad (3-2)$$

应变位移方程(变形协调方程):

$$\varepsilon_x = \frac{\mathrm{d}u}{\mathrm{d}x}(\text{小应变假设}) \qquad (3-3)$$

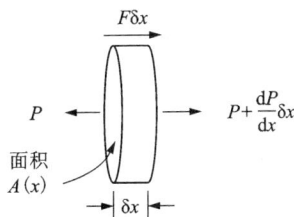

图 3-3　杆件微元体受力图

这 3 个方程可以联立得到:

$$P = \sigma_x A(x) = E\varepsilon_x A(x) = EA(x)\frac{\mathrm{d}u}{\mathrm{d}x} \qquad (3-4)$$

将式(3-4)代入平衡方程可以得到控制方程:

$$E\frac{\mathrm{d}}{\mathrm{d}x}\left[A(x)\frac{\mathrm{d}u}{\mathrm{d}x}\right] + F = 0 \qquad (3-5)$$

当 A 是常数,即杆件截面面积不变时,则:

$$EA\frac{\mathrm{d}^2u}{\mathrm{d}x^2} + F = 0 \qquad (3-6)$$

式(3-6)即为该弹性拉杆问题的控制微分方程。

3. 确定位移模式

离散化后对每一个单元体来说,由于单元体很小,可以对其内部的位移分布做一些近似的假设。一般把单元体内某点的位移假设为单元体各个节点位移的一个简单、合理的表达式。这种把单元体内位移和单元节点位移联系起来的函数称为位移函数,也称为位移模式。确定位移模式是有限单元法进行分析的关键,它关系到有限单元计算结果的收敛性和精度。一般取位移模式为多项式,这是因为对多项式函数求导数和微积分运算比较简单,可以在局部区域内逼近任意的光滑函数,并且可以通过项数的多少直接控制计算精度。单元位移模式的选择不是随意的,应能保证解答的收敛性,即具备完备性和协调性。

完备性要求单元的位移函数必须能够反映刚体位移和常应变状态,在选用的多项式位移模式中,必须包含常数项和一次项。单元发生刚体位移时,单元内各点的位移要么与坐标无关(平移时),要么就是坐标的线性函数(转动或转动加平移时),而包含常数项和一次项的位移函数恰好可以反映这一特性。另外,单元应变一般可以分为两个部分:与单元中点的位置有关的应变和与位置无关的常应变。从物理意义上来看,单元尺寸趋于无限小时,单元应变也趋于常量。而应变是位移的一阶导数,故形函数中必须包含线性项,以便反映常应变状态。

协调性要求所选的位移模式必须保证单元内部位移的连续性和相邻单元间位移的协调

性。协调性是保证在受荷变形时，单元内和相邻单元间不会出现开裂和重叠现象，相邻单元在其交界处具有唯一的位移函数。对于用多项式表达的单元位移模式，由于多项式函数是单值连续函数，因此能够满足单元内部位移协调条件，并且在相邻单元间也可以满足位移连续性要求。

（1）定义一维杆单元内形函数及单元近似函数。

对于一维杆假设 $\widetilde{u}$ 从一端到另一端呈线性变化，则单元内的位移近似函数可以表示为：

$$\widetilde{u} = \sum_{i=1}^{2} c_i \psi_i(x) = c_1 + c_2 x \tag{3-7}$$

其中：c_1 和 c_2 是"待定参数"；$\psi_1(x) = 1$ 和 $\psi_2(x) = x$ 为形函数。

近似解必须满足单元各节点位移对应的边界条件，因此：

$$\begin{aligned}
&\text{在 } x = 0 \text{ 处, } \widetilde{u} = u_1 = c_1 \\
&\text{在 } x = L \text{ 处, } \widetilde{u} = u_2 = c_1 + c_2 L
\end{aligned} \tag{3-8}$$

从式（3-8）可求得，$\left.\begin{aligned} c_1 &= u_1 \\ c_2 &= \dfrac{u_2 - u_1}{L} \end{aligned}\right\}$

代入式（3-7）中，则：

$$\widetilde{u} = \left(1 - \frac{x}{L}\right)u_1 + \frac{x}{L}u_2 \tag{3-9}$$

或

$$\widetilde{u} = N_1(x)u_1 + N_2(x)u_2$$

其中：$\left.\begin{aligned} N_1 &= \left(1 - \dfrac{x}{L}\right) \\ N_2 &= \dfrac{x}{L} \end{aligned}\right\}$ 为形函数；$\left.\begin{aligned} u_1 \\ u_2 \end{aligned}\right\}$ 为待定参数。

因此可以将一维杆单元的控制微分方程写为矩阵方程形式。

微分方程：

$$EA \frac{\mathrm{d}^2 u}{\mathrm{d}x^2} + F = 0 \tag{3-10}$$

近似解：

$$\widetilde{u} = N_1 u_1 + N_2 u_2 \tag{3-11}$$

写为矩阵方程形式：

$$\boldsymbol{\widetilde{u}} = \begin{bmatrix} N_1 & N_2 \end{bmatrix} \begin{Bmatrix} u_1 \\ u_2 \end{Bmatrix} \tag{3-12}$$

将近似解代入控制方程，则会产生残差 R：

$$EA \frac{\mathrm{d}^2}{\mathrm{d}x^2} \begin{bmatrix} \boldsymbol{N}_1 & \boldsymbol{N}_2 \end{bmatrix} \begin{Bmatrix} u_1 \\ u_2 \end{Bmatrix} + F = R \tag{3-13}$$

其中 R 为残差。

（2）伽辽金加权残差有限单元法。

假设 EA 和 F 在每个单元上都是常数，则矩阵方程可以写为：

$$EA\int_0^L \begin{Bmatrix} N_1 \\ N_2 \end{Bmatrix} \frac{\mathrm{d}^2}{\mathrm{d}x^2}[N_1 \quad N_2]\mathrm{d}x \begin{Bmatrix} u_1 \\ u_2 \end{Bmatrix} + F\int_0^L \begin{Bmatrix} N_1 \\ N_2 \end{Bmatrix}\mathrm{d}x = \begin{Bmatrix} 0 \\ 0 \end{Bmatrix} \tag{3-14}$$

其中：$\begin{Bmatrix} N_1 \\ N_2 \end{Bmatrix}$ 为伽辽金权函数。

式（3-14）的典型的积分项为：$\int_0^L N_i \frac{\mathrm{d}^2 N_j}{\mathrm{d}x^2}\mathrm{d}x$，利用分部积分进行分解。

$$\int_0^L N_i \frac{\mathrm{d}^2 N_j}{\mathrm{d}x^2}\mathrm{d}x = \left[N_i \frac{\mathrm{d}N_j}{\mathrm{d}x} \right]_0^L - \int_0^L \frac{\mathrm{d}N_i}{\mathrm{d}x}\frac{\mathrm{d}N_j}{\mathrm{d}x}\mathrm{d}x$$

$$\left(或：\int_0^L u\frac{\mathrm{d}v}{\mathrm{d}x}\mathrm{d}x = [uv]_0^L - \int_0^L v\frac{\mathrm{d}u}{\mathrm{d}x}\mathrm{d}x \right) \tag{3-15}$$

忽略边界项：$\left[N_i \frac{\mathrm{d}N_j}{\mathrm{d}x} \right]_0^L$，则：

$$\int_0^L N_i \frac{\mathrm{d}^2 N_j}{\mathrm{d}x^2}\mathrm{d}x \approx -\int_0^L \frac{\mathrm{d}N_i}{\mathrm{d}x}\frac{\mathrm{d}N_j}{\mathrm{d}x}\mathrm{d}x \tag{3-16}$$

代入式（3-14）：

$$EA\int_0^L \begin{Bmatrix} N_1 \\ N_2 \end{Bmatrix} \frac{\mathrm{d}^2}{\mathrm{d}x^2}[N_1 \quad N_2]\mathrm{d}x \begin{Bmatrix} u_1 \\ u_2 \end{Bmatrix} + F\int_0^L \begin{Bmatrix} N_1 \\ N_2 \end{Bmatrix}\mathrm{d}x = \begin{Bmatrix} 0 \\ 0 \end{Bmatrix} \tag{3-17}$$

则变为：

$$EA\int_0^L \begin{bmatrix} \frac{\mathrm{d}N_1}{\mathrm{d}x}\frac{\mathrm{d}N_1}{\mathrm{d}x} & \frac{\mathrm{d}N_1}{\mathrm{d}x}\frac{\mathrm{d}N_2}{\mathrm{d}x} \\ \frac{\mathrm{d}N_2}{\mathrm{d}x}\frac{\mathrm{d}N_1}{\mathrm{d}x} & \frac{\mathrm{d}N_2}{\mathrm{d}x}\frac{\mathrm{d}N_2}{\mathrm{d}x} \end{bmatrix}\mathrm{d}x \begin{Bmatrix} u_1 \\ u_2 \end{Bmatrix} = F\int_0^L \begin{Bmatrix} N_1 \\ N_2 \end{Bmatrix}\mathrm{d}x \tag{3-18}$$

也可以表示为：

$$[k_m]\{u\} = \{f\} \tag{3-19}$$

这就是单元刚度关系。其中：

单元刚度矩阵：

$$[k_m] = \frac{EA}{L}\begin{bmatrix} 1 & -1 \\ -1 & 1 \end{bmatrix} \tag{3-20}$$

单元节点位移：

$$\{u\} = \begin{Bmatrix} u_1 \\ u_2 \end{Bmatrix} \tag{3-21}$$

单元节点力：

$$\{f\} = \frac{FL}{2}\begin{Bmatrix} 1 \\ 1 \end{Bmatrix} \tag{3-22}$$

因此，基于伽辽金有限单元法，可以将一维弹性杆件结构的控制微分方程转化为矩阵方程（线性代数分程组）：

控制微分方程:

$$EA\frac{\mathrm{d}^2 u}{\mathrm{d}x^2} + F = 0 \tag{3-23}$$

矩阵方程:

$$[k_m]\{u\} = \{f\} \tag{3-24}$$

4. 整体分析

1) 基本概念

对于每一个单元, 可通过其单元刚度矩阵把单元的节点力和节点位移联系起来。同样, 对于整个系统也可以用节点位移来表示节点力, 联系二者的是总体刚度矩阵。一旦单元刚度矩阵 $[k_m]$ 被发现, 就可以将它们组装成一个总体刚度矩阵 $[K_m]$, 在实际计算中, 将每个元素的贡献组装成总体刚度矩阵或质量矩阵是一个关键步骤。这个过程可以自动化实现, 只要提供每个元素的连接信息, 即每个节点属于哪些元素。在这种情况下, 计算机代码可以通过循环遍历每个元素, 并将其贡献组装到总体矩阵中。在本书中使用了简单的示例对组装这一过程进行了计算和讲解, 对于大型复杂模型, 组装原理是一致的, 只是具体的计算步骤会更加复杂。然而, 在计算机中进行编程处理可以大大简化这个过程, 使其更加高效和准确。因此, 只要有节点、单元等连通信息, 组装过程按总体系统节点编号与单元局部节点编号的关系进行, 从而得到组装后的总体平衡方程, 即 $[K_m]\{U\} = \{F\}$。

定义结构总体刚度矩阵: $[K_m] = \sum_m [k_m]$。

定义结构总体荷载向量: $\{F\} = \sum_m \{f\}$。 即单元力向量 $\{f\}$ 也必须组装成一个全局力向量 $\{F\}$。

定义结构总体位移向量: $\{U\} = \sum_m \{u\}$。

上述方法有时被称为"位移有限单元法", 在这种方法中, 节点位移被视为基本的自由度, 并且使用这些自由度来描述结构的整体行为。一旦找到了全局位移, 对于每个单元, 就可以利用节点的位移插值函数来计算该单元内部的应变和应力。

2) 组装

考虑组装一维杆单元, 每个节点具有一个自由度的情况(图 3-4)。(这个例子虽然简单, 但是组装的逻辑与复杂的三维问题分析是完全一样的, 即当每个节点有多个自由度时)

对于本问题, 4 个单元的总体节点号与局部节点号的关系如表 3-1 所示。

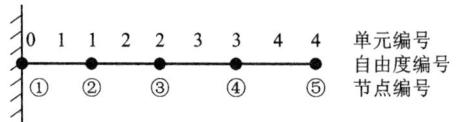

图 3-4 组装一维杆单元

表 3-1 单元连接关系

单元号	节点 1	节点 2	单元号	节点 1	节点 2
1	1	2	3	3	4
2	2	3	4	4	5

因此，对于图 3-4 中的一维杆，各单元节点力可以表示为：

单元 1：$F_1 = f_2^{(1)} + f_1^{(2)}$。

单元 2：$F_2 = f_2^{(2)} + f_1^{(3)}$。

单元 3：$F_3 = f_2^{(3)} + f_1^{(4)}$。

单元 4：$F_4 = f_2^{(4)}$。

其中 $f_i^{(j)}$ 表示第 j 个单元中作用在节点 i 上的节点力。

单元总体刚度可以表示为：

$K_{11} = k_{22}^{(1)} + k_{11}^{(2)}$；$K_{12} = k_{12}^{(2)}$；$K_{13} = K_{14} = 0$。

$K_{21} = K_{12}$；$K_{22} = k_{22}^{(2)} + k_{11}^{(3)}$；$K_{23} = k_{12}^{(3)}$；$K_{24} = 0$。

$K_{31} = 0$；$K_{32} = K_{23}$；$K_{33} = k_{22}^{(3)} + k_{11}^{(4)}$；$F = f_2^{(3)} + f^{(4)}$；$K_{34} = k_{12}^{(4)}$。

$K_{41} = K_{42} = 0$；$K_{43} = K_{34}$；$K_{44} = k_{22}^{(4)}$ $F_4 = f_2^{(4)}$。

每个单元都有不同的刚度矩阵，例如第 i 个单元的刚度矩阵可以表示为：

$$\begin{bmatrix} k_{11}^{(i)} & k_{12}^{(i)} \\ k_{21}^{(i)} & k_{22}^{(i)} \end{bmatrix} \begin{Bmatrix} u_1^{(i)} \\ u_2^{(i)} \end{Bmatrix} = \begin{Bmatrix} f_1^{(i)} \\ f_2^{(i)} \end{Bmatrix} \tag{3-25}$$

依据单元总体自由度编号，将对应单元矩阵的元素叠加形成总体矩阵，将上述单元矩阵按单元间的连接关系叠加起来，形成的组合的总体刚度关系：

$$\begin{bmatrix} K_{11} & K_{12} & 0 & 0 \\ K_{12} & K_{22} & K_{23} & 0 \\ 0 & K_{23} & K_{33} & K_{34} \\ 0 & 0 & K_{34} & K_{44} \end{bmatrix} \begin{Bmatrix} U_1 \\ U_2 \\ U_3 \\ U_4 \end{Bmatrix} = \begin{Bmatrix} F_1 \\ F_2 \\ F_3 \\ F_4 \end{Bmatrix} \tag{3-26}$$

即

$$[\boldsymbol{K}_m]\{\boldsymbol{U}\} = \{\boldsymbol{F}\} \tag{3-27}$$

该线性方程组，可以用任意适当的方法求解，如高斯消元法、预条件共轭梯度法等，本节不再介绍这些方法。此外，从上述方程组可以看到，有限单元法对工程问题进行分析时，会涉及一系列的矩阵运算。由于计算机非常适合于做矩阵运算，因此它为求解大型问题提供了条件。本章省略了基本的矩阵运算，但值得注意的是，一般总体刚度矩阵中的元素都集中在主对角线附近(呈带状分布)，其他位置则全部为零元素，当单元划分较多时，这种特征更加明显。总体刚度矩阵中的元素分布具有带状分布性和稀疏性。在计算机程序中，若把总体刚度矩阵中的所有元素都存储，要占用大量的内存，影响计算速度。因此，必须设法压缩存储总体刚度矩阵。通常有两种压缩存储方法，即等带宽存储和一维变带宽存储。具体计算机编程方面的内容，本书不做过多介绍，请参考相关书籍。

3.2　沿轴振动的一维杆质量矩阵

假设一根长度为 L 的一维杆在沿轴方向上振动，可以使用质量矩阵来描述它的振动行为。质量矩阵是一个 $n \times n$ 的矩阵，其中 n 是自由度的数量。

1.控制方程

将杆分成许多小段，并将每个小段看作一个单独的质量元素，则可以将整个杆的质量分布表示为质量矩阵的形式，其中每个元素对应于一个小段的质量。如图3-5所示。

平衡方程：

$$P + \frac{\partial P}{\partial x}\delta x = P + \rho A\delta x \frac{\partial^2 u}{\partial t^2}，因此，\frac{\partial P}{\partial x} = \rho A \frac{\partial^2 u}{\partial t^2}$$

$$(3-28)$$

本构方程：

$$\sigma_x = E\varepsilon_x \qquad (3-29)$$

应变位移方程：

$$\varepsilon_x = \frac{\mathrm{d}u}{\mathrm{d}x}（小应变假设） \qquad (3-30)$$

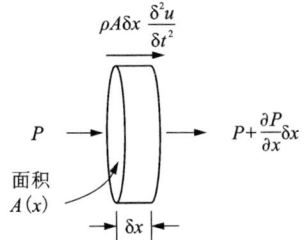

图3-5 沿轴振动的杆的杆单元

这三个方程联立可得：

$$P = \sigma_x A = E\varepsilon_x A = EA\frac{\partial u}{\partial x} \qquad (3-31)$$

将式（3-31）代入平衡方程可以得到波动方程：

$$EA\frac{\partial^2 u}{\partial x^2} = \rho A \frac{\partial^2 u}{\partial t^2} \qquad (3-32)$$

2. 加权残差法求解

同理利用有限单元法来解方程（3-32）。设近似解 $\tilde{u} = \begin{bmatrix} N_1 & N_2 \end{bmatrix} \begin{Bmatrix} u_1 \\ u_2 \end{Bmatrix}$；将近似解代入控制

方程，得到残差 R：

$$EA\frac{\partial^2}{\partial x^2}\begin{bmatrix} N_1 & N_2 \end{bmatrix} \begin{Bmatrix} u_1 \\ u_2 \end{Bmatrix} - \rho A\begin{bmatrix} N_1 & N_2 \end{bmatrix} \frac{\partial^2}{\partial t^2} \begin{Bmatrix} u_1 \\ u_2 \end{Bmatrix} = R \qquad (3-33)$$

假设 EA 和 ρA 在每个单元上都是常数。则矩阵方程可以写为：

$$EA\int_0^L \begin{Bmatrix} N_1 \\ N_2 \end{Bmatrix}\frac{\partial^2}{\partial x^2}\begin{bmatrix} N_1 & N_2 \end{bmatrix}\mathrm{d}x\begin{Bmatrix} u_1 \\ u_2 \end{Bmatrix} - \rho A\int_0^L \begin{Bmatrix} N_1 \\ N_2 \end{Bmatrix}\begin{bmatrix} N_1 & N_2 \end{bmatrix}\mathrm{d}x\frac{\partial^2}{\partial t^2}\begin{Bmatrix} u_1 \\ u_2 \end{Bmatrix} = \begin{Bmatrix} 0 \\ 0 \end{Bmatrix} \qquad (3-34)$$

其中：$\begin{Bmatrix} N_1 \\ N_2 \end{Bmatrix}$ 为伽辽金加权函数。

得到单元波动方程：

$$[\boldsymbol{k}_m]\{\boldsymbol{u}\} + [\boldsymbol{m}_m]\begin{Bmatrix} \dfrac{\mathrm{d}^2 u}{\mathrm{d}t^2} \end{Bmatrix} = \{0\} \qquad (3-35)$$

其中：单元刚度矩阵为 $[\boldsymbol{k}_m] = \dfrac{EA}{L}\begin{bmatrix} 1 & -1 \\ -1 & 1 \end{bmatrix}$；单元质量矩阵为 $[\boldsymbol{m}_m] = \dfrac{\rho AL}{6}\begin{bmatrix} 2 & 1 \\ 1 & 2 \end{bmatrix}$（注意这

些矩阵都是对称矩阵）；单元节点位移为 $\{\boldsymbol{u}\} = \begin{Bmatrix} u_1 \\ u_2 \end{Bmatrix}$；单元节点加速度为 $\begin{Bmatrix} \dfrac{\mathrm{d}^2 u}{\mathrm{d}t^2} \end{Bmatrix} = \begin{Bmatrix} \dfrac{\mathrm{d}^2 u_1}{\mathrm{d}t^2} \\ \dfrac{\mathrm{d}^2 u_2}{\mathrm{d}t^2} \end{Bmatrix}$。

质量矩阵可以写成不同形式：相容质量矩阵 $[\boldsymbol{m}_m] = \dfrac{\rho AL}{6}\begin{bmatrix} 2 & 1 \\ 1 & 2 \end{bmatrix}$，也可以写作集中质量矩

阵：$\left[\boldsymbol{m}_m\right]=\dfrac{\rho AL}{2}\begin{bmatrix} 1 & 0 \\ 0 & 1 \end{bmatrix}$。

一维杆质量矩阵的组装过程与 3.1 节所述类似，本处不再赘述。

3.3　等效荷载及边界条件的处理

3.1 与 3.2 节以一维杆为例介绍了一维杆单元有限单元法的基本过程，用有限单元法求解实际问题，还需要注意以下几个点，才能得到正确的解答。

1.等效荷载的形成

在有限元分析中，要求解整体节点位移，必须同时得到总体刚度矩阵和荷载矩阵。总体刚度矩阵包含了所有单元的刚度矩阵，而荷载矩阵则包含了所有单元所受的荷载。解决荷载矩阵问题就是解决如何将单元受力移植到单元节点上。在有限元分析中，常常采用静力等效原则来移植荷载。这种方法假设单元内的应力是均匀分布的，因此可以将单元所受的荷载等效为单元节点上的节点荷载。具体来说，每个单元的节点荷载可以通过将单元荷载按照节点数量进行平均得到。这样就可以得到每个节点上的节点荷载，从而构造出整个荷载矩阵。

在有限元分析中，我们通常假设材料特性在每个单元上是恒定的，但假定荷载常常不是均布荷载。因此，我们需要根据实际情况来确定每个单元所受的荷载，以便将其移植到单元节点上。如果荷载是均布荷载，则可以将其视为在单元内部均匀分布的荷载，然后使用静力等效原则来计算单元节点上的节点荷载。以一维杆为例，此时需要注意单元上的分布力是如何被解释为两个在节点上的"集中力"，如图 3-6 所示。

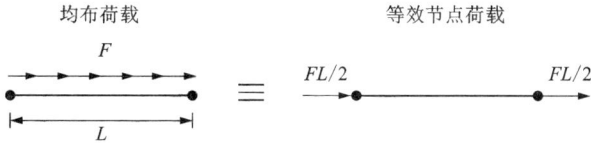

图 3-6　均布荷载的等效节点荷载示意图

对于非均布荷载，我们需要根据实际情况来计算每个节点所受的荷载。例如，如果荷载是线性分布的，如图 3-7 所示，则可以将其视为在单元某个节点上的节点荷载，如图 3-8 所示，从而将其移植到单元节点上。则此时的伽辽金加权方程是 $\dfrac{P}{L}\displaystyle\int_0^L x \begin{Bmatrix} N_1 \\ N_2 \end{Bmatrix} \mathrm{d}x = PL\displaystyle\int_0^L \begin{Bmatrix} 1/6 \\ 1/3 \end{Bmatrix}$。

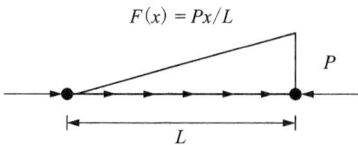

图 3-7　线性分布荷载

图 3-8　线性分布荷载的等效过程

2.边界条件处理

在单元分析及单元刚度矩阵组装过程中,节点位移都假定为未知量,由线性代数知识可知,总体刚度矩阵是奇异的,而奇异矩阵对应的线性方程组的解是不确定的。

然而结构位移边界条件作为强制边界条件,是必须事先满足的条件。由力学知识也可知,对于没有支撑约束的悬空结构,即使所受的外力自身构成一个平衡力系,其位移的解答也是不确定的。在整体方程中没有考虑支撑条件,所以整体方程的解是不确定的。为了得到确定的位移解答,在力学分析中必须正确地设置支撑以固定结构,消除刚体位移,并把支撑条件引入总体刚度矩阵中,才可以得到位移矩阵的正确解答。在结构组装得到系统总体平衡方程后,需要引入位移边界条件,使得总体刚度矩阵为非奇异矩阵,通过平衡方程的求解得到未知节点位移,位移边界条件上的位移值等于指定的已知值。因此本节将简要介绍如何引入约束条件。

1)位移边界条件类型

微分方程的解需要边界条件。如图3-9所示,在一维杆中:

(1)$u(0) = 0$,边界条件是通过数据显式处理的;

(2)$\dfrac{\mathrm{d}u}{\mathrm{d}x}(L') = 0$,边界条件在网格边界处默认得到;

(3)导数边界条件,$\dfrac{\mathrm{d}\varphi}{\mathrm{d}n} = 0$,其中,$\varphi$ 为因变

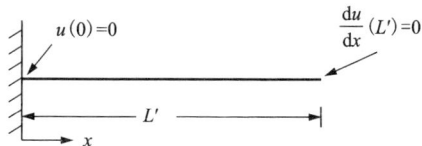

图 3-9 一维杆的边界条件

量;n 是垂直于网格边界的,在有限元中是自动获得的。

2)固定边界值方法

首先,将所有节点变量作为未知量,按常规方法组装为总体刚度矩阵$[\boldsymbol{K}_m]$。假设我们有5个方程:

$$\begin{bmatrix} K_{11} & K_{12} & K_{13} & K_{14} & K_{15} \\ K_{21} & K_{22} & K_{23} & K_{24} & K_{25} \\ K_{31} & K_{32} & K_{33} & K_{34} & K_{35} \\ K_{41} & K_{42} & K_{43} & K_{44} & K_{45} \\ K_{51} & K_{52} & K_{53} & K_{54} & K_{55} \end{bmatrix} \begin{Bmatrix} U_1 \\ U_2 \\ U_3 \\ U_4 \\ U_5 \end{Bmatrix} = \begin{Bmatrix} F_1 \\ F_2 \\ F_3 \\ F_4 \\ F_5 \end{Bmatrix}$$

我们希望固定以下位移:

$$U_2 = 0$$
$$U_5 = \delta$$

节点值可以用直接缩减法或惩罚法固定。

(1)直接缩减法。

这种方法直接引入位移约束条件,把整体方程中零位移对应的行列都划去,使方程组的阶数减小,消除了总体刚度矩阵的奇异性,可以确定位移列阵。这种方法只适用于节点数很少的简单情况。当节点数较多时,这种改变矩阵阶数的方法在用计算机编程计算时不方便,求解后又得按顺序来组装位移列阵,不仅占用内存多,而且增加了计算量。当某些节点的已

知位移不为零时更是无法求解。一般在有限单元程序中主要采用下面两种方法来处理总体刚度矩阵的奇异性。

①乘大数法。

这种方法又称为主元乘最大数法,其做法是把总体刚度矩阵中与已知位移(包括约束零位移及已知非零位移)有关的主对角线元素乘以一个极大的数,如乘以 10^8 或更大的数。当然,在总体刚度矩阵中相对应的位置换为该处已知位移与大数及主元的乘积。

②对角线置 1 法。

这种方法也称为主元改 1 法,具体做法是把总体刚度矩阵中与已知位移对应的行列做修改,即除主元改为 1 外,其余元素均置为 0。相应地在荷载列阵中,用已知位移代替相应位置的元素,对荷载列阵中的其他元素则要减去已知位移与相应总体刚度矩阵元素的乘积。在几乎所有的有限元分析中,整体矩阵是带状的,对称的。最有效的存储策略被称为"对角线置 1 法"。

(2)惩罚法。

惩罚法也叫置大数法,和乘大数法类似,对任何给定位移(零值或非零值)都适用,采用这种方法引入位移边界条件时,方程阶数不变,节点位移顺序不变。由于编制程序方便,因此在有限单元编程中经常使用。具体做法为在刚度矩阵对角线上对应于要固定的自由度(在本例中为 K_{22} 和 K_{55})添加一个"大"数字。

总之,我们希望确定以下位移,如果一种自由度要被固定为零,可以选择直接缩减法,即不给自由编号,这减少了组装的数量和需要解决的方程式的数量。我们也可以将分析中的自由度数保持为"未知",并在装配后使用惩罚法将其值固定为零。这将导致更多的计算工作,但是可以得到一个更简单和更合乎逻辑的自由编号系统。如果一个自由度要固定为一个非零值,我们总是用惩罚法。

算例:

方法一:用直接缩减法进行部分自由度编号。

如图 3-10,由于每个单元具有相同的 $EA = 300$ kN 和 $L = 0.5$ m,因此所有单元具有相同的刚度矩阵;即 $[k_m] = 600 \begin{bmatrix} 1 & -1 \\ -1 & 1 \end{bmatrix}$。因荷载是均匀的,所以每个元素都有相同的力向量:$\{f\} = 1.25 \begin{Bmatrix} 1 \\ 1 \end{Bmatrix}$。

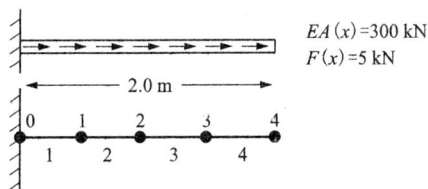

图 3-10 算例

通过每个节点间的连接关系,可以得到:

$K_{11} = k_{22}^{(1)} + k_{11}^{(2)} = 600 + 600 = 1200 \qquad F_1 = f_2^{(1)} + f_1^{(2)} = 1.25 + 1.25 = 2.5$

$K_{12} = k_{12}^{(2)} = -600$

$K_{13} = K_{14} = 0$

$K_{22} = k_{22}^{(2)} + k_{11}^{(3)} = 600 + 600 = 1200 \qquad F_2 = f_2^{(2)} + f_1^{(3)} = 1.25 + 1.25 = 2.5$

$K_{23} = k_{12}^{(3)} = -600$

$K_{24} = 0$

$K_{33} = k_{22}^{(3)} + k_{11}^{(4)} = 600 + 600 = 1200 \qquad F_3 = f_2^{(3)} + f_1^{(4)} = 1.25 + 1.25 = 2.5$

$$K_{34} = k_{12}^{(4)} = -600$$

$$K_{44} = k_{22}^{(4)} = 600 \qquad\qquad F_4 = f_2^{(4)} = 1.25$$

组装 $[\boldsymbol{K}_m]$ 和 $\{\boldsymbol{F}\}$ 后，我们有：

$$[\boldsymbol{K}_m]\{\boldsymbol{U}\} = \{\boldsymbol{F}\}$$

$$600\begin{bmatrix} 2 & -1 & 0 & 0 \\ & 2 & -1 & 0 \\ & & 2 & -1 \\ \mathrm{sym} & & & 1 \end{bmatrix}\begin{Bmatrix} U_1 \\ U_2 \\ U_3 \\ U_4 \end{Bmatrix} = 1.25\begin{Bmatrix} 2 \\ 2 \\ 2 \\ 1 \end{Bmatrix}$$

通过高斯消元法，得到：

$$\begin{Bmatrix} U_1 \\ U_2 \\ U_3 \\ U_4 \end{Bmatrix} = 10^{-2}\begin{Bmatrix} 1.458 \\ 2.5 \\ 3.125 \\ 3.333 \end{Bmatrix}$$

方法二：用惩罚法对所有的自由度编号（图 3-11）。

联立 5 个方程，得到：

$$[\boldsymbol{K}_m]\{\boldsymbol{U}\} = \{\boldsymbol{F}\}$$

$$600\begin{bmatrix} 1 & -1 & 0 & 0 & 0 \\ & 2 & -1 & 0 & 0 \\ & & 2 & -1 & 0 \\ \mathrm{sym} & & & 2 & -1 \\ & & & & 1 \end{bmatrix}\begin{Bmatrix} U_1 \\ U_2 \\ U_3 \\ U_4 \\ U_5 \end{Bmatrix} = 1.25\begin{Bmatrix} 1 \\ 2 \\ 2 \\ 2 \\ 1 \end{Bmatrix}$$

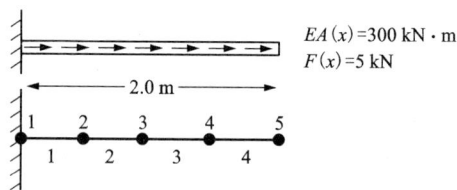

图 3-11　所有自由度编号示意图

计算机程序会使用惩罚法来固定 $U_1 = 0$，得到：

$$600\begin{bmatrix} 1 & -1 & 0 & 0 & 0 \\ & 2 & -1 & 0 & 0 \\ & & 2 & -1 & 0 \\ \mathrm{sym} & & & 2 & -1 \\ & & & & 1 \end{bmatrix}\begin{Bmatrix} 0 \\ U_2 \\ U_3 \\ U_4 \\ U_5 \end{Bmatrix} = 1.25\begin{Bmatrix} 1 \\ 2 \\ 2 \\ 2 \\ 1 \end{Bmatrix}$$

对于手工计算而言，常使用直接缩减法。即输入已知值，并删除 $[\boldsymbol{K}_m]$ 和 $\{\boldsymbol{F}\}$ 中与固定自由度对应的行更容易，因此：

$$600\begin{bmatrix} 2 & -1 & 0 & 0 \\ & 2 & -1 & 0 \\ & & 2 & -1 \\ \mathrm{sym} & & & 1 \end{bmatrix}\begin{Bmatrix} U_2 \\ U_3 \\ U_4 \\ U_5 \end{Bmatrix} = 1.25\begin{Bmatrix} 2 \\ 2 \\ 2 \\ 1 \end{Bmatrix}$$

$$\begin{Bmatrix} U_2 \\ U_3 \\ U_4 \\ U_5 \end{Bmatrix} = 10^{-2}\begin{Bmatrix} 1.458 \\ 2.5 \\ 3.125 \\ 3.333 \end{Bmatrix}$$

3. 分析检查

在有限元分析中，通常很少有机会进行分析选项，即通过数学解析方法来获得精确的解。在大多数情况下，由于复杂性或计算困难，需要使用数值模拟方法（有限元分析）来近似解决问题。但在以下条件下，我们可以通过分析方法来获得更准确的解，从而检查有限元计算结果。

控制方程：$300\dfrac{\mathrm{d}^2 u}{\mathrm{d}x^2}+5=0 \begin{cases} u(0)=0 \\ \dfrac{\mathrm{d}u}{\mathrm{d}x}(2)=0 \end{cases}$

积分一次：$300\dfrac{\mathrm{d}u}{\mathrm{d}x}+5x+A=0$

因此 $A=-10$

再次积分：$300u+2.5x^2-10x+B=0$

因此 $B=0$

所以 $u=\dfrac{1}{120}x(4-x)$，得出表 3-2。对比分析结果可以发现：有限元解在节点处精确，但在节点之间不精确，这是因为在节点之间的位置，有限元计算的解决方案是通过对离散节点上的解进行插值来得到的，因此可能不是完全准确的。

表 3-2　分析结果和有限元计算结果

x	u（分析）	u（有限元计算）
0.0	0.0	0.0
0.5	0.0146	0.0146
1.0	0.025	0.025
1.5	0.0313	0.0313
2.0	0.033	0.033

4. 后处理

在上述缩减法计算结果的基础上，对算例进行后处理。将计算所得各单元的 u_1 和 u_2 分别代入应变的定义式 $\varepsilon_x=\dfrac{(u_2-u_1)}{L}$ 及 $\begin{Bmatrix} f_1 \\ f_2 \end{Bmatrix}=\dfrac{EA}{L}\begin{bmatrix} 1 & -1 \\ -1 & 1 \end{bmatrix}\begin{Bmatrix} u_1 \\ u_2 \end{Bmatrix}$ 式中，计算得到各个单元的应变和节点受力情况（图 3-12）。计算过程如下：

$$\varepsilon_x=\dfrac{(u_2-u_1)}{L}$$

$$\begin{Bmatrix} f_1 \\ f_2 \end{Bmatrix}=\dfrac{EA}{L}\begin{bmatrix} 1 & -1 \\ -1 & 1 \end{bmatrix}\begin{Bmatrix} u_1 \\ u_2 \end{Bmatrix}$$

单元 1：$\dfrac{(0.0146-0)}{0.5}=0.029$

单元 2：$\dfrac{(0.025-0.0146)}{0.5}=0.021$

单元 3：$\dfrac{(0.0313-0.025)}{0.5}=0.013$

单元 4：$\dfrac{(0.033-0.0313)}{0.5}=0.003$

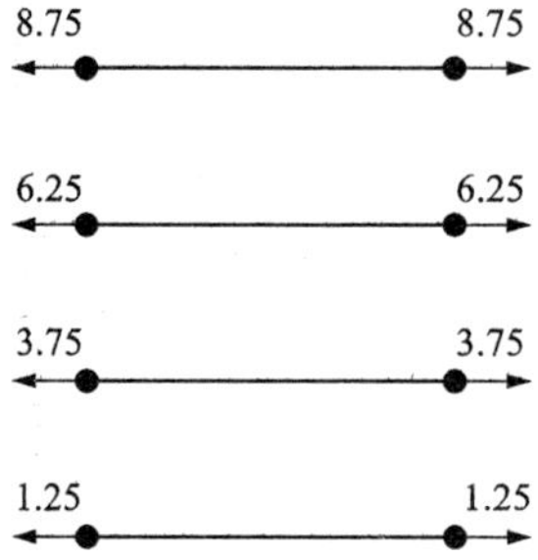

图 3-12 算例后处理结果

$$\varepsilon_x = \frac{(u_2-u_1)}{L}$$

$$\begin{Bmatrix} f_1 \\ f_2 \end{Bmatrix} = \frac{EA}{L}\begin{bmatrix} 1 & -1 \\ -1 & 1 \end{bmatrix}\begin{Bmatrix} u_1 \\ u_2 \end{Bmatrix}$$

单元 1：

$$\varepsilon_x = \frac{(u_2-u_1)}{L} = \frac{(0.0146-0)}{0.5} = 0.029$$

$$\begin{Bmatrix} f_1 \\ f_2 \end{Bmatrix} = \frac{EA}{L}\begin{bmatrix} 1 & -1 \\ -1 & 1 \end{bmatrix}\begin{Bmatrix} u_1 \\ u_2 \end{Bmatrix} = \frac{300}{0.5}\begin{bmatrix} 1 & -1 \\ -1 & 1 \end{bmatrix}\begin{Bmatrix} 0 \\ 0.0146 \end{Bmatrix} = \begin{Bmatrix} -8.75 \\ 8.75 \end{Bmatrix}$$

单元 2：

$$\varepsilon_x = \frac{(u_2-u_1)}{L} = \frac{(0.025-0.0146)}{0.5} = 0.021$$

$$\begin{Bmatrix} f_1 \\ f_2 \end{Bmatrix} = \frac{EA}{L}\begin{bmatrix} 1 & -1 \\ -1 & 1 \end{bmatrix}\begin{Bmatrix} u_1 \\ u_2 \end{Bmatrix} = \frac{300}{0.5}\begin{bmatrix} 1 & -1 \\ -1 & 1 \end{bmatrix}\begin{Bmatrix} 0.0146 \\ 0.025 \end{Bmatrix} = \begin{Bmatrix} -6.25 \\ .25 \end{Bmatrix}$$

单元 3：

$$\varepsilon_x = \frac{(u_2-u_1)}{L} = \frac{(0.0313-0.025)}{0.5} = 0.013$$

$$\begin{Bmatrix} f_1 \\ f_2 \end{Bmatrix} = \frac{EA}{L}\begin{bmatrix} 1 & -1 \\ -1 & 1 \end{bmatrix}\begin{Bmatrix} u_1 \\ u_2 \end{Bmatrix} = \frac{300}{0.5}\begin{bmatrix} 1 & -1 \\ -1 & 1 \end{bmatrix}\begin{Bmatrix} 0.025 \\ 0.0313 \end{Bmatrix} = \begin{Bmatrix} -3.75 \\ 3.75 \end{Bmatrix}$$

单元 4：

$$\varepsilon_x = \frac{(u_2-u_1)}{L} = \frac{(0.033-0.0313)}{0.5} = 0.003$$

$$\begin{Bmatrix} f_1 \\ f_2 \end{Bmatrix} = \frac{EA}{L}\begin{bmatrix} 1 & -1 \\ -1 & 1 \end{bmatrix}\begin{Bmatrix} u_1 \\ u_2 \end{Bmatrix} = \frac{300}{0.5}\begin{bmatrix} 1 & -1 \\ -1 & 1 \end{bmatrix}\begin{Bmatrix} 0.0313 \\ 0.033 \end{Bmatrix} = \begin{Bmatrix} -1.25 \\ 1.25 \end{Bmatrix}$$

需要注意的是，如果应用的荷载涉及"等效节点荷载"的使用，它们必须从每个单元的受荷作用中减去，例如。

单元 1：

计算所得单元所受作用如下：

单元等效节点载荷作用如下：

则可得实际的末端力作用如下（单元所受作用−等效节点载荷）：

同理可得，单元 2、3、4 的实际受力为：

单元 2：

单元 3：

单元 4：

综上可得整个杆件各个单元的受力情况，将各个单元拼接成杆，如图 3-13 所示：

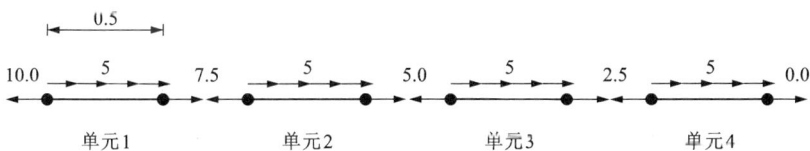

图 3-13　杆件各单元受力及拼接示意图

在计算和拼接过程中，应注意同时满足单元内部平衡和外部平衡，即检查每个单元的垂直力和力矩平衡是否满足。

本章习题

1. 如图 3-14 所示为一维拉杆，试通过加权残差法建立有限单元的基本方程。

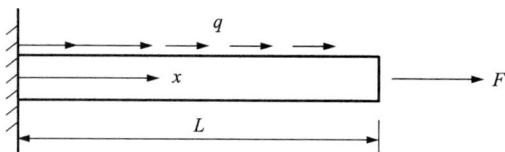

图 3-14　习题 1 图

2. 将如图 3-15 所示的两端固定杆件结构，划分为 2 个单元，在杆件变截面位置作用集中荷载 $P = 500 \times 10^3$ N，请利用有限单元法列出各杆件结构的单元平衡方程，并组装整体平衡方程，从而计算各节点位移、单元应力及约束节点反力。

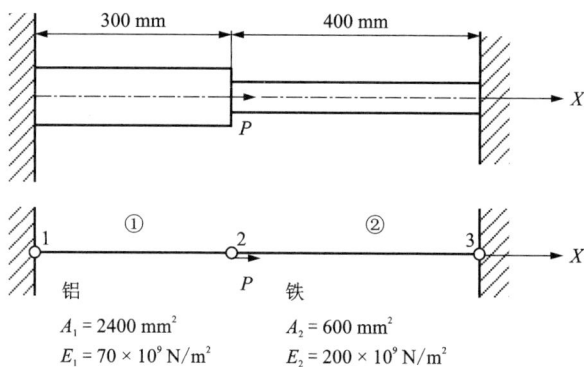

图 3-15　习题 2 图

3. 一杆两端固定，划分为 4 个单元，各单元截面模量及受力如图 3-16 所示，已知 2 号节点有一 $u = -0.05$ m 的轴向位移，试用有限单元法求出两端支反力及各节点位移。

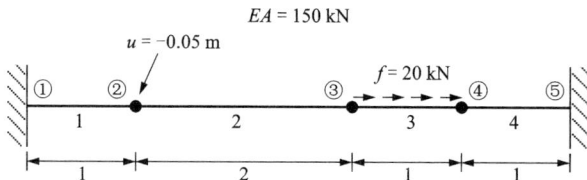

图 3-16　习题 3 图

4. 一总长为 1 m 的一维杆左端固定，右端受一未知集中力 F 作用，杆的各单元截面模量如图 3-17 所示，现已知杆右端产生了大小为 $u = 0.05$ m 的与 F 同向的轴向位移，试用有限单元法求出 F 的大小及其余各节点处的位移。

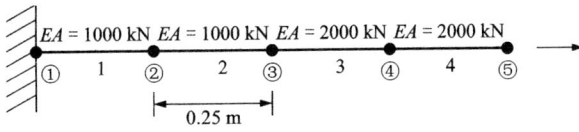

图 3-17 习题 4 图

5. 如图 3-18 所示为两端固定的杆件结构，其节点 2 处作用有固定位移 $u = -0.05$ m，各杆单元的截面模量 EA 均为 150 kN，两个杆的长度分别为 1 m 和 2 m，请利用有限单元法列出两个杆件结构的单元平衡方程，并组装该杆件结构的整体平衡方程，计算各节点所受到的力 F_1、F_2 和 F_3。

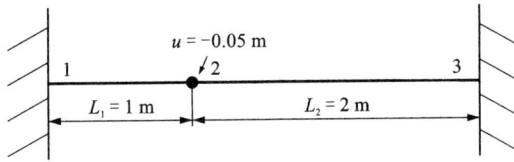

图 3-18 习题 5 图

第4章　梁单元与杆-梁组合单元

梁是一种常用结构构件形式。与杆一样，梁在几何形式上也是等截面直杆，但梁所受荷载形式与杆不同。梁受横向荷载作用，包括横向力及弯矩，而杆受轴向力作用。因荷载形式不同，梁与杆的变形形式也不同。梁在荷载作用下发生垂直于其轴线的横向变形，而杆只有轴向变形。而杆-梁组合单元则同时包含梁单元与杆单元的特性。在梁及框架结构中，梁构件间是刚性连接的，力及弯矩都可以通过节点传递。

4.1　梁理论基础

现今梁理论主要应用有：

（1）精确的弹性理论。

（2）欧拉-伯努利（Euler-Bernoull）经典梁理论。

（3）铁木辛柯（Timoshenko）梁理论。

弹性理论方法的主要缺点是只能精确地求解部分问题，实际使用中适用性较差。本章将主要讲解欧拉-伯努利经典梁理论和铁木辛柯梁理论在有限单元法中的应用。

1.欧拉-伯努利经典梁理论

欧拉-伯努利经典梁理论约形成于1750年，是一种简化的线性弹性理论，可以用于计算梁受力和变形特征，是一个关于工程力学、经典梁力学的重要方程。

欧拉-伯努利经典梁理论的变形假定为：

①变形前为平面的截面，变形后仍保持为平面。

②与中性轴垂直的平截面，在变形后仍垂直于中性轴。

基于这个假设，梁的弯曲变形是通过梁中心线的变形来表示的，相当于可用一条空间曲线来代表一根梁。应用这种梁理论可大大减少变量数目，简化计算工作量，一般情况下也能得到满意的结果，因此，在实际中得到广泛应用。

在满足小变形、线弹性范围内、各向同性、等截面等前提条件下，可以采用欧拉-伯努利经典梁理论计算，其特点是只有弯曲形变、横截面没有产生切应变，因此梁受力发生变形时，变形前垂直于梁中面的横截面，变形后仍为平面，且继续垂直变形后的梁的中面。不过由于它忽略了横向剪力和横向正应变的影响，计算出的梁的变形量低于现实梁的变形量。欧拉-伯努利经典梁理论适用于纵向长度与其他两个方向长度比值大于10的细长梁或薄板的计算。

2.铁木辛柯梁理论

欧拉-伯努利经典梁理论认为梁的剪切刚度无限大，不发生剪应变，因此不适用于短梁的计算。针对这一问题，20世纪早期美籍俄裔科学家与工程师斯蒂芬·铁木辛柯提出了铁木辛柯梁理论。

铁木辛柯梁理论的变形假定为：

① 变形前为平面的截面，变形后仍保持为平面。

② 与中性轴垂直的平截面，在变形后不再垂直于中性轴，而是有一个转角 ψ。

该理论仍然保留了平截面假定，但认为梁变形后由于横向剪力所产生的剪切变形引起梁的附加挠度，使原来垂直于中面的截面变形后不再与其垂直。值得一提的是，这种假定的存在实际上暗含了剪应力和剪应变在截面上均匀分布的假定，这与截面实际的剪应力及剪应变分布显然不相符。从弹性力学的观点看，铁木辛柯梁理论仍是一种近似理论，在某些方面不符合弹性力学的要求。为了与弹性力学一致，需要用剪切系数来修正变形应变能。

在满足小变形、线弹性范围内、各向同性、等截面等前提条件下，也可以采用铁木辛柯梁理论计算，其特点是梁产生弯曲变形，同时梁的横截面产生切应变；当梁受力发生变形时，横截面依然为一个平面，但不再垂直于中性轴。由于它考虑了切应变的效果，计算出的梁的变形量，接近于现实梁的变形量，因此适用于短梁以及厚板。

4.2 一维梁单元结构

4.2.1 一维梁单元结构力学基础

无论是杆单元还是梁单元，都是结构力学中基本的承力构件之一，二者都是一维单元，物理特征基本相同，二者之间的区别主要是承力形式不同。规定杆单元只承受轴向力，梁单元可承受横向力和弯曲力矩。如图 4-1 所示，一维梁单元有 2 个节点和 4 个自由度（2 个平移和 2 个旋转）。

可以表示为横向位移 $\{w\} = \begin{Bmatrix} w_1 \\ \theta_1 \\ w_2 \\ \theta_2 \end{Bmatrix}$；力 $\{f\} = \begin{Bmatrix} f_1 \\ m_1 \\ f_2 \\ m_2 \end{Bmatrix}$。

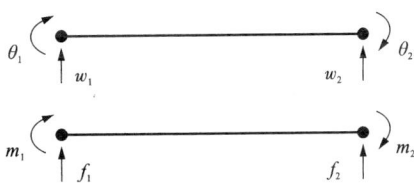

图 4-1 一维梁单元受力图

如图 4-2 所示，考虑一个刚度为 EI 的弹性梁受均布横向荷载 q 的作用，其中在任意截面 x 处的横向位移用 w 表示。值得注意的是，在本章中，纵向是指沿着杆或梁长度方向，用 u_1、u_2 表示，横向是指垂直于杆或梁长度方向的方向，用 w_1、w_2 表示。$\{u\}$ 在第 3 章中特指杆的位移矢量，在本章则代表总位移矢量，包括横向位移和纵向位移；$\{w\}$ 特指梁的位移矢量。

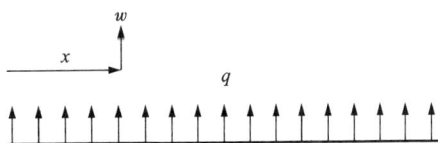

图 4-2 弹性梁受均布横向荷载

其控制微分方程可以表示为：$EI \dfrac{\mathrm{d}^4 w}{\mathrm{d} x^4} = q$。

4.2.2 一维梁单元有限元求解方法

1. 梁单元形函数

形函数（shape function），是一种连续函数，满足边界点的给定值和内部连续。在有限单元法中，形函数是一个十分重要的概念。它不仅可以用作单元的内插函数，把单元内任一点的位移用节点位移表示，而且可作为加权残差法中的加权函数，可以处理外荷载，将分布力等效为节点上的集中力和力矩。此外，它还可用于后续的等参数单元的坐标变换等。单元形函数主要取决于单元的形状、节点类型和单元的节点数目。节点的类型可能是只包含场函数的节点值，也可能还包含场函数导数的节点值。

梁单元两个节点值的试解可以用形函数与自由度表示为：

$$\widetilde{w} = N_1 w_1 + N_2 \theta_1 + N_3 w_2 + N_4 \theta_2 = \begin{bmatrix} N_1 & N_2 & N_3 & N_4 \end{bmatrix} \begin{Bmatrix} w_1 \\ \theta_1 \\ w_2 \\ \theta_2 \end{Bmatrix} \tag{4-1}$$

$$\widetilde{\theta} = \frac{\mathrm{d}\widetilde{w}}{\mathrm{d}x} = \frac{\mathrm{d}N_1}{\mathrm{d}x} w_1 + \frac{\mathrm{d}N_2}{\mathrm{d}x} \theta_1 + \frac{\mathrm{d}N_3}{\mathrm{d}x} w_2 + \frac{\mathrm{d}N_4}{\mathrm{d}x} \theta_2 \tag{4-2}$$

梁单元有四个单元边界条件，分别是单元两端的 w 和 θ 值。可以根据单元边界条件建立四个等式。

$$\widetilde{w}(0) = w_1, \ \widetilde{\theta}(0) = \theta_1$$
$$\widetilde{w}(L) = w_2, \ \widetilde{\theta}(L) = \theta_2 \tag{4-3}$$

因此，任意一个形函数就可以表示为有四个不同常数的三次函数。

$$N_i = c_{0i} + c_{1i}x + c_{2i}x^2 + c_{3i}x^3 \tag{4-4}$$

下面来进行 N_1 的推导。

对 x 求导

$$\frac{\mathrm{d}N_1}{\mathrm{d}x} = c_{11} + 2c_{21}x + 3c_{31}x^2 \tag{4-5}$$

代入单元边界条件，即代入式(4-3)得到：

$$x = 0, \ N_1 = 1, \ N_2 = N_3 = N_4 = 0$$
$$x = L, \ N_3 = 1, \ N_1 = N_2 = N_4 = 0$$
$$x = 0, \ \frac{\mathrm{d}N_2}{\mathrm{d}x} = 1, \ \frac{\mathrm{d}N_1}{\mathrm{d}x} = \frac{\mathrm{d}N_3}{\mathrm{d}x} = \frac{\mathrm{d}N_4}{\mathrm{d}x} = 0 \tag{4-6}$$
$$x = L, \ \frac{\mathrm{d}N_4}{\mathrm{d}x} = 1, \ \frac{\mathrm{d}N_1}{\mathrm{d}x} = \frac{\mathrm{d}N_2}{\mathrm{d}x} = \frac{\mathrm{d}N_3}{\mathrm{d}x} = 0$$

这样便得到了包含四个未知数的方程组：

$$\begin{cases} 1 = c_{01} \\ 0 = 1 + c_{11}L + c_{21}L^2 + c_{31}L^3 \\ 0 = c_{11} \\ 0 = 2c_{21}L + 3c_{31}L^2 \end{cases} \tag{4-7}$$

解得：$c_{01} = 1$，$c_{11} = 0$，$c_{21} = -\dfrac{3}{L^2}$，$c_{31} = \dfrac{2}{L^3}$；

将解代入 N_1 可得：$N_1 = \dfrac{1}{L^3}(L^3 - 3Lx^2 + 2x^3)$。

同理可得梁单元形函数：

$$N_1 = \frac{1}{L^3}(L^3 - 3Lx^2 + 2x^3)$$

$$N_2 = \frac{1}{L^2}(L^2x - 2Lx^2 + x^3)$$

$$N_3 = \frac{1}{L^3}(3Lx^2 - 2x^3) \tag{4-8}$$

$$N_4 = \frac{1}{L^2}(-Lx^2 + x^3)$$

2. 梁单元刚度矩阵

单元刚度矩阵(element stiffness matrix)是有限单元法计算的一个重要的系数矩阵。在对有限单元体的力学分析中，表征单元体的受力与变形关系。由于矩阵的可叠加性，可以由单元的力与位移关系矩阵叠加得到整个系统的刚度矩阵，其中位移矩阵前的系数就是整个系统的刚度矩阵。单元刚度矩阵可以将复杂的力与变形的关系用一个矩阵简洁直观地表示出来，从而方便了编程计算。因此，求得单元刚度矩阵是有限元方法解决弹性力学问题的重要步骤之一，具有重要意义。

下面来分析梁单元的单元刚度矩阵。

梁的控制微分方程：

$$EI \frac{\mathrm{d}^4 w}{\mathrm{d}x^4} = q \tag{4-9}$$

及试解：

$$\widetilde{w} = N_1 w_1 + N_2 \theta_1 + N_3 w_2 + N_4 \theta_2 = \begin{bmatrix} N_1 & N_2 & N_3 & N_4 \end{bmatrix} \begin{Bmatrix} w_1 \\ \theta_1 \\ w_2 \\ \theta_2 \end{Bmatrix} \tag{4-10}$$

将试解代入控制方程，得到：

$$EI \frac{\mathrm{d}^4}{\mathrm{d}x^4} \begin{bmatrix} N_1 & N_2 & N_3 & N_4 \end{bmatrix} \begin{Bmatrix} w_1 \\ \theta_1 \\ w_2 \\ \theta_2 \end{Bmatrix} - q = R \tag{4-11}$$

其中，R 为残差。

假设 EI 和 q 在整个单元上都是常数，利用伽辽金法对残差进行加权。

$$EI \int_0^L \begin{Bmatrix} N_1 \\ N_2 \\ N_3 \\ N_4 \end{Bmatrix} \frac{\mathrm{d}^4}{\mathrm{d}x^4} \begin{bmatrix} N_1 & N_2 & N_3 & N_4 \end{bmatrix} \mathrm{d}x \begin{Bmatrix} w_1 \\ \theta_1 \\ w_2 \\ \theta_2 \end{Bmatrix} = q \int_0^L \begin{Bmatrix} N_1 \\ N_2 \\ N_3 \\ N_4 \end{Bmatrix} \mathrm{d}x \tag{4-12}$$

其中，需要积分的项的形式为：$\int_0^L N_i \frac{\mathrm{d}^4 N_j}{\mathrm{d}x^4} \mathrm{d}x$。通过分部积分和消去边界项(进行两次)可以

写成:

$$\int_0^L N_i \frac{\mathrm{d}^4 N_j}{\mathrm{d}x^4}\mathrm{d}x \approx -\int_0^L \frac{\mathrm{d}N_i}{\mathrm{d}x}\frac{\mathrm{d}^3 N_j}{\mathrm{d}x^3}\mathrm{d}x \approx \int_0^L \frac{\mathrm{d}^2 N_i}{\mathrm{d}x^2}\frac{\mathrm{d}^2 N_j}{\mathrm{d}x^2}\mathrm{d}x \qquad (4-13)$$

因此方程可以改写为:

$$EI\int_0^L \begin{bmatrix} \frac{\mathrm{d}^2 N_1}{\mathrm{d}x^2}\frac{\mathrm{d}^2 N_1}{\mathrm{d}x^2} & \frac{\mathrm{d}^2 N_1}{\mathrm{d}x^2}\frac{\mathrm{d}^2 N_2}{\mathrm{d}x^2} & \frac{\mathrm{d}^2 N_1}{\mathrm{d}x^2}\frac{\mathrm{d}^2 N_3}{\mathrm{d}x^2} & \frac{\mathrm{d}^2 N_1}{\mathrm{d}x^2}\frac{\mathrm{d}^2 N_4}{\mathrm{d}x^2} \\[2mm] & \frac{\mathrm{d}^2 N_2}{\mathrm{d}x^2}\frac{\mathrm{d}^2 N_2}{\mathrm{d}x^2} & \frac{\mathrm{d}^2 N_2}{\mathrm{d}x^2}\frac{\mathrm{d}^2 N_3}{\mathrm{d}x^2} & \frac{\mathrm{d}^2 N_2}{\mathrm{d}x^2}\frac{\mathrm{d}^2 N_4}{\mathrm{d}x^2} \\[2mm] & & \frac{\mathrm{d}^2 N_3}{\mathrm{d}x^2}\frac{\mathrm{d}^2 N_3}{\mathrm{d}x^2} & \frac{\mathrm{d}^2 N_3}{\mathrm{d}x^2}\frac{\mathrm{d}^2 N_4}{\mathrm{d}x^2} \\[2mm] \text{sym} & & & \frac{\mathrm{d}^2 N_4}{\mathrm{d}x^2}\frac{\mathrm{d}^2 N_4}{\mathrm{d}x^2} \end{bmatrix}\mathrm{d}x \begin{Bmatrix} w_1 \\ w_2 \\ \theta_1 \\ \theta_2 \end{Bmatrix} = q\int_0^L \begin{Bmatrix} N_1 \\ N_2 \\ N_3 \\ N_4 \end{Bmatrix}\mathrm{d}x \qquad (4-14)$$

将形函数 N_i 代入方程后得到:

$$\frac{2EI}{L^3}\begin{bmatrix} 6 & 3L & -6 & 3L \\ & 2L^2 & -3L & L^2 \\ & & 6 & -3L \\ \text{sym} & & & 2L^2 \end{bmatrix}\begin{Bmatrix} w_1 \\ \theta_1 \\ w_2 \\ \theta_2 \end{Bmatrix} = \frac{qL}{12}\begin{Bmatrix} 6 \\ L \\ 6 \\ -L \end{Bmatrix}$$

将其转换为矩阵形式得到:

$$[k_m]\{w\} = \{f\} \qquad (4-15)$$

这就是梁单元的单元刚度关系。

其中,单元刚度矩阵 $[k_m] = \dfrac{2EI}{L^3}\begin{bmatrix} 6 & 3L & -6 & 3L \\ & 2L^2 & -3L & L^2 \\ & & 6 & -3L \\ \text{sym} & & & 2L^2 \end{bmatrix}$; 单元节点位移 $\{w\} = \begin{Bmatrix} w_1 \\ \theta_1 \\ w_2 \\ \theta_2 \end{Bmatrix}$; 单元节

点力 $\{f\} = \begin{Bmatrix} f_1 \\ m_1 \\ f_2 \\ m_2 \end{Bmatrix}$。

基于伽辽金有限单元法,可以将梁单元的控制微分方程转化为矩阵方程,

微分方程:

$$EI\frac{\mathrm{d}^4 w}{\mathrm{d}x^4} = q$$

矩阵方程:

$$[k_m]\{w\} = \{f\}$$

注:对线性变化截面梁单元,单元内任一点截面刚度按单元两节点处刚度的线性插值来表示。

3. 梁单元等效节点荷载

在有限元分析中，要针对节点自由度建立求解方程，因此单元所受到的分布力都要由作用于其节点的等效荷载来表示(图 4-3)。

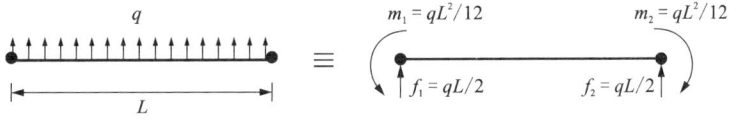

图 4-3　均布荷载的等效节点荷载

则均布荷载的等效节点荷载为：

$$\begin{Bmatrix} f_1 \\ m_1 \\ f_2 \\ m_2 \end{Bmatrix} = \frac{qL}{12} \begin{Bmatrix} 6 \\ L \\ 6 \\ -L \end{Bmatrix}$$

同理，图 4-4 为单元所受到不同力或力矩下的等效节点荷载示意图(假设为两端固定梁，将所有弯矩和反作用力的符号反向，作为等效节点荷载在有限元分析中使用)。

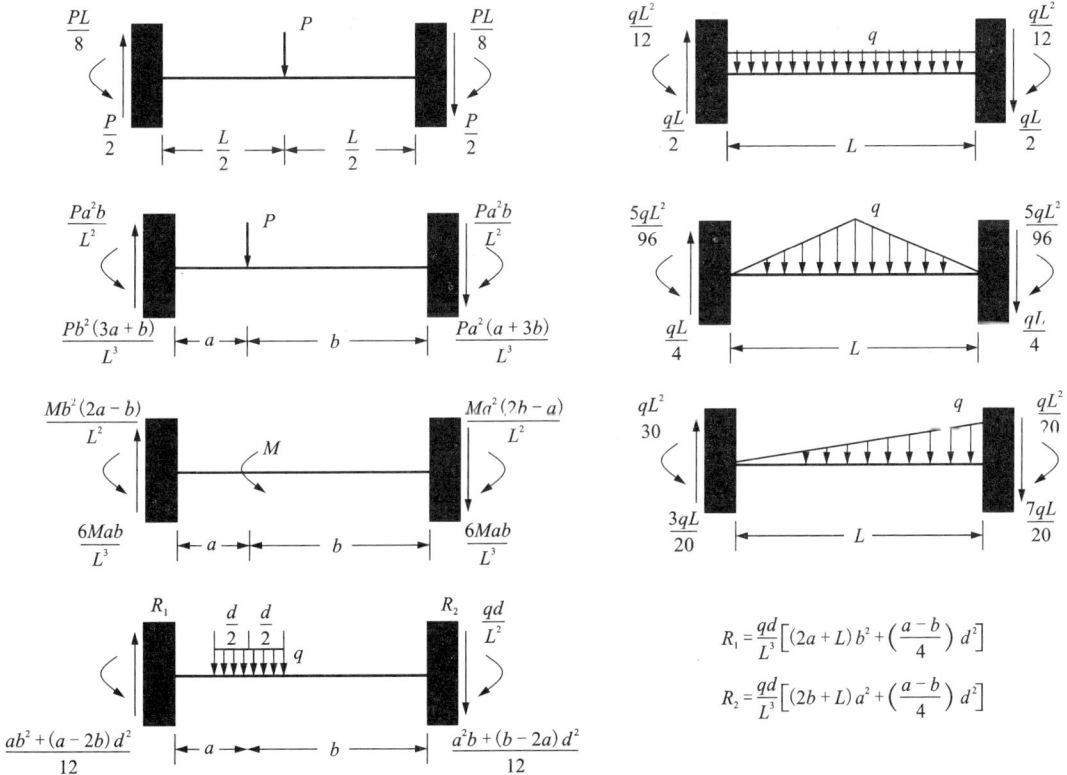

$$R_1 = \frac{qd}{L^3}\left[(2a+L)b^2 + \left(\frac{a-b}{4}\right)d^2\right]$$

$$R_2 = \frac{qd}{L^3}\left[(2b+L)a^2 + \left(\frac{a-b}{4}\right)d^2\right]$$

图 4-4　等效节点荷载示意图

4. 构造总体刚度矩阵与求解节点力、位移

将单元刚度矩阵组装为总体刚度矩阵，该方法称为直接刚度矩阵方法。每个单元刚度矩阵元素对应于单元节点自由度，节点自由度统一编号，将单元刚度矩阵的元素放入到总体刚度矩阵中对应的位置，加和即可得到总体刚度矩阵。总体刚度矩阵各项计算方式（以例4.1为例）为：

$$K_{11} = k_{22}^{(1)} \qquad\qquad F_1 = f_2^{(1)}$$

$$K_{12} = k_{23}^{(1)}$$

$$K_{13} = k_{24}^{(1)}$$

$$K_{14} = 0$$

$$K_{22} = k_{33}^{(1)} + k_{11}^{(2)} \qquad F_2 = f_3^{(1)} + f_1^{(2)}$$

$$K_{23} = k_{34}^{(1)} + k_{12}^{(2)}$$

$$K_{24} = k_{14}^{(2)}$$

$$K_{33} = k_{44}^{(1)} + k_{22}^{(2)} \qquad F_3 = f_4^{(1)} + f_2^{(2)}$$

$$K_{34} = k_{24}^{(2)}$$

$$K_{44} = k_{44}^{(2)} \qquad\qquad F_4 = f_4^{(2)}$$

【例4.1】 如图4-5所示的梁单元结构，左半部分作用 $q = 1$ kN 的均布荷载，右端作用扭矩 $m = 0.25$ kN·m，已知梁抗弯刚度 $EI = 1000$ kN·m²，求梁内各处内力。

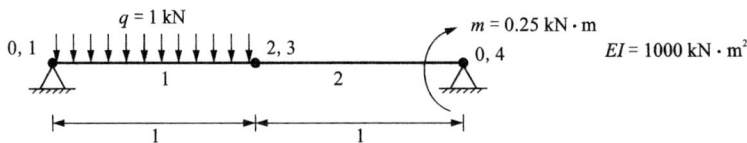

图4-5 梁单元结构

解：将模型划分成两个单元，并将自由度编号，如图4-6所示。

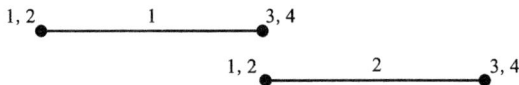

图4-6 自由度编号

单元加载包括单元1上的分布荷载和单元2上的弯矩荷载：
单元1（等效节点荷载）受力为：

$$\{f\}^{(1)} = \begin{Bmatrix} -0.5 \\ -0.0833 \\ -0.5 \\ 0.0833 \end{Bmatrix}$$

单元2（仅限节点处荷载）受力为：

$$\{f\}^{(2)} = \begin{Bmatrix} 0 \\ 0 \\ 0 \\ -0.25 \end{Bmatrix}$$

将每个单元的单元位移 $\{u\}$ 乘以它的单元刚度矩阵 $[k_m]$ 从而得到单元所受作用力 $\{f\}$，每个单元都有相同的 $EI = 1000 \text{ kN} \cdot \text{m}^2$ 和 $L = 1.0 \text{ m}$，因此所有单元都有相同的单元刚度矩阵。

$$[k_m] = 10^3 \begin{bmatrix} 12 & 6 & -12 & 6 \\ & 4 & -6 & 2 \\ & & 12 & -6 \\ & & & 4 \end{bmatrix}$$

根据上文计算方法计算总体刚度矩阵，得到

$$[K_m] = 10^3 \begin{bmatrix} 4 & -6 & 2 & 0 \\ & 24 & 0 & 6 \\ & & 8 & 2 \\ & & & 4 \end{bmatrix} \quad \{F\} = \begin{Bmatrix} -0.0833 \\ -0.5 \\ 0.0833 \\ -0.25 \end{Bmatrix}$$

代入 $[K_m]\{U\} = \{F\}$ 得

$$10^3 \begin{bmatrix} 4 & -6 & 2 & 0 \\ & 24 & 0 & 6 \\ & & 8 & 2 \\ & & & 4 \end{bmatrix} \begin{Bmatrix} U_1 \\ U_2 \\ U_3 \\ U_4 \end{Bmatrix} = \begin{Bmatrix} -0.0833 \\ -0.5 \\ 0.0833 \\ -0.25 \end{Bmatrix}$$

求解为：

$$\{U\} = 10^{-3} \begin{Bmatrix} -0.1042 \\ -0.0417 \\ 0.0417 \\ -0.0208 \end{Bmatrix}$$

其中 U_i 指的是该结构四个自由度。U_1 代表左端旋转角度，U_2 代表连接处横向位移，U_3 代表连接处旋转角度，U_4 代表右端旋转角度。

单元 1：

节点位移：

$$\{u\}^{(1)} = 10^{-3} \begin{Bmatrix} 0 \\ -0.1042 \\ -0.0417 \\ 0.0417 \end{Bmatrix}$$

单元受力：

$$\{f\}^{(1)} = 10^3 \begin{bmatrix} 12 & 6 & -12 & 6 \\ 6 & 4 & -6 & 2 \\ -12 & -6 & 12 & -6 \\ 6 & 2 & -6 & 4 \end{bmatrix} \times 10^{-3} \begin{Bmatrix} 0 \\ -0.1042 \\ -0.0417 \\ 0.0417 \end{Bmatrix} = \begin{Bmatrix} 0.1250 \\ -0.0833 \\ -0.1250 \\ 0.2083 \end{Bmatrix}$$

单元 1 所承受的是等效节点荷载，因此必须从作用中减去这些荷载，过程如图 4-7 所示。

单元 2：

单元 2 节点位移：

$$\{u\}^{(2)} = 10^{-3} \begin{Bmatrix} -0.0417 \\ 0.0417 \\ 0 \\ -0.0208 \end{Bmatrix}$$

单元 2 受力：

$$\{f\}^{(2)} = 10^3 \begin{bmatrix} 12 & 6 & -12 & 6 \\ 6 & 4 & -6 & 2 \\ -12 & -6 & 12 & -6 \\ 6 & 2 & -6 & 4 \end{bmatrix} 10^{-3} \begin{Bmatrix} -0.0417 \\ 0.0417 \\ 0 \\ -0.0208 \end{Bmatrix}$$

$$= \begin{Bmatrix} -0.3705 \\ -0.1250 \\ 0.3750 \\ -0.2500 \end{Bmatrix}$$

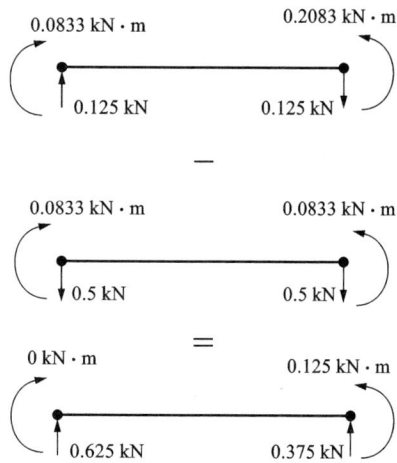

图 4-7　单元 1 等效过程

单元 2 没有等效的节点荷载，因此所受作用就是实际的端力和弯矩。结合所有单元的单元力和力矩得到如图 4-8 所示结果。

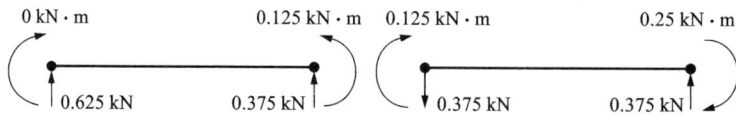

图 4-8　单元 2 等效结果

【例题 4.2】

如图 4-9 所示为梁单元结构，求各节点受力情况。

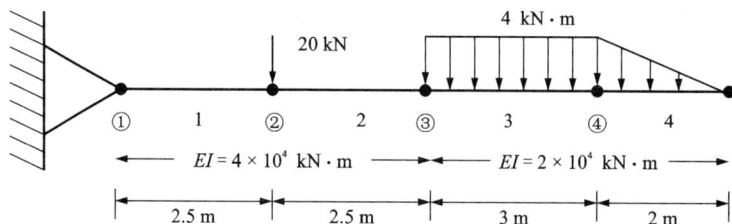

图 4-9　例题 4.2 梁单元结构

解：

如图 4-10 将单元 3 与单元 4 的均布荷载转化为等效节点荷载。

求得各个节点的位移值，如表 4-1 所示。

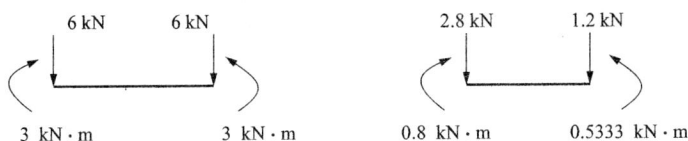

图 4-10 单元等效节点荷载

表 4-1 例题 4.2 各单元节点位移

节点编号	w/m	θ
1	0	-0.1000×10^{-2}
2	-0.3579×10^{-2}	-0.1301×10^{-2}
3	-0.5000×10^{-2}	0.2051×10^{-3}
4	0	0.2410×10^{-2}
5	0.4713×10^{-2}	0.2343×10^{-2}

单元 1 和单元 2 有着相同的单元刚度矩阵，单元 3 与单元 4 有着相同的单元刚度矩阵。

将每个单元的单元位移 $\{u\}$ 乘以它的单元刚度矩阵 $[k_m]$，从而得到单元所受作用力 $\{f\}$ 值，如表 4-2 所示。

表 4-2 例题 4.2 各单元受力

单元编号	力/kN	力矩/(kN·m)	力/kN	力矩/(kN·m)
1	0.2157×10^2	0.3178×10^2	-0.2157×10^2	0.2214×10^2
2	0.1569×10^1	-0.2214×10^2	-0.1569×10^1	0.2606×10^2
3	-0.9577×10^1	-0.2906×10^2	0.9577×10^1	0.3333
4	0.1200×10^1	0.1867×10^1	-0.1200×10^1	0.5333

表 4-2 中为单元所受作用，对于具有等效节点荷载的单元必须进行修正。

单元 1 实际所受的末端力和力矩如图 4-11 所示。单元 2 实际所受的末端力和力矩如图 4-12 所示。

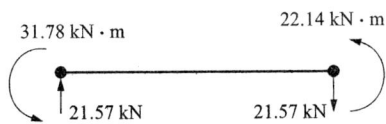

图 4-11 单元 1 实际所受的末端力和力矩

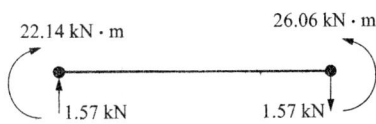

图 4-12 单元 2 实际所受的末端力和力矩

单元 3 所承受的是等效节点荷载，因此必须从作用中减去这些荷载，如图 4-13 所示。

单元 4 所承受的是等效节点荷载，因此必须从作用中减去这些荷载，如图 4-14 所示。

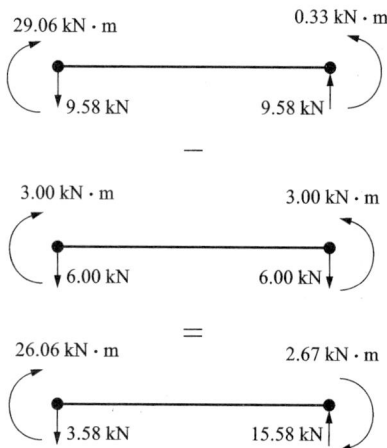

图 4-13　单元 3 实际所受的末端力和力矩

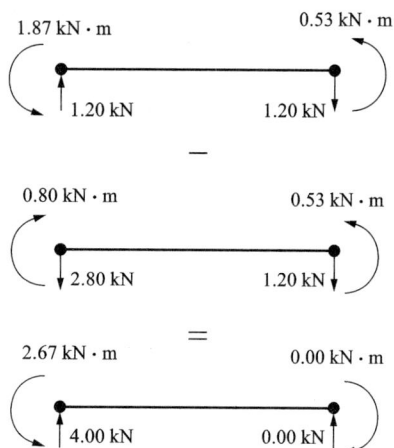

图 4-14　单元 4 实际所受的末端力和力矩

结合所有单元的单元力和力矩(不按比例)(图 4-15),将每个单元的力和力矩组合起来检查平衡是否满足。

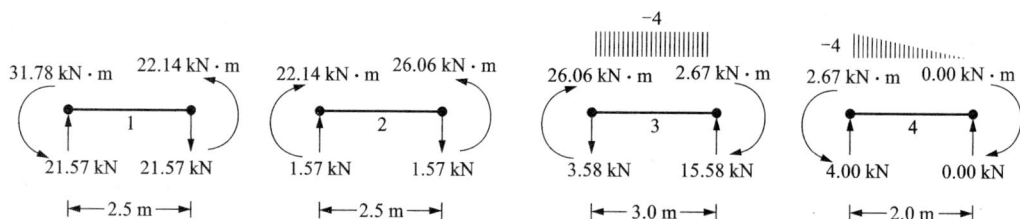

图 4-15　单元受力图

5. 梁单元内位移求解

上节得到的是梁单元在节点处的四个位移值,对于梁单元内部任一点的位移可以通过形函数以及单元节点位移表示。本节继续以例题 4.1 为例计算单元位移。

梁单元的试解:

$$\widetilde{w} = N_1 w_1 + N_2 \theta_1 + N_3 w_2 + N_4 \theta_2 \qquad (4\text{-}16)$$

其中:

$N_1 = \dfrac{1}{L^3}(L^3 - 3Lx^2 + 2x^3)$; $N_2 = \dfrac{1}{L^2}(L^2 x - 2Lx^2 + x^3)$; $N_3 = \dfrac{1}{L^3}(3Lx^2 - 2x^3)$; $N_4 = \dfrac{1}{L^2}(-Lx^2 + x^3)$。

单元 1 的节点位移值为:

$$\{\boldsymbol{u}\}^{(1)} = 10^{-3} \begin{Bmatrix} 0 \\ -0.1042 \\ -0.0417 \\ 0.0417 \end{Bmatrix}$$

将节点位移值代入(4-16)可以得到：

$$\widetilde{w} = 10^{-3}\left[N_2(-0.1042) + N_3(-0.0417) + N_4(0.0417) \right]$$

由于 $L=1$，所以令 $x=0.25$、0.5 和 0.75，便可得出单元内另外三个点的位移，如表 4-3 所示。

表 4-3 梁单元内某点位移

x	N_1	N_2	N_3	N_4	$\widetilde{w}\times 10^{-3}$
0	1	0	0	0	0.000
0.25	0.844	0.141	0.156	−0.047	−0.023
0.5	0.500	0.125	0.500	−0.125	−0.039
0.75	0.156	0.047	0.844	−0.141	−0.046
1	0	0	1	0	−0.042

4.2.3 特殊形式的梁单元

1. 考虑质量的梁单元

图 4-16 为梁单元受力图。

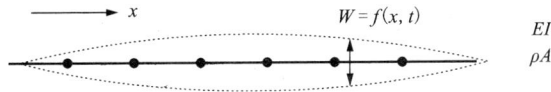

图 4-16 梁单元受力图

如图 4-16 所示，考虑一根可绕轴上下振动的梁，其控制方程类似于波动方程：

$$EI\frac{\partial^4 w}{\partial x^4} + \rho A\frac{\partial^2 w}{\partial t^2} = 0 \tag{4-17}$$

第一项 $EI\dfrac{\partial^4 w}{\partial x^4}$ 前文已经讲到过，可以得到矩阵项 $[\boldsymbol{k}_m]\{\boldsymbol{u}\}$。

第二项 $\rho A\dfrac{\partial^2 w}{\partial t^2}$ 按照伽辽金的积分形式可以得到：

$$\rho A\int_0^L \begin{Bmatrix} N_1 \\ N_2 \\ N_3 \\ N_4 \end{Bmatrix} \begin{bmatrix} N_1 & N_2 & N_3 & N_4 \end{bmatrix} dx \frac{\partial^2}{\partial t^2} \begin{Bmatrix} w_1 \\ \theta_1 \\ w_2 \\ \theta_2 \end{Bmatrix} = [\boldsymbol{m}_m]\left\{\frac{\mathrm{d}^2 u}{\mathrm{d}t^2}\right\} \tag{4-18}$$

其中：$[\boldsymbol{m}_m] = \rho A \int_0^L \begin{bmatrix} N_1 N_1 & N_1 N_2 & N_1 N_3 & N_1 N_4 \\ & N_2 N_2 & N_2 N_3 & N_2 N_4 \\ & & N_3 N_3 & N_3 N_4 \\ \text{sym} & & & N_4 N_4 \end{bmatrix} dx$；$N_1$，$N_2$，$N_3$，$N_4$ 为前面定义的梁单

元形状函数。积分后可得梁单元质量矩阵 $[\boldsymbol{m}_m]$：

$$[\boldsymbol{m}_m] = \frac{\rho AL}{420} \begin{bmatrix} 156 & 22L & 54 & -13L \\ & 4L^2 & 13L & -3L^2 \\ & & 156 & -22L \\ \text{sym} & & & 4L^2 \end{bmatrix}$$

梁单元的伽辽金有限单元法可将：

微分方程：

$$EI \frac{\partial^4 w}{\partial x^4} + \rho A \frac{\partial^2 w}{\partial t^2} = 0$$

转化为矩阵方程：

$$[\boldsymbol{k}_m]\{\boldsymbol{u}\} + [\boldsymbol{m}_m]\left\{\frac{d^2 u}{dt^2}\right\} = \{0\}$$

2. 位于弹性基础上的梁单元

弹性基础梁是连接上部结构与弹性地基的梁。基础梁的作用是将上部结构比较集中的荷载较均匀地分布到地基上，以减小地基压力的集度，保证结构和地基的稳定和安全。基础梁的内力分析是一个重要而又复杂的问题。为了正确合理地分析地基与梁之间的相互作用，选择符合实际情况的地基模型和有效的计算方法是十分重要的。关于地基模型，已提出了多种假设。主要有文克勒地基、半无限大弹性地基和中厚度地基等模型。

(1)文克勒地基。1867 年捷克文克勒(EWinkler)提出地基单位面积上所受的压力与地基沉降成正比的假设。这个假定实际上是用刚性底座上一系列互相独立的弹簧来模拟地基。按此假定，沉降只发生在地基的受压部分。实际上沉降也发生在受压范围以外。

(2)半无限大弹性地基。1922 年，苏联普罗克托尔将地基假定为半无限大理想弹性体，采用弹性力学中半无限大弹性体的位移公式来计算地基的沉降量。现场试验表明，土是颗粒的集合体，几乎不能承受拉应力，过分加载后将产生流动而进入塑性状态。因此，必须在土中没有产生拉应力、塑性状态只限于极小区域时，才能看作弹性连续体。

(3)中厚度地基。该模型假设地基为有限深弹性层，弹性层与刚性下卧层之间光滑接触或完全黏合，采用弹性层的位移公式计算地基沉降。此假设由中国徐芝纶和苏联扎马林（H. K. 3aMapuu）于 20 世纪 60 年代初分别提出。

本节仅考虑刚度为 EI 的弹性梁在刚度为 k 的文克勒弹性基础上承受均布横向荷载 q 的情形，如图 4-17 所示。

在任意截面 x 处的横向位移用 w 表示，考虑梁的平衡条件、本构模型以及梁的应变变形位移，可以推导出其控制微分方程为：

$$EI \frac{dw}{dx^4} + kw = q \tag{4-19}$$

其中，EI 为梁的刚度，$kN \cdot m^2$；w 为梁的横向位移，m；k 为地基刚度，kN/m^2；q 为均布横向荷载，kN/m。

$EI\dfrac{\mathrm{d}w}{\mathrm{d}x^4}$ 项已经遇到过了，它会引出矩阵项 $[\boldsymbol{k}_m]\{\boldsymbol{u}\}$，$q$ 项已经遇到过了，它会引出矩阵项 $\{\boldsymbol{f}\}$。kw 与 $\rho A \dfrac{\partial^2 w}{\partial t^2}$ 或 $\rho A \dfrac{\partial^2}{\partial t^2}w$ 在动态分析中

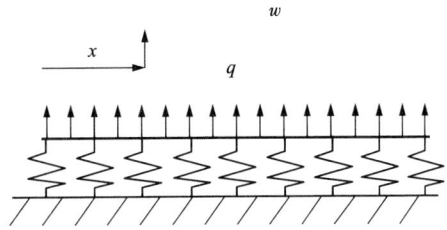

图 4-17 位于弹性基础上的梁单元

有很多相似之处，因此，根据伽辽金法 kw 项可以写成如式(4-20)所示的积分形式：

$$k\int_0^L \begin{Bmatrix} N_1 \\ N_2 \\ N_3 \\ N_4 \end{Bmatrix} \begin{bmatrix} N_1 & N_2 & N_3 & N_4 \end{bmatrix} \mathrm{d}x \begin{Bmatrix} w_1 \\ \theta_2 \\ w_3 \\ \theta_4 \end{Bmatrix} = [\boldsymbol{m}_m]\{\boldsymbol{u}\}$$

或

$$k\int_0^L \begin{Bmatrix} N_1N_1 & N_1N_2 & N_1N_3 & N_1N_4 \\ N_2N_1 & N_2N_2 & N_2N_3 & N_2N_4 \\ N_3N_1 & N_3N_2 & N_3N_3 & N_3N_4 \\ N_4N_1 & N_4N_2 & N_4N_3 & N_4N_4 \end{Bmatrix} \mathrm{d}x \begin{Bmatrix} w_1 \\ \theta_1 \\ w_2 \\ \theta_2 \end{Bmatrix} = [\boldsymbol{m}_m]\{\boldsymbol{u}\} \quad (4-20)$$

计算结果为：

$$[\boldsymbol{m}_m] = \frac{kL}{420}\begin{bmatrix} 156 & 22L & 54 & -13L \\ 22L & 4L^2 & 13L & -3L^2 \\ 54 & 13L & 156 & -22L \\ -13L & -3L^2 & -22L & 4L^2 \end{bmatrix}$$

注意，这与质量矩阵类似，ρA 替换成了 k。

利用伽辽金有限单元法已把微分方程 $EI\dfrac{\mathrm{d}w}{\mathrm{d}x^4}+kw=q$ 转化为矩阵方程 $[\boldsymbol{k}_m]\{\boldsymbol{u}\}+[\boldsymbol{m}_m]\{\boldsymbol{u}\}=\{\boldsymbol{f}\}$。

弹性基础具有修正单元刚度矩阵的作用，修正刚度矩阵为：

$$[\boldsymbol{k}'_m] = [\boldsymbol{k}_m] + [\boldsymbol{m}_m] \quad (4-21)$$

因此，弹性基础单元上的梁的刚度矩阵为：

$$[\boldsymbol{k}'_m] = \begin{bmatrix} \dfrac{12EI}{L^3}+\dfrac{13kL}{35} & \dfrac{6EI}{L^2}+\dfrac{11kL^2}{210} & -\dfrac{12EI}{L^3}+\dfrac{9kL}{70} & \dfrac{6EI}{L^2}-\dfrac{13kL^2}{420} \\ & \dfrac{4EI}{L}+\dfrac{kL^3}{105} & -\dfrac{6EI}{L^2}+\dfrac{13kL^2}{420} & \dfrac{2EI}{L}-\dfrac{kL^3}{140} \\ & & \dfrac{12EI}{L^3}+\dfrac{13kL}{35} & -\dfrac{6EI}{L^2}-\dfrac{11kL^2}{210} \\ \text{sym} & & & \dfrac{4EI}{L}+\dfrac{kL^3}{105} \end{bmatrix} \quad (4-22)$$

可以通过将修正单元刚度矩阵组合成总体刚度矩阵、施加荷载、求解方程等常用方法来解决。

4.3 杆-梁组合单元

4.3.1 杆-梁组合单元力学基础

杆-梁结构是指由长度远大于其横断面尺寸的构件组成的系统，又被称作框架结构。在机械、建筑等领域承担着重要角色。由于构件两端的连接形式和荷载作用点不同，构件内的受力状态也不同，据此将构件分为杆和梁。在结构力学中常将承受轴力或扭矩的杆件称为杆，而将承受横向力和弯矩的杆件称为梁。在有限单元法中将上述两种单元称为杆单元和梁单元。

在实际中，由杆件组成的平面或空间结构系统，其受的力往往是轴向荷载、横向荷载和弯矩荷载联合作用的结果，杆件的轴线方向也是相互交错的，因此，对杆件系统的分析，必然涉及杆单元与梁单元的组合，杆单元与梁单元的组合被称为杆-梁组合单元（或者框架单元），如图4-18所示。杆-梁组合单元同时具备梁单元与杆单元的特性，可以同时承受轴向荷载、横向荷载和弯矩荷载。

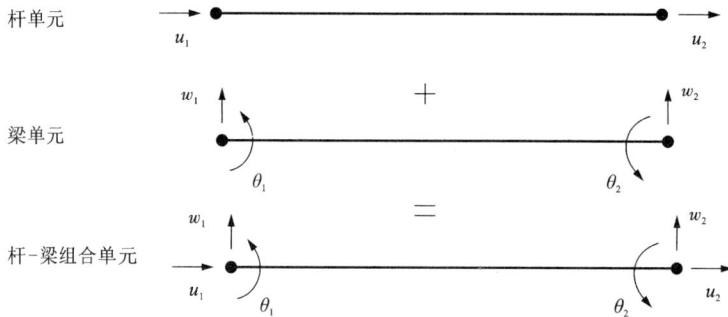

图4-18 梁-杆组合单元

杆-梁组合单元有如下6个自由度和对应的力，如图4-19所示。

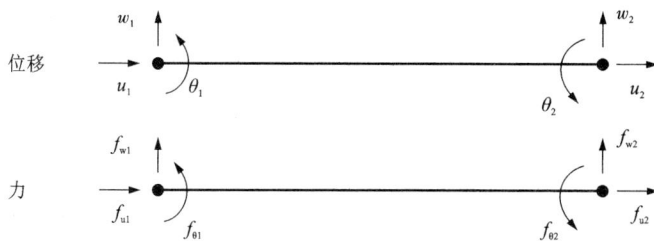

图4-19 梁-杆组合单元自由度

可以写作：
$$\{\boldsymbol{u}\} = \begin{Bmatrix} u_1 \\ w_1 \\ \theta_1 \\ u_2 \\ w_2 \\ \theta_2 \end{Bmatrix} \qquad \{\boldsymbol{f}\} = \begin{Bmatrix} f_{u_1} \\ f_{w_1} \\ m_1 \\ f_{u_2} \\ f_{w_2} \\ m_2 \end{Bmatrix}$$

4.3.2　一维杆-梁组合单元刚度矩阵

由于一维杆-梁组合单元是一个弹性系统，所以我们可以把杆单元与梁单元的刚度矩阵叠加起来得到一维杆-梁组合单元的单元刚度矩阵。

杆单元刚度矩阵
$$[\boldsymbol{k}_m]^{\text{杆}} = \frac{EA}{L}\begin{bmatrix} 1 & -1 \\ -1 & 1 \end{bmatrix}$$

梁单元刚度矩阵
$$[\boldsymbol{k}_m]^{\text{梁}} = \frac{2EI}{L^3}\begin{bmatrix} 6 & 3L & -6 & 3L \\ & 2L^2 & -3L & L^2 \\ & & 6 & -3L \\ \text{sym} & & & 2L^2 \end{bmatrix}$$

一维杆-梁组合单元刚度矩阵　　$[\boldsymbol{k}_m]^{\text{杆-梁}} = [\boldsymbol{k}_m]^{\text{杆}} + [\boldsymbol{k}_m]^{\text{梁}}$

不过，由于矩阵维度不同，无法直接相加，于是引入对应于每个元素没有使用的自由度的虚拟行和列，于是杆单元和梁单元的单元刚度矩阵扩充为：

杆单元刚度矩阵
$$[\boldsymbol{k}_m]^{\text{杆}} = \frac{EA}{L}\begin{bmatrix} 1 & 0 & 0 & -1 & 0 & 0 \\ 0 & 0 & 0 & 0 & 0 & 0 \\ 0 & 0 & 0 & 0 & 0 & 0 \\ -1 & 0 & 0 & 1 & 0 & 0 \\ 0 & 0 & 0 & 0 & 0 & 0 \\ 0 & 0 & 0 & 0 & 0 & 0 \end{bmatrix}$$

梁单元刚度矩阵
$$[\boldsymbol{k}_m]^{\text{梁}} = \frac{2EI}{L^3}\begin{bmatrix} 0 & 0 & 0 & 0 & 0 & 0 \\ 0 & 6 & 3L & 0 & -6 & 3L \\ 0 & 3L & 2L^2 & 0 & -3L & L^2 \\ 0 & 0 & 0 & 0 & 0 & 0 \\ 0 & -6 & -3L & 0 & 6 & -3L \\ 0 & 3L & L^2 & 0 & -3L & 2L^2 \end{bmatrix}$$

于是可以得到杆-梁组合单元的单元刚度矩阵

$$
\left[\boldsymbol{k}_{m} \right]^{杆\text{-}梁} =
\begin{bmatrix}
\dfrac{EA}{L} & 0 & 0 & -\dfrac{EA}{L} & 0 & 0 \\[2mm]
0 & \dfrac{12EI}{L^{3}} & \dfrac{6EI}{L^{2}} & 0 & -\dfrac{12EI}{L^{3}} & \dfrac{6EI}{L^{2}} \\[2mm]
0 & \dfrac{6EI}{L^{2}} & \dfrac{4EI}{L} & 0 & -\dfrac{6EI}{L^{2}} & \dfrac{2EI}{L} \\[2mm]
-\dfrac{EA}{L} & 0 & 0 & \dfrac{EA}{L} & 0 & 0 \\[2mm]
0 & -\dfrac{12EI}{L^{3}} & -\dfrac{6EI}{L^{2}} & 0 & \dfrac{12EI}{L^{3}} & -\dfrac{6EI}{L^{2}} \\[2mm]
0 & \dfrac{6EI}{L^{2}} & \dfrac{2EI}{L} & 0 & -\dfrac{6EI}{L^{2}} & \dfrac{4EI}{L}
\end{bmatrix}
\qquad (4\text{-}23)
$$

4.3.3 二维杆-梁组合单元刚度矩阵

为了使杆-梁组合单元在二维分析中完全通用(图 4-20),允许它向水平方向倾斜。因此,应注意 α 的角度问题。

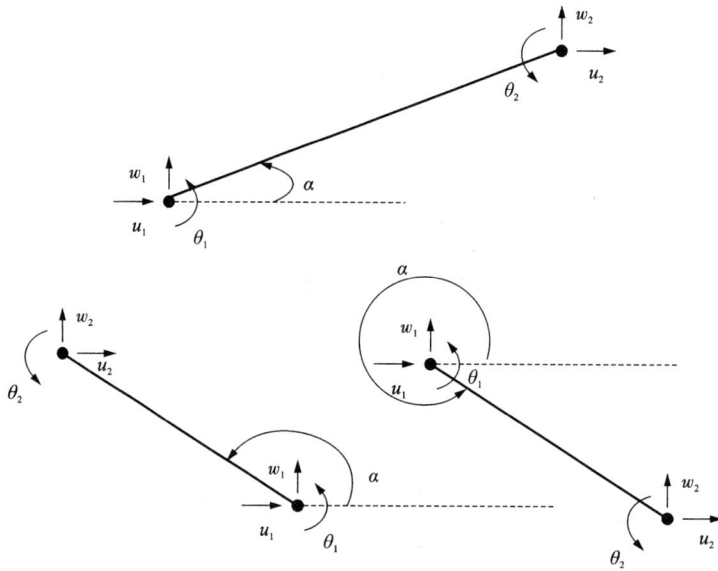

图 4-20 二维杆-梁组合单元

则二维杆-梁组合单元刚度矩阵为:

$$[k_m]^{杆-梁} = \begin{bmatrix} \dfrac{12EI}{L^3}\sin^2\alpha & -\dfrac{12EI}{L^3}\sin\alpha\cos\alpha & & -\dfrac{12EI}{L^3}\sin^2\alpha & \dfrac{12EI}{L^3}\sin\alpha\cos\alpha & \\ +\dfrac{EA}{L}\cos^2\alpha & +\dfrac{EA}{L}\sin\alpha\cos\alpha & -\dfrac{6EI}{L^2}\sin\alpha & -\dfrac{EA}{L}\cos^2\alpha & -\dfrac{EA}{L}\sin\alpha\cos\alpha & -\dfrac{6EI}{L^2}\sin\alpha \\[2mm] & \dfrac{12EI}{L^3}\cos^2\alpha & \dfrac{6EI}{L^2}\cos\alpha & \dfrac{12EI}{L^3}\sin\alpha\cos\alpha & -\dfrac{12EI}{L^3}\cos^2\alpha & \\ & +\dfrac{EA}{L}\sin^2\alpha & & -\dfrac{EA}{L}\sin\alpha\cos\alpha & -\dfrac{EA}{L}\sin^2\alpha & \dfrac{6EI}{L^2}\cos\alpha \\[2mm] & & \dfrac{4EI}{L} & \dfrac{6EI}{L^2}\sin\alpha & -\dfrac{6EI}{L^2}\cos\alpha & \dfrac{2EI}{L} \\[2mm] & & & \dfrac{12EI}{L^3}\sin^2\alpha & -\dfrac{12EI}{L^3}\sin\alpha\cos\alpha & \\ & & & +\dfrac{EA}{L}\cos^2\alpha & +\dfrac{EA}{L}\sin\alpha\cos\alpha & \dfrac{6EI}{L^2}\sin\alpha \\[2mm] & & & & \dfrac{12EI}{L^3}\cos^2\alpha & \\ & & & & +\dfrac{EA}{L}\sin^2\alpha & -\dfrac{6EI}{L^2}\cos\alpha \\[2mm] & & & & & \dfrac{4EI}{L} \end{bmatrix}$$

$$(4-24)$$

【例题 4.3】

图 4-21 为杆-梁组合单元，求各节点的位移及受力情况？

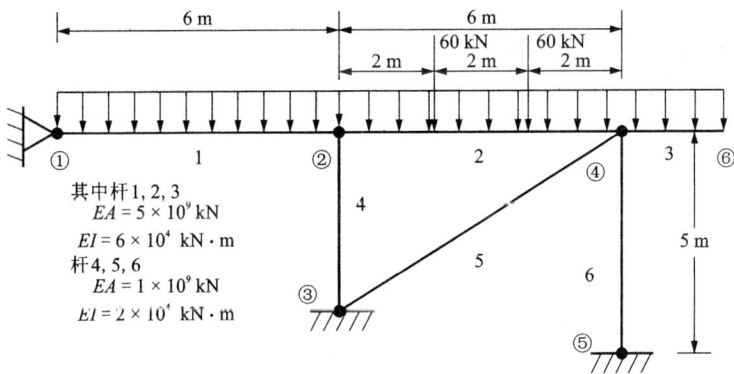

图 4-21　例题 4.3 杆-梁组合单元

解：

将单元 1、单元 2 与单元 3 的均布荷载转化为等效节点荷载，如图 4-22 所示。

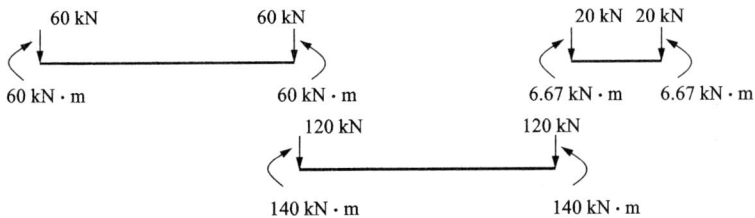

图 4-22　等效节点荷载

单元1、单元2和单元3有着相同的单元刚度矩阵，单元4、单元5和单元6有着相同的单元刚度矩阵。将在6个节点求得的总体刚度矩阵并代入公式：

$$\left[K_m\right]^{杆-梁}\{U\} = \{F\}$$

求得各个节点的位移值如表4-4所示。

表4-4 节点位移值

节点编号	u/m	w/m	θ
1	0	0	-0.1025×10^{-2}
2	0.3645×10^{-7}	-0.8319×10^{-6}	-0.9497×10^{-3}
3	0	0	0
4	0.6435×10^{-7}	-0.6283×10^{-6}	0.1774×10^{-2}
5	0	0	0
6	0.6435×10^{-7}	0.2880×10^{-2}	0.1329×10^{-2}

将每个单元的单元位移$\{u\}$乘以它的单元刚度矩阵$[k_m]$从而得到单元所受作用力$\{f\}$（表4-5）。

表4-5 节点受力

单元编号	f_{u_1}/kN	f_{w_1}/kN	$m_1/(\mathrm{kN\cdot m})$	f_{u_2}/kN	f_{w_2}/kN	$m_2/(\mathrm{kN\cdot m})$
1	-0.303×10^2	-0.197×10^2	-0.600×10^2	0.303×10^2	0.1975×10^2	-0.584×10^2
2	-0.232×10^2	0.823×10^1	-0.251×10^1	0.232×10^2	-0.823×10^1	0.519×10^2
3	0	0.200×10^2	0.333×10^2	0	-0.200×10^2	0.667×10^1
4	0.712×10^1	0.208×10^3	-0.949×10^1	-0.712×10^1	-0.208×10^3	-0.189×10^2
5	0.317×10^2	0.261×10^2	0.983×10^1	-0.317×10^2	-0.261×10^2	0.196×10^2
6	-0.851×10^1	0.125×10^3	0.141×10^2	0.8513×10^1	-0.125×10^3	0.283×10^2

注：表中为单元所受作用力，对于具有等效节点荷载的单元必须进行修正。

本章习题

1. 什么是梁单元？梁单元的基本假定是什么？
2. 杆单元和梁单元有什么联系和区别？
3. 梁单元的单元刚度矩阵表达形式是什么？
4. 梁上均布荷载的等效节点荷载是什么？
5. 杆-梁组合单元的单元刚度矩阵表达形式是什么？
6. 如图4-23所示，一个刚度为EI的弹性梁在刚度为k的弹性基础上承受均布横向荷载

q，梁的单元刚度矩阵是什么?

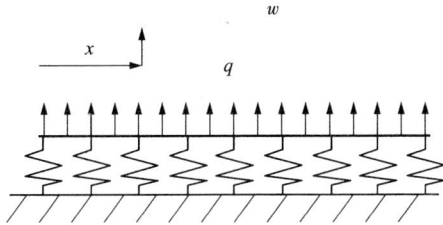

图 4-23　习题 6 图

7. 单位长度和单位刚度的悬臂梁在自由端作用有单位集中荷载，如图 4-24 所示，其 Y 方向的挠度随坐标 X 的变化满足控制方程：$\dfrac{\mathrm{d}^2 y}{\mathrm{d}x^2}=1-x$，假设梁的挠度存在近似解：$\tilde{y}=c(3x^2-x^3)$，其中 c 为待定参数，试利用伽辽金加权残差法确定待定系数 c，并计算悬臂梁在自由端($x=1$)的挠度。

图 4-24　习题 7 图

8. 如图 4-25 所示，长度 $L=9$ m 的简支梁所承受的均布荷载 $q=10$ kN/m。使用下面的试解计算梁的 $L/3=3$ m 位置的挠度，要求给出控制方程并采用伽辽金法求解。该梁的抗弯刚度 $EI=2\times10^5$ kN $\cdot$ m^2。其中试函数为 $\tilde{w}=c_1\sin\dfrac{\pi}{L}x$。

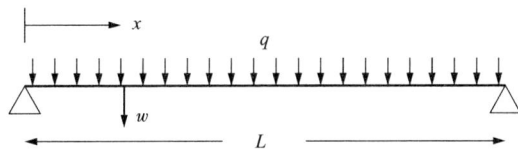

图 4-25　习题 8 图

9. 如图 4-26 所示的简支梁模型，梁的截面模量 $EI=1000$ kN $\cdot$ m^2，将其划分为两个长度为 1 m 的梁单元，1 号单元作用有均布荷载 $q=1$ kN/m，2 号梁单元在其中部作用有集中荷载 $P=1$ kN。试利用梁单元的单元平衡方程给出该简支梁有限元模型的整体平衡方程。

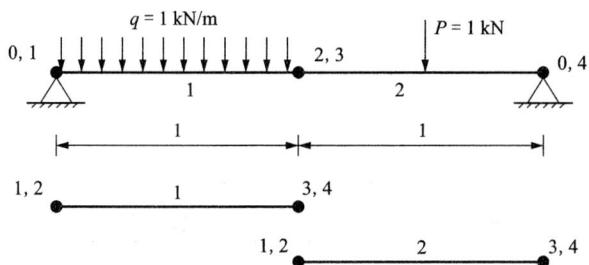

图 4-26 习题 9 图

10. 如图 4-27 所示的多跨简支梁，梁的截面模量 $EI = 1000 \text{ kN} \cdot \text{m}^2$，梁跨度和所受荷载情况如图 4-27 所示，梁 AB 受竖向均布荷载作用，梁 CD 中点处受竖向集中荷载作用，请利用梁单元相关知识回答如下问题：

(1) 对该简支梁进行单元网格划分，给出单元、节点及自由度编号，要求对有约束边界的情况进行 0 号自由度编号。

(2) 列出每个单元的单元平衡方程，包括单元刚度矩阵、未知向量和单元节点等效荷载。

(3) 通过组装，给出整体平衡方程 $[\boldsymbol{K}_m]\{\boldsymbol{U}\} = \{\boldsymbol{F}\}$ 中的 $\{\boldsymbol{F}\}$ 向量的具体表达式，总体刚度矩阵 $\boldsymbol{K}_m$ 不需组装给出，也不需要求解方程组。

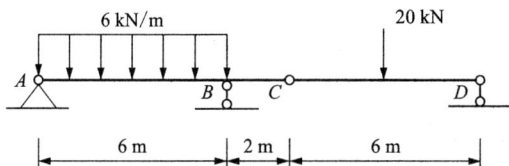

图 4-27 习题 10 图

第 5 章　弹性固体力学及平面实体单元

前面的章节主要讨论了一维、二维杆–梁单元的有限元计算方法。在实际三维空间中，弹性固体结构是最一般化的结构形式，许多结构问题都可归结于弹性固体问题。依据结构形式及所受外荷载的特点，一些三维空间弹性固体受力问题可简化为平面应力问题、平面应变问题或轴对称问题，这些特殊形式弹性固体问题都属于弹性力学的研究范围。此外，桁架梁、框架及板壳等结构受力问题，也可归结于弹性固体结构受力问题，但通常情况下按上述结构的特定力学变形假定来处理更为经济，因而不用当成一般的弹性固体结构来处理。因此本章节将从弹性力学的基本方程入手，讨论如何采用有限单元法求解二维平面弹性力学问题。

5.1　弹性力学基本方程

5.1.1　平面问题的弹性力学方程

求解弹性力学问题本质上就是在边界条件的约束下利用平衡方程、几何方程和物理方程求解弹性体的位移、应力和应变等变量。为了便于理解后续弹性方程的建立过程，我们首先在此回顾弹性力学课程中的一些基本概念，包括其基本假设、基本变量、基本方程和边界条件。

1. 六个基本假设

(1) 连续性：材料无空隙，可用连续函数描述；

(2) 均质性：各位置材料的性质均相同；

(3) 各向同性：各个方向材料性质相同；

(4) 线弹性：材料变形与外力为线性关系，服从胡克定律，变形可完全恢复；

(5) 小变形：材料受力变形相对几何尺寸很小；

(6) 计算过程中忽略高阶微量。

2. 三个基本变量

(1) 位移分量；

(2) 应力分量；

(3) 应变分量。

3. 三类基本方程

(1) 平衡方程：根据微元体的平衡条件建立的方程；

(2) 几何方程：根据微分线段上应变与位移之间的关系建立的方程；

(3) 物理方程：根据应变与应力之间的物理关系建立的方程，也称本构方程。

4. 三类边界条件

(1)位移边界条件：在给定约束边界上，根据边界上微分体的平衡条件建立的边界条件；

(2)应力边界条件：在给定面力边界上，根据边界上微分体的平衡条件建立的边界条件；

(3)混合边界条件：一部分边界具有已知位移，另一部分边界则具有已知应力，或同一部分边界的两个边界条件中一个是位移边界条件，另一个则是应力边界条件。

下面介绍二维弹性力学问题的三个基本方程建立的过程。图 5-1(a) 是一个受各种荷载和边界条件作用的一般弹性体。与一维弹性分析类似，从弹性体取出一个正四边形作为微元体，此单元在 x 和 y 方向的尺寸分别是 δx 和 δy，为了方便计算，在 z 方向上的尺寸取为一个单位长度。图 5-1(b) 为该微元体的受力情况。

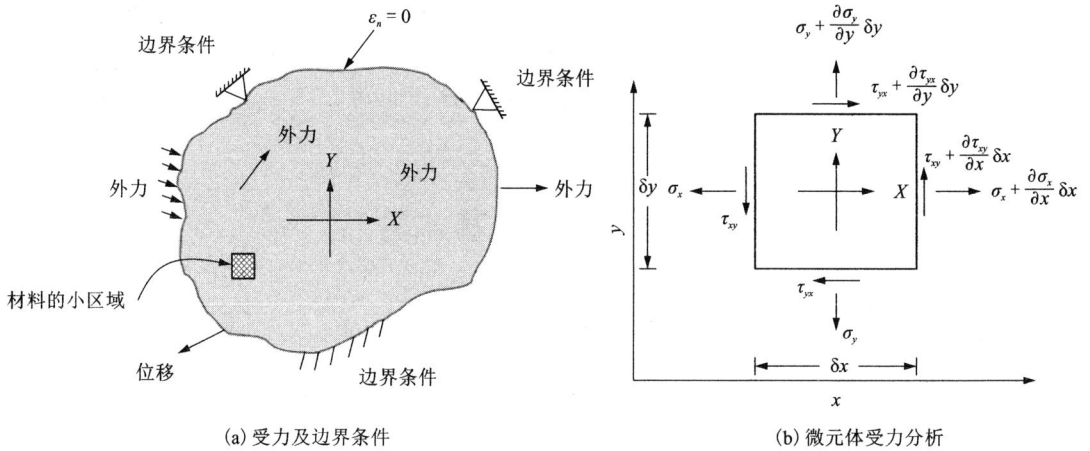

(a)受力及边界条件   (b)微元体受力分析

图 5-1　一般二维弹性体受力及边界条件和微元体受力分析

首先是平衡方程的建立。一般而言，应力分量是坐标 x 和 y 的函数，因此作用于左右两对面或者上下两对面的应力分量不完全相同，而是具有微小的差量。例如，假设作用在左面的正应力是 $\sigma_x(x)$，则作用于右面的正应力将有所改变，由于 x 坐标改变为 $x+\delta x$，按照连续性的基本假定，将 $\sigma_x(x)$ 进行泰勒级数展开，并将其二阶及以上的微量略去，得到右面正应力为 $\sigma_x+\dfrac{\partial \sigma_x}{\partial x}\delta x$。同理，设左面的切应力是 τ_{xy}，则右面的切应力是 $\tau_{xy}+\dfrac{\partial \tau_{xy}}{\partial x}\delta x$。因此，根据图 5-1(b) 的受力情况，可以建立微元体的平衡方程：

$$\begin{cases} \dfrac{\partial \sigma_x}{\partial x} + \dfrac{\partial \tau_{xy}}{\partial y} + X = 0 \\[2mm] \dfrac{\partial \tau_{xy}}{\partial x} + \dfrac{\partial \sigma_y}{\partial y} + Y = 0 \\[2mm] \tau_{xy} = \tau_{yx} \end{cases} \tag{5-1}$$

其次是物理方程的建立。在理想弹性体中，由于应变与应力之间的关系是线性的，因而可以直接采用广义胡克定律作为微元体的物理方程，即

$$\begin{cases} \varepsilon_x = \dfrac{1}{E}\left[\sigma_x - v(\sigma_y + \sigma_z)\right] \\[2mm] \varepsilon_y = \dfrac{1}{E}\left[\sigma_y - v(\sigma_z + \sigma_x)\right] \\[2mm] \varepsilon_z = \dfrac{1}{E}\left[\sigma_z - v(\sigma_x + \sigma_y)\right] \\[2mm] \gamma_{xy} = \dfrac{\tau_{xy}}{G} \\[2mm] \gamma_{yz} = \dfrac{\tau_{yz}}{G} \\[2mm] \gamma_{zx} = \dfrac{\tau_{zx}}{G} \end{cases} \tag{5-2}$$

用矩阵形式可表示为：

$$\begin{Bmatrix} \sigma_x \\ \sigma_y \\ \sigma_z \\ \tau_{xy} \\ \tau_{yz} \\ \tau_{zx} \end{Bmatrix} = \frac{E(1-v)}{(1+v)(1-2v)} \begin{bmatrix} 1 & \dfrac{v}{(1-v)} & \dfrac{v}{(1-v)} & 0 & 0 & 0 \\[2mm] \dfrac{v}{(1-v)} & 1 & \dfrac{v}{(1-v)} & 0 & 0 & 0 \\[2mm] \dfrac{v}{(1-v)} & \dfrac{v}{(1-v)} & 1 & 0 & 0 & 0 \\[2mm] 0 & 0 & 0 & \dfrac{1-2v}{2(1-v)} & 0 & 0 \\[2mm] 0 & 0 & 0 & 0 & \dfrac{1-2v}{2(1-v)} & 0 \\[2mm] 0 & 0 & 0 & 0 & 0 & \dfrac{1-2v}{2(1-v)} \end{bmatrix} \begin{Bmatrix} \varepsilon_x \\ \varepsilon_y \\ \varepsilon_z \\ \gamma_x \end{Bmatrix}$$

$$\tag{5-3}$$

最后是几何方程的建立。对于平面问题，弹性力学课程中已经给出了几何方程推导过程，在此直接列出：

$$\begin{cases} \varepsilon_x = \dfrac{\partial u}{\partial x} \\[2mm] \varepsilon_y = \dfrac{\partial v}{\partial y} \\[2mm] \gamma_{xy} = \dfrac{\partial v}{\partial x} + \dfrac{\partial u}{\partial y} \end{cases} \tag{5-4}$$

5.1.2 特殊平面弹性力学方程

一般而言，弹性力学问题都是三维空间问题，但是当某些弹性体具有特殊的形状和特殊的外力和约束条件时，就可以把三维问题简化为近似平面问题。这样做可以使得分析和计算量大大减小，其计算结果也可以满足工程需求。这样简化为平面问题的三维空间问题主要包括平面应力问题和平面应变问题。此外，三维空间中的轴对称体或旋转体，如果承受轴对称荷载,则也可以简化为二维平面问题。应注意到平面的简化主要是对弹性体的物理方程的简化,下面我们将对这三种问题的物理方程分别进行介绍。

1. 平面应力问题

所谓平面应力问题,就是只有平面应力分量(σ_x、σ_y、τ_{xy})存在,且仅为 x, y 的函数的弹性力学问题。如图 5-2 所示为一个很薄的等厚度薄板,只在板边上受到平行于板面并且不沿厚度变化的面力或约束。同时体力也平行于板面并且不沿厚度变化。该弹性体在 z 方向上是"短"的,可以认为有几个应力等于零,即

$$\tau_{yz} = \tau_{zx} = 0 \tag{5-5}$$

$$\sigma_z = \tau_{yz} = \tau_{zx} = 0 \tag{5-6}$$

因此可以推导得到:

$$\varepsilon_z = -\frac{v}{1-v}(\varepsilon_x + \varepsilon_y) \tag{5-7}$$

故而平面应力问题的物理方程关系简化为:

$$\begin{Bmatrix} \sigma_x \\ \sigma_y \\ \tau_{xy} \end{Bmatrix} = \frac{E}{(1-v^2)} \begin{bmatrix} 1 & v & 0 \\ v & 1 & 0 \\ 0 & 0 & \frac{(1-v)}{2} \end{bmatrix} \begin{Bmatrix} \varepsilon_x \\ \varepsilon_y \\ \gamma_{xy} \end{Bmatrix} \tag{5-8}$$

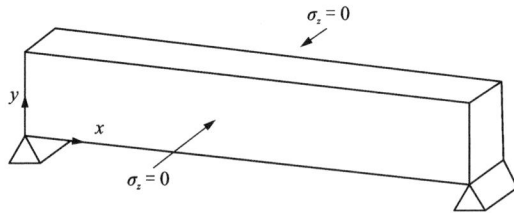

图 5-2 条形基础受力情况分析(平面应变问题)

2. 平面应变问题

所谓平面应变问题,就是只有平面应变分量(ε_x、ε_y、γ_{xy})存在,且仅为 x, y 的函数的弹性力学问题。如图 5-3 所示,与上面情况相反,该实心梁是很长的柱形体,它的横截面不沿长度变化,在柱面上受到平行于横截面而且不沿长度变化的面力或约束。同时,体力也平行于横截面而且不沿长度变化(内在因素和外来作用都不沿长度变化)。该弹性体在 z 方向上的尺寸相较其他方向而言是"长"的,因此可以认为与 z 相关的应变为 0:

$$\varepsilon_z = \gamma_{yz} = \gamma_{zx} = 0 \tag{5-9}$$

同时,可以由物理方程推导得到:

$$\tau_{yz} = \tau_{zx} = 0 \tag{5-10}$$

$$\sigma_z = v(\sigma_x + \sigma_y) \tag{5-11}$$

故而平面应变问题的物理方程关系简化为:

$$\begin{Bmatrix} \sigma_x \\ \sigma_y \\ \tau_{xy} \end{Bmatrix} = \frac{E(1-v)}{(1+v)(1-2v)} \begin{bmatrix} 1 & \dfrac{v}{(1-v)} & 0 \\ \dfrac{v}{(1-v)} & 1 & 0 \\ 0 & 0 & \dfrac{(1-2v)}{2(1-v)} \end{bmatrix} \begin{Bmatrix} \varepsilon_x \\ \varepsilon_y \\ \gamma_{xy} \end{Bmatrix} \qquad (5\text{-}12)$$

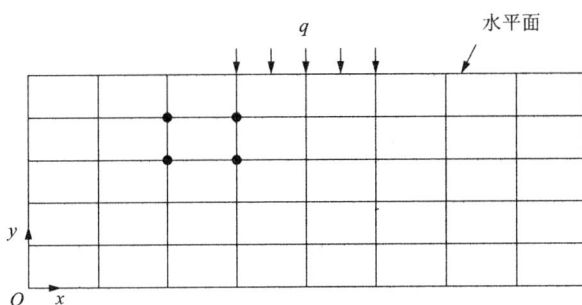

图 5-3 实心梁受力情况分析(平面应力问题)

3. 轴对称弹性体问题

除了经典的平面应力和平面应变问题外, 三维空间中的轴对称体或旋转体, 如果承受轴对称荷载, 也可以简化为二维问题。如图 5-4 所示, 由于整个对象关于 z 轴对称, 所有的变形和应力都与旋转角 θ 无关, 因此, 这样的问题就可以看作是 rOz 平面, 即旋转面内的二维问题, 若在 z 轴方向上作用有重力, 也可以加以考虑。对于飞轮这样的旋转体, 也可以在体积力项中引入离心力。所要分析的弹性体在垂直轴方向(z 方向)上具有旋转对称(几何和荷载的特性), 这使得一些应变等于零:

$$\gamma_{z\theta} = \gamma_{\theta r} = 0 \qquad (5\text{-}13)$$

因此, 由物理方程可以推导得到:

$$\tau_{z\theta} = \tau_{\theta r} = 0 \qquad (5\text{-}14)$$

注意, 环向应力和应变都是非零的, 即

$$\sigma_\theta \neq 0, \ \varepsilon_\theta \neq 0 \qquad (5\text{-}15)$$

因此, 轴对称体的三维应力应变关系可简化为:

$$\begin{Bmatrix} \sigma_r \\ \sigma_z \\ \tau_{rz} \\ \sigma_\theta \end{Bmatrix} = \frac{E(1-v)}{(1+v)(1-2v)} \begin{bmatrix} 1 & \dfrac{v}{(1-v)} & 0 & \dfrac{v}{(1-v)} \\ \dfrac{v}{(1-v)} & 1 & 0 & \dfrac{v}{(1-v)} \\ 0 & 0 & \dfrac{(1-2v)}{2(1-v)} & 0 \\ \dfrac{v}{(1-v)} & \dfrac{v}{(1-v)} & 0 & 1 \end{bmatrix} \begin{Bmatrix} \varepsilon_r \\ \varepsilon_z \\ \gamma_{rz} \\ \varepsilon_\theta \end{Bmatrix} \qquad (5\text{-}16)$$

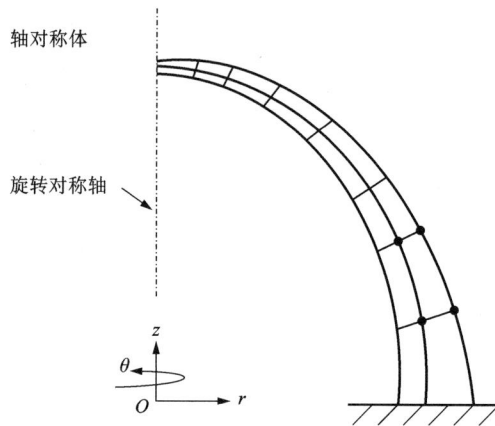

图 5-4 轴对称受力情况

5.2 二维弹性平面问题的控制方程

在上一小节中，我们建立了弹性力学平面问题的三个基本方程。为了便于计算机编程，下面给出平面应变问题三个基本方程的矩阵形式。

1. 平衡方程

$$[\boldsymbol{A}]^{\mathrm{T}}\{\boldsymbol{\sigma}\} = -\{\boldsymbol{f}\} \tag{5-17}$$

其中，

$$[\boldsymbol{A}] = \begin{bmatrix} \dfrac{\partial}{\partial x} & 0 \\[2mm] 0 & \dfrac{\partial}{\partial y} \\[2mm] \dfrac{\partial}{\partial y} & \dfrac{\partial}{\partial x} \end{bmatrix} ; \quad \{\boldsymbol{\sigma}\} = \begin{Bmatrix} \sigma_x \\ \sigma_y \\ \tau_{xy} \end{Bmatrix} ; \quad \{\boldsymbol{f}\} = \begin{Bmatrix} X \\ Y \end{Bmatrix} \text{。}$$

2. 物理方程

$$\{\boldsymbol{\sigma}\} = [\boldsymbol{D}]\{\boldsymbol{\varepsilon}\} \tag{5-18}$$

其中，

$$[\boldsymbol{D}] = \frac{E(1-v)}{(1+v)(1-2v)} \begin{bmatrix} 1 & \dfrac{v}{(1-v)} & 0 \\[3mm] \dfrac{v}{(1-v)} & 1 & 0 \\[3mm] 0 & 0 & \dfrac{(1-2v)}{2(1-v)} \end{bmatrix} ;$$

$$\{\boldsymbol{\varepsilon}\} = \begin{Bmatrix} \varepsilon_x \\ \varepsilon_y \\ \gamma_{xy} \end{Bmatrix} \text{。}$$

3. 几何方程

$$\{\boldsymbol{\varepsilon}\} = [\boldsymbol{A}]\{\boldsymbol{e}\} \tag{5-19}$$

$$其中\{\boldsymbol{e}\} = \begin{Bmatrix} u \\ v \end{Bmatrix}$$

当采用消元法求解以上方程时，一般有按应力求解和按位移求解两种方式，他们分别以位移分量和应力分量为基本未知函数进行求解。本书中主要采用位移求解法，即以位移分量为基本未知函数，从方程和边界条件中消去应力和应变分量，导出只含有位移分量的方程，并解出位移分量，再进一步求得应变和应力分量。故而联立式（5-17）、式（5-18）、式（5-19）并消去其中的$\{\boldsymbol{\sigma}\}$和$\{\boldsymbol{\varepsilon}\}$，给出"位移有限元公式"：

$$[\boldsymbol{A}]^{\mathrm{T}}\{\boldsymbol{\sigma}\} = -\{\boldsymbol{f}\} \tag{5-20}$$

$$\{\boldsymbol{\sigma}\} = [\boldsymbol{D}]\{\boldsymbol{\varepsilon}\} = [\boldsymbol{D}][\boldsymbol{A}]\{\boldsymbol{e}\} \tag{5-21}$$

$$[\boldsymbol{A}]^{\mathrm{T}}[\boldsymbol{D}][\boldsymbol{A}]\{\boldsymbol{e}\} = -\{\boldsymbol{f}\} \tag{5-22}$$

展开上述矩阵方程，可得：

$$\frac{E(1-v)}{(1+v)(1-2v)}\left[\frac{\partial^2 u}{\partial x^2} + \frac{(1-2v)}{2(1-v)}\frac{\partial^2 u}{\partial y^2} + \frac{1}{2(1-v)}\frac{\partial^2 v}{\partial x \partial y}\right] + X = 0 \tag{5-23}$$

$$\frac{E(1-v)}{(1+v)(1-2v)}\left[\frac{\partial^2 u}{\partial y^2} + \frac{(1-2v)}{2(1-v)}\frac{\partial^2 v}{\partial x^2} + \frac{1}{2(1-v)}\frac{\partial^2 u}{\partial x \partial y}\right] + Y = 0 \tag{5-24}$$

这便是平面应变下二维平面的弹性控制方程，而平面应力下的控制方程的推导过程与其十分类似，在此不再赘述，直接给出其结果：

$$\frac{E}{1-v^2}\left[\frac{\partial^2 u}{\partial x^2} + \frac{(1-v)}{2}\frac{\partial^2 u}{\partial y^2} + \frac{(1+v)}{2}\frac{\partial^2 v}{\partial x \partial y}\right] + X = 0 \tag{5-25}$$

$$\frac{E}{1-v^2}\left[\frac{\partial^2 u}{\partial y^2} + \frac{(1-v)}{2}\frac{\partial^2 v}{\partial x^2} + \frac{(1+v)}{2}\frac{\partial^2 u}{\partial x \partial y}\right] + Y = 0 \tag{5-26}$$

5.3 二维弹性力学问题的有限元解

理论上，我们可以划分任何形状的二维单元来进行求解。图 5-5 为一些常见的二维实体单元，包括 3 节点三角形单元、6 节点三角形单元、4 节点四边形单元和 8 节点四边形单元等。下面将对一些常见的二维实体单元的求解方法进行推导。

1. 4 节点矩形单元

如图 5-6 所示为一个四节点的矩形单元，具有 8 个自由度，可采取以下试函数求解：

$$\tilde{u} = a_1 + a_2 x + a_3 y + a_4 xy$$
$$\tilde{v} = b_1 + b_2 x + b_3 y + b_4 xy \tag{5-27}$$

其中，a_1、a_2、a_3、a_4 和 b_1、b_2、b_3、b_4 均为待定系数。如前所述，我们希望这些待定的系数具有一定的物理意义，可以代表节点位移，因此将试函数重写为：

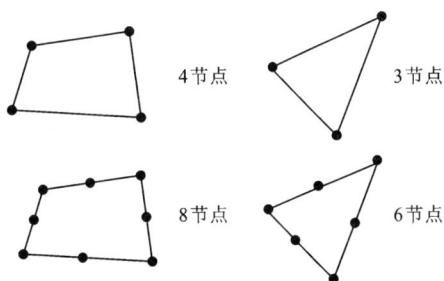

图 5-5 不同形式的二维实体单元

$$\tilde{u} = N_1 u_1 + N_2 u_2 + N_3 u_3 + N_4 u_4$$

$$\tilde{v} = N_1 v_1 + N_2 v_2 + N_3 v_3 + N_4 v_4$$

$$(5-28)$$

其中，形函数 $N_i = c_{1i} + c_{2i}x + c_{3i}y + c_{4i}xy$，且其满足以下规则：

$$N_i(x_j, y_j) = \begin{cases} 1, & 若\ i = j \\ 0, & 若\ i \neq j \end{cases} \quad (5-29)$$

将单元边界条件 $N_1(0, 0) = 1$，$N_1(0, b) = 0$，$N_1(a, b) = 0$，$N_1(a, 0) = 0$ 代入

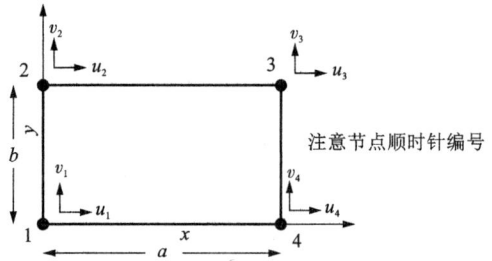

注意节点顺时针编号

图 5-6　长方形 4 节点单元

$N_1 = c_{11} + c_{21}x + c_{31}y + c_{41}xy$，可以求得：$c_{11} = 1$，$c_{21} = -\dfrac{1}{a}$，$c_{31} = -\dfrac{1}{b}$，$c_{41} = \dfrac{1}{ab}$。

同理可以求得 4 节点矩形单元的形函数分别为：

$$N_1 = \left(1 - \frac{x}{a}\right)\left(1 - \frac{y}{b}\right)$$

$$N_2 = \left(1 - \frac{x}{a}\right)\frac{y}{b}$$

$$(5-30)$$

$$N_3 = \frac{x}{a}\frac{y}{b}$$

$$N_4 = \frac{x}{a}\left(1 - \frac{y}{b}\right)$$

将式(5-30)代入式(5-28)，并与式(5-27)对比可得：

$$
\begin{aligned}
a_1 &= u_1 & b_1 &= v_1 \\
a_2 &= \frac{1}{a}(u_4 - u_1) & b_2 &= \frac{1}{a}(v_4 - v_1) \\
a_3 &= \frac{1}{b}(u_2 - u_1) & b_3 &= \frac{1}{b}(v_2 - v_1) \\
a_4 &= \frac{1}{ab}(u_1 - u_2 + u_3 - u_4) & b_4 &= \frac{1}{ab}(v_1 - v_2 + v_3 - v_4)
\end{aligned}
\quad (5-31)
$$

故而试解可以写成：

$$\tilde{u} = \sum_{i=1}^{4} N_i u_i = [\boldsymbol{N}]\begin{Bmatrix} u_1 \\ u_2 \\ u_3 \\ u_4 \end{Bmatrix}$$

$$(5-32)$$

$$\tilde{v} = \sum_{i=1}^{4} N_i v_i = [\boldsymbol{N}]\begin{Bmatrix} v_1 \\ v_2 \\ v_3 \\ v_4 \end{Bmatrix}$$

其中，$[\boldsymbol{N}] = [N_1 \quad N_2 \quad N_3 \quad N_4]$

将试解代入控制微分方程，将得到一个残差（每个方程一个），可以使用伽辽金法进行计算，得到如式（5-33）所示形式的积分：

$$\begin{cases} \int_0^b \int_0^a N_i R_1 \mathrm{d}x\mathrm{d}y = 0 & i = 1,2,\cdots,4 \\ \int_0^b \int_0^a N_i R_2 \mathrm{d}x\mathrm{d}y = 0 & i = 1,2,\cdots,4 \end{cases} \tag{5-33}$$

对于矩形单元，这些积分可以用解析方法进行，但在计算机程序中，通常采用数值积分法得到矩阵方程，也就是单元刚度关系：

$$[k_m]\{u\} = \{f\} \tag{5-34}$$

用伽辽金法表示的刚度矩阵可以写成紧凑形式：

$$[k_m] = \int_0^b \int_0^a [B]^{\mathrm{T}}[D][B]\mathrm{d}x\mathrm{d}y \tag{5-35}$$

其中，$[B]$ 单元是"应变-位移"矩阵，$\{\varepsilon\} = [B]\{u\}$；$[D]$ 是本构矩阵，$\{\sigma\} = [D]\{\varepsilon\}$。（注意与 $[A]^{\mathrm{T}}[D][A]\{e\} = -\{f\}$ 的相似性。）

下面分别介绍 $[B]$ 和刚度矩阵中的单个项的求法。

（1）$[B]$ 的求法，代入试解可以得到 3 个应变分别为：

$$\varepsilon_x = \frac{\partial \widetilde{u}}{\partial x} = \frac{\partial}{\partial x}[N_1 u_1 + N_2 u_2 + N_3 u_3 + N_4 u_4] = \frac{\partial N_1}{\partial x}u_1 + \frac{\partial N_2}{\partial x}u_2 + \frac{\partial N_3}{\partial x}u_3 + \frac{\partial N_4}{\partial x}u_4$$

$$= \begin{Bmatrix} \dfrac{\partial N_1}{\partial x} & \dfrac{\partial N_2}{\partial x} & \dfrac{\partial N_3}{\partial x} & \dfrac{\partial N_4}{\partial x} \end{Bmatrix} \begin{Bmatrix} u_1 \\ u_2 \\ u_3 \\ u_4 \end{Bmatrix} \tag{5-36}$$

$$\varepsilon_y = \frac{\partial \widetilde{v}}{\partial y} = \begin{bmatrix} \dfrac{\partial N_1}{\partial y} & \dfrac{\partial N_2}{\partial y} & \dfrac{\partial N_3}{\partial y} & \dfrac{\partial N_4}{\partial y} \end{bmatrix} \begin{Bmatrix} v_1 \\ v_2 \\ v_3 \\ v_4 \end{Bmatrix} \tag{5-37}$$

$$\gamma_{xy} = \frac{\partial \widetilde{u}}{\partial y} + \frac{\partial \widetilde{v}}{\partial x} = \begin{bmatrix} \dfrac{\partial N_1}{\partial y} & \dfrac{\partial N_1}{\partial x} & \dfrac{\partial N_2}{\partial y} & \dfrac{\partial N_2}{\partial x} & \dfrac{\partial N_3}{\partial y} & \dfrac{\partial N_3}{\partial x} & \dfrac{\partial N_4}{\partial y} & \dfrac{\partial N_4}{\partial x} \end{bmatrix} \begin{Bmatrix} u_1 \\ v_1 \\ u_2 \\ v_2 \\ u_3 \\ v_3 \\ u_4 \\ v_4 \end{Bmatrix} \tag{5-38}$$

将式（5-36）~式（5-38）写成矩阵形式为：

$$\left\{\begin{array}{c}\varepsilon_x\\\varepsilon_y\\\gamma_{xy}\end{array}\right\}=\left[\begin{array}{cccccccc}\dfrac{\partial N_1}{\partial x}&0&\dfrac{\partial N_2}{\partial x}&0&\dfrac{\partial N_3}{\partial x}&0&\dfrac{\partial N_4}{\partial x}&0\\0&\dfrac{\partial N_1}{\partial y}&0&\dfrac{\partial N_2}{\partial y}&0&\dfrac{\partial N_3}{\partial y}&0&\dfrac{\partial N_4}{\partial y}\\\dfrac{\partial N_1}{\partial y}&\dfrac{\partial N_1}{\partial x}&\dfrac{\partial N_2}{\partial y}&\dfrac{\partial N_2}{\partial x}&\dfrac{\partial N_3}{\partial y}&\dfrac{\partial N_3}{\partial x}&\dfrac{\partial N_4}{\partial y}&\dfrac{\partial N_4}{\partial x}\end{array}\right]\left\{\begin{array}{c}u_1\\v_1\\u_2\\v_2\\u_3\\v_3\\u_4\\v_4\end{array}\right\} \tag{5-39}$$

（2）以 mk_{23} 为例介绍单元刚度矩阵中的单个项的求法。刚度矩阵中的单个项为：

$$mk_{ij}=\int_0^b\int_0^a[\boldsymbol{B}_i]^T[\boldsymbol{D}][\boldsymbol{B}_j]\mathrm{d}x\mathrm{d}y \tag{5-40}$$

其中，$[\boldsymbol{B}_i]^T$ 为 $[\boldsymbol{B}]^T$ 的第 i 行；$[\boldsymbol{B}_j]$ 为 $[\boldsymbol{B}]$ 的第 j 列。

在矩形 4 节点单元的平面应变刚度矩阵中，由于

$$[\boldsymbol{B}]=\left[\begin{array}{cccccccc}\dfrac{\partial N_1}{\partial x}&0&\dfrac{\partial N_2}{\partial x}&0&\dfrac{\partial N_3}{\partial x}&0&\dfrac{\partial N_4}{\partial x}&0\\0&\dfrac{\partial N_1}{\partial y}&0&\dfrac{\partial N_2}{\partial y}&0&\dfrac{\partial N_3}{\partial y}&0&\dfrac{\partial N_4}{\partial y}\\\dfrac{\partial N_1}{\partial y}&\dfrac{\partial N_1}{\partial x}&\dfrac{\partial N_2}{\partial y}&\dfrac{\partial N_2}{\partial x}&\dfrac{\partial N_3}{\partial y}&\dfrac{\partial N_3}{\partial x}&\dfrac{\partial N_4}{\partial y}&\dfrac{\partial N_4}{\partial x}\end{array}\right] \tag{5-41}$$

可以得到：

$$mk_{23}=\int_0^b\int_0^a\left[0\quad\dfrac{\partial N_1}{\partial y}\quad\dfrac{\partial N_1}{\partial x}\right]\dfrac{E(1-v)}{(1+v)(1-2v)}\left[\begin{array}{ccc}1&\dfrac{v}{(1-v)}&0\\\dfrac{v}{(1-v)}&1&0\\0&0&\dfrac{(1-2v)}{2(1-v)}\end{array}\right]\left\{\begin{array}{c}\dfrac{\partial N_2}{\partial x}\\0\\\dfrac{\partial N_2}{\partial y}\end{array}\right\}\mathrm{d}x\mathrm{d}y \tag{5-42}$$

再将式（5-30）中的形函数代入式（5-42）得：

$$mk_{23}=\int_0^b\int_0^a\left[0-\dfrac{1}{b}+\dfrac{x}{ab}\quad-\dfrac{1}{a}+\dfrac{y}{ab}\right]\dfrac{E(1-v)}{(1+v)(1-2v)}\left[\begin{array}{ccc}1&\dfrac{v}{(1-v)}&0\\\dfrac{v}{(1-v)}&1&0\\0&0&\dfrac{(1-2v)}{2(1-v)}\end{array}\right]\left\{\begin{array}{c}-\dfrac{y}{ab}\\0\\\dfrac{1}{b}-\dfrac{x}{ab}\end{array}\right\}\mathrm{d}x\mathrm{d}y$$

$$=\dfrac{E}{(1+v)(1-2v)}\int_0^b\int_0^a\left[v\left(-\dfrac{1}{b}+\dfrac{x}{ab}\right)(1-v)\left(-\dfrac{1}{b}+\dfrac{x}{ab}\right)\left(\dfrac{1-2v}{2}\right)\left(-\dfrac{1}{a}+\dfrac{y}{ab}\right)\right]\left\{\begin{array}{c}-\dfrac{y}{ab}\\0\\\dfrac{1}{b}-\dfrac{x}{ab}\end{array}\right\}\mathrm{d}x\mathrm{d}y$$

$$=\dfrac{E}{(1+v)(1-2v)}\int_0^b\int_0^a\left[-v\left(-\dfrac{1}{b}+\dfrac{x}{ab}\right)\dfrac{y}{ab}+\dfrac{1-2v}{2}\left(-\dfrac{1}{a}+\dfrac{y}{ab}\right)\left(\dfrac{1}{b}-\dfrac{x}{ab}\right)\right]\mathrm{d}x\mathrm{d}y$$

$$=\dfrac{E(4v-1)}{8(1+v)(1-2v)} \tag{5-43}$$

2. 一般的 4 节点四边形单元

对于一个一般的 4 节点四边形单元(图 5-7)来讲，试解可以写作：

$$\tilde{u} = N_1 u_1 + N_2 u_2 + N_3 u_3 + N_4 u_4$$
$$\tilde{v} = N_1 v_1 + N_2 v_2 + N_3 v_3 + N_4 v_4 \tag{5-44}$$

其中，$N_1 = f(x_1, y_1, x_2, y_2, x_3, y_3, x_4, y_4)$。同时，形函数仍然必须满足：

$$N_i(x_j, y_j) = \begin{cases} 1, & \text{若 } i = j \\ 0, & \text{若 } i \neq j \end{cases} \tag{5-45}$$

此外，如图 5-8 所示，为了保持相邻单元($\tilde{u}$、$\tilde{v}$)之间位移的兼容性，形函数必须在节点之间沿每条边线性变化。

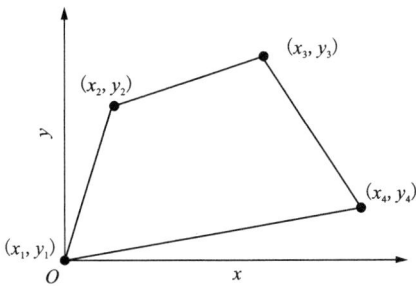

图 5-7 一般的 4 节点四边形单元

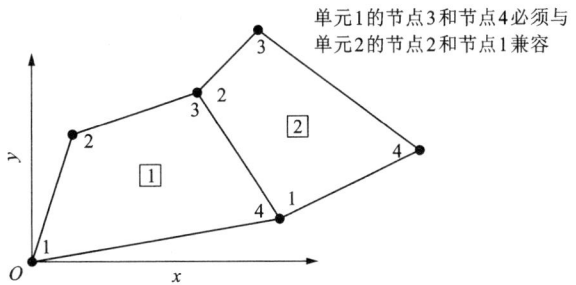

图 5-8 两个一般四边形单元兼容

例如一个节点坐标如图 5-9 所示的单元，其形函数可以写为：

$$N_1 = \frac{11}{54}\sqrt{144y^2 - 456y + 289 + 144x} - \frac{4}{3}x + \frac{14}{9}y - \frac{133}{54}$$

$$N_2 = -\frac{10}{27}\sqrt{144y^2 - 456y + 289 + 144x} + \frac{4}{3}x - \frac{32}{9}y - \frac{170}{27}$$

$$N_3 = \frac{17}{54}\sqrt{144y^2 - 456y + 289 + 144x} - \frac{4}{3}x + \frac{38}{9}y - \frac{289}{54}$$

$$N_4 = -\frac{4}{27}\sqrt{144y^2 - 456y + 289 + 144x} + \frac{4}{3}x - \frac{20}{9}y + \frac{68}{27}$$

$$(5-46)$$

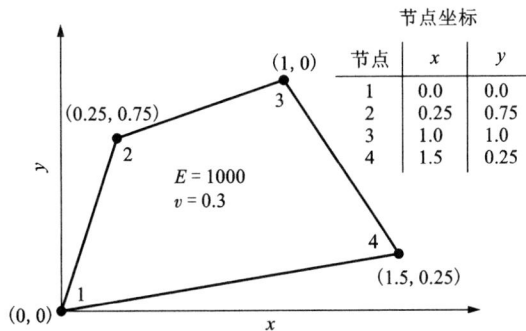

图 5-9 一般四边形单元的节点坐标

5.4　平面问题的局部坐标系求解

从 5.3 节可以看出一般单元在笛卡尔坐标系中的形函数表达十分复杂，而若能建立合适的局部坐标系，则形函数在该局部坐标系中的表达要简单得多，并且不再依赖于单元的实际节点坐标，所以有限元计算过程通常使用局部坐标系。这一过程通常是先使单元暂时转换到局部坐标系统，进行积分，然后再转换回实际的笛卡尔坐标系统。此外，在局部坐标系中有限元积分几乎都是用数值方法进行的，并且通常使用高斯–勒让德法则。本节将介绍有限元局部坐标系的转化、建立和其相对应的数值计算方法。

5.4.1　局部坐标系建立

根据单元形状的不同，局部坐标系的建立也会有所不同，下面我们将介绍常见的四边形单元和三角形单元的局部坐标系的建立方法，并对其进行几何和代数上的解释。

1. 四边形单元的局部坐标系

1）局部坐标系的建立

如图 5-10 所示，(x, y) 空间中的一般四边形单元可以映射到 (η, ξ) 空间中的局部坐标系。在局部坐标系中，所有的四边形元素，无论它们的实际大小如何，都会变成边长等于两个单位的正方形。(x, y) 和 (η, ξ) 系统中的所有点之间存在一一对应关系，而形函数很容易用局部坐标表示。例如，4 节点四边形对应的形函数为：

$$
\begin{aligned}
N_1 &= \frac{1}{4}(1 - \xi)(1 - \eta) \\
N_2 &= \frac{1}{4}(1 - \xi)(1 + \eta) \\
N_3 &= \frac{1}{4}(1 + \xi)(1 + \eta) \\
N_4 &= \frac{1}{4}(1 + \xi)(1 - \eta)
\end{aligned}
\tag{5-47}
$$

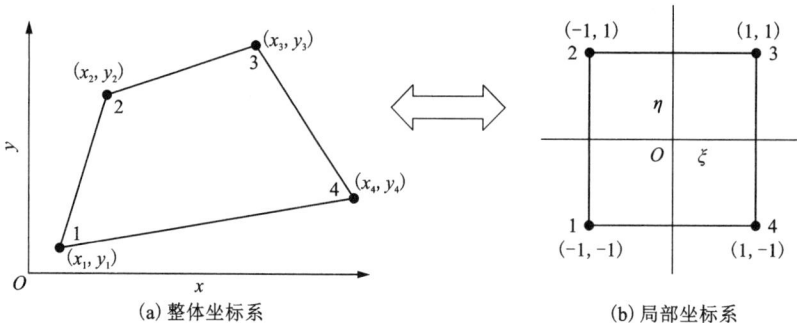

(a) 整体坐标系　　　　　　　　　　(b) 局部坐标系

图 5-10　平面问题一般四边形单元坐标转换

8 节点四边形(图 5-11)对应的形函数为：

$$N_1 = \frac{1}{4}(1-\xi)(1-\eta)(-\xi-\eta-1)$$

$$N_2 = \frac{1}{2}(1-\xi)(1-\eta^2)$$

$$N_3 = \frac{1}{4}(1-\xi)(1+\eta)(-\xi+\eta-1)$$

$$N_4 = \frac{1}{2}(1-\xi^2)(1+\eta)$$

$$N_5 = \frac{1}{4}(1+\xi)(1+\eta)(+\xi+\eta-1)$$

$$N_6 = \frac{1}{2}(1+\xi)(1-\eta^2)$$

$$N_7 = \frac{1}{4}(1+\xi)(1-\eta)(+\xi-\eta-1)$$

$$N_8 = \frac{1}{2}(1-\xi^2)(1-\eta)$$

(5-48)

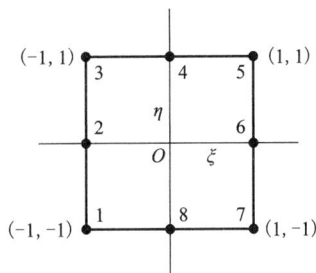

图 5-11　8 节点四边形单元

2) 局部坐标系的几何解释

如图 5-12 所示，局部坐标系建立时是以直线等比例切割四边形元素的相对边为原则的，这样切割就可以保证所有的四边形元素，无论它们的实际大小如何，在局部坐标系中都会变成边长等于两个单位长度的正方形。

3) 局部坐标的代数解释

有限元计算时每一种等参数单元有 2 种形式：一种形式在局部坐标系中，是将边长为 2 的正方形单元(用作计算)称为母单元；另一种形式在整体坐标系，将通过母单元映射到整体坐标上的单元(用作离散结构物)称为子单元。若母单元上的位移函数与坐标变换的函数具有相同的参数，就是等参数单元。除了梁单元以外，有限元计算时所能使用到的大多数

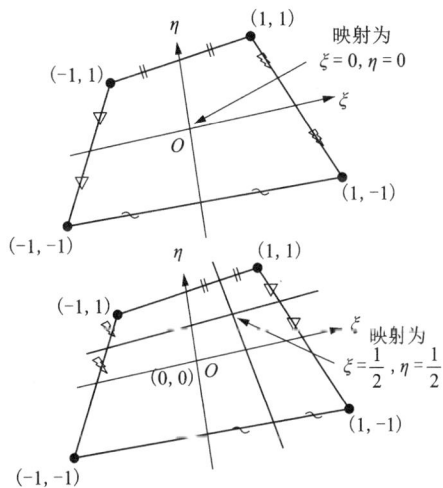

图 5-12　坐标转换几何原理图

单元都是等参的，而等参单元使得建立非矩形单元、曲边单元、无限域问题中的无限域单元及断裂力学中的裂纹尖端单元更容易。等参单元使用相同的形函数定义单元几何坐标及单元位移场。例如 4 节点四边形单元的二维解为：

$$\tilde{u} = N_1 u_1 + N_2 u_2 + N_3 u_3 + N_4 u_4$$

$$\tilde{v} = N_1 v_1 + N_2 v_2 + N_3 v_3 + N_4 v_4$$

(5-49)

等参坐标转换后为：

$$x = N_1 x_1 + N_2 x_2 + N_3 x_3 + N_4 x_4$$
$$y = N_1 y_1 + N_2 y_2 + N_3 y_3 + N_4 y_4$$

$$(5-50)$$

由此可以看出等参数性质给出了局部坐标与整体坐标之间的代数联系，从而可以由已知节点坐标的特定元素(x_i, y_i)，$i=1, 2, \cdots$，计算给定局部坐标下某点对应的整体坐标(图5-13)。

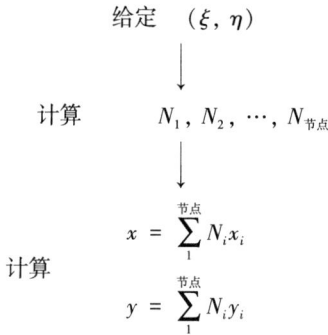

给定　　(ξ, η)

$\downarrow$

计算　　　$N_1, N_2, \cdots, N_{节点}$

$\downarrow$

计算　　　$x = \sum_1^{节点} N_i x_i$

$$y = \sum_1^{节点} N_i y_i$$

图5-13　整体坐标计算流程图

2. 三角形单元的局部坐标

三角形单元的局部坐标系建立方法及其几何和代数解释与四边形单元十分类似，在此直接给出其形函数。3节点三角形单元[图5-14(a)]对应的形函数为：

$$N_1 = L_1$$
$$N_2 = 1 - L_1 - L_2 \qquad (5-51)$$
$$N_3 = L_2$$

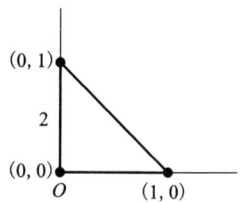

(a)3节点三角形单元

6节点三角形单元[图5-14(b)]对应的形函数为：

$$N_1 = (2L_1 - 1)L_1$$
$$N_2 = 4(1 - L_1 - L_2)L_1$$
$$N_3 = [2(1 - L_1 - L_2) - 1](1 - L_1 - L_2)$$
$$N_4 = 4L_2(1 - L_1 - L_2) \qquad (5-52)$$
$$N_5 = (2L_2 - 1)L_2$$
$$N_6 = 4L_1 L_2$$

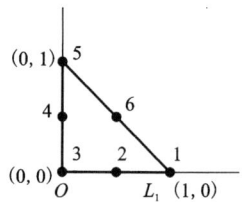

(b)6节点三角形单元

图5-14　三角形单元

5.4.2　局部坐标系下单元的形函数确定

1. 基本原理

一般而言，单元的位移函数通常采用有限多项式函数形式，选取时应符合以下原则：

(1)单元位移函数中多项式的待定参数个数需与单元节点自由度数相同。

(2)对单元给定自由度数目，应尽量选择更高阶多项式。

(3)为利于收敛，选取的多项式必须要包含常数项及完备的一次项。

(4)选择多项式应由低阶到高阶，尽量选取完全多项式，若由于项数限制不能选取完全多项式时，选择的多项式应具有坐标对称性，并且一个坐标方向的次数不应该超过完全多项式的次数。

帕斯卡三角形和帕斯卡金字塔(图 5-15)分别提供一种系统的确定二维单元和三维单元多项式形状函数的方法。下面分别介绍利用该方法确定二维和三维单元形函数的过程。

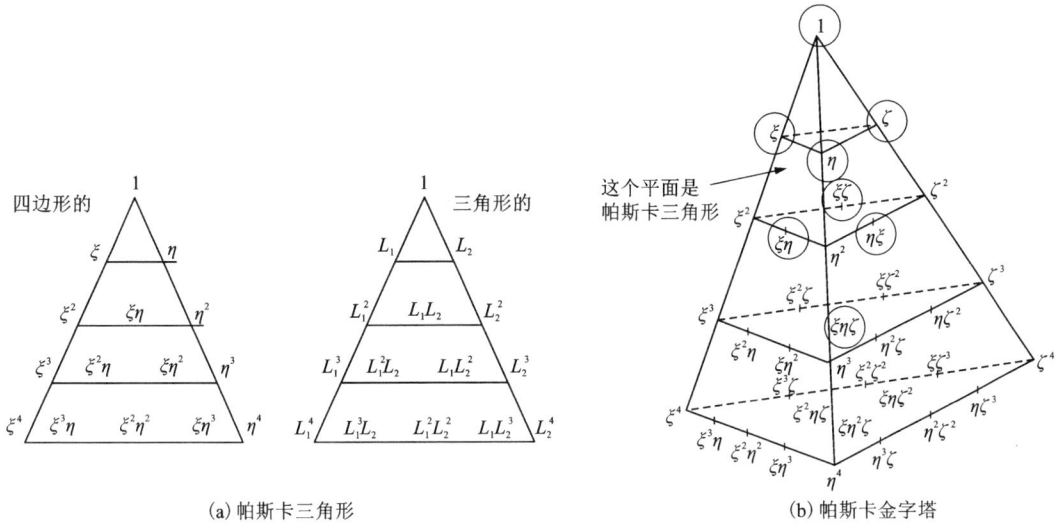

(a)帕斯卡三角形　　　　　(b)帕斯卡金字塔

图 5-15　帕斯卡三角形和金字塔

对于二维三角形单元：

(1)3 节点三角形形函数应包括的项为：

$$N_i = c_1 + c_2 L_1 + c_3 L_2 \tag{5-53}$$

(2)6 节点三角形形函数应包括的项为：

$$N_i = c_1 + c_2 L_1 + c_3 L_2 + c_4 L_1^2 + c_5 L_1 L_2 + c_6 L_2^2 \tag{5-54}$$

(3)10 节点三角形形函数应包括的项为：

$$N_i = c_1 + c_2 L_1 + c_3 L_2 + c_4 L_1^2 + c_5 L_1 L_2 + c_6 L_2^2 + c_7 L_1^3 + c_8 L_1^2 L_2 + c_9 L_1 L_2^2 + c_{10} L_2^3 \tag{5-55}$$

对于二维四边形单元：

(1)4 节点四边形的形函数应包括的项为：

$$N_i = c_1 + c_2 \xi + c_3 \eta + c_4 \xi \eta \tag{5-56}$$

(2)8 节点四边形的形函数应包括的项为：

$$N_i = c_1 + c_2 \xi + c_3 \eta + c_4 \xi^2 + c_5 \xi \eta + c_6 \eta^2 + c_7 \xi^2 \eta + c_8 \xi \eta^2 \tag{5-57}$$

(3)9 节点四边形的形函数应包括的项为：

$$N_i = c_1 + c_2 \xi + c_3 \eta + c_4 \xi^2 + c_5 \xi \eta + c_6 \eta^2 + c_7 \xi^2 \eta + c_8 \xi \eta^2 + c_9 \xi^2 \eta^2 \tag{5-58}$$

8 节点的三维单元的形函数应包括的项为：

$$N_i = c_1 + c_2 \xi + c_3 \eta + c_4 \zeta + c_5 \xi \eta + c_6 \eta \zeta + c_7 \zeta \xi + c_8 \xi \eta \zeta \tag{5-59}$$

2.推导实例

(1)推导 6 节点三角形(图 5-16)的 N_1。

首先，从帕斯卡三角形中选择可以出现在形状函数中的项：

$$N_1 = c_1 + c_2 L_1 + c_3 L_2 + c_4 L_1^2 + c_5 L_1 L_2 + c_6 L_2^2$$

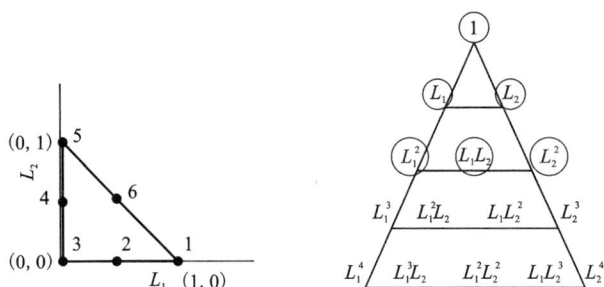

图 5-16 6 节点三角形及其帕斯卡三角形

形函数具有如下特性:

$$N_i = \begin{cases} 1 & i = j \\ 0 & i \neq j \end{cases} \tag{5-60}$$

这个表达式有 6 个待定系数,因而利用节点状态和形函数性质可以建立 6 个方程,如表 5-1 所示。联立方程解得:$c_1 = 0$,$c_2 = -1$,$c_3 = 0$,$c_4 = 2$,$c_5 = 0$,$c_6 = 0$,所以 $N_1 = -L_1 + 2L_1^2$ 或 $N_1 = (2L_1 - 1)L_1$。

表 5-1 节点状态方程

节点	L_1	L_2	方程
1	1.0	0.0	$1 = c_1 + c_2 + c_4$
2	0.5	0.0	$0 = c_1 + 0.5c_2 + 0.25c_4$
3	0.0	0.0	$0 = c_1$
4	0.0	0.5	$0 = c_1 + 0.5c_3 + 0.25c_6$
5	0.0	1.0	$0 = c_1 + c_3 + c_6$
6	0.5	0.5	$0 = c_1 + 0.5c_2 + 0.5c_3 + 0.25c_4 + 0.25c_5 + 0.25c_6$

(2)推导 8 节点四边形(图 5-17)中的 N_4。

从帕斯卡三角形中选择可以出现在形函数中的项。

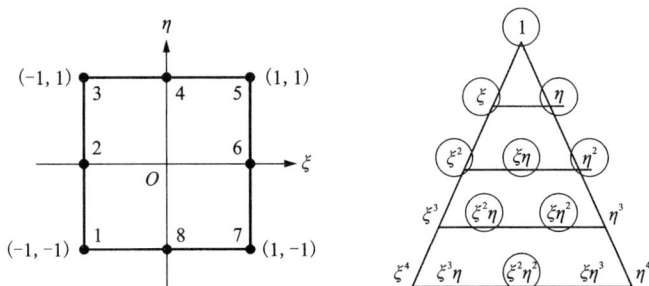

图 5-17 8 节点四边形及其帕斯卡三角形

建立形函数表达式并基于形函数性质,用同样方法求解可得: $N_4 = \frac{1}{2}(1-\xi^2)(1+\eta)$。事实上,可以利用该方法求解任意单元的任意形函数。

5.4.3　局部坐标系下的单元矩阵积分

在得到形函数之后,我们需要再进行单元刚度矩阵的计算,下面以四节点四边形单元为例进行介绍。需要进行如式(5-61)所示的积分:

$$[\boldsymbol{k}_m] = \iint_{\text{area}} [\boldsymbol{B}]^\mathrm{T}[\boldsymbol{D}][\boldsymbol{B}]\mathrm{d}x\mathrm{d}y \tag{5-61}$$

而计算此积分存在以下两大难点:

(1)$[\boldsymbol{B}]$矩阵包含两个未知的偏微分。

(2)对于一般四边形,积分极限不是简单的常数。

而之前所介绍的局部坐标和等参性质则可以化解这些难点。对于数值积分来讲,一维情况下,如果要用局部坐标数值积分来计算 $\int_a^b f(x)\mathrm{d}x$,首先,将变量 $x(a\to b)$ 转化为 $\xi(-1\to 1)$,转化公式为:

$$x = \frac{(b-a)\xi + (b+a)}{2}$$
$$\mathrm{d}x = \frac{(b-a)}{2}\mathrm{d}\xi \tag{5-62}$$

从而可以得到:

$$\int_a^b f(x)\mathrm{d}x = \int_{-1}^1 f\left[\frac{(b-a)\xi + (b+a)}{2}\right]\frac{(b-a)}{2}\mathrm{d}\xi = \int_{-1}^1 g(\xi)\mathrm{d}\xi \tag{5-63}$$

之后就可以用近似求和的方法来计算式(5-63)的积分:

$$\int_{-1}^1 g(\xi)\mathrm{d}\xi \approx \sum_1^n w_i g(\xi_i) \tag{5-64}$$

此处,将采用高斯-勒让德法则进行求解,这是一种专为上下限为正负1的数值积分所制订的规则。其计算规则如表5-2和图5-18所示。例如当 $n=2$ 时:

$$\int_{-1}^1 g(\xi)\mathrm{d}\xi \approx g(-1/\sqrt{3}) + g(1/\sqrt{3}) \tag{5-65}$$

表 5-2　高斯-勒让德法则表

n	ξ	ω
1	0	2
2	$\pm\sqrt{\frac{1}{3}}$	1
3	$\pm\sqrt{\frac{3}{5}}$ 0	$\frac{5}{9}$ $\frac{8}{9}$

在二维情况下，对于一个四边形区域，要计算积分 $\iint_{\text{area}} f(x, y)\mathrm{d}x\mathrm{d}y$，首先，可以利用等参数关系将变量 (x, y) 变换为 (ξ, η)。

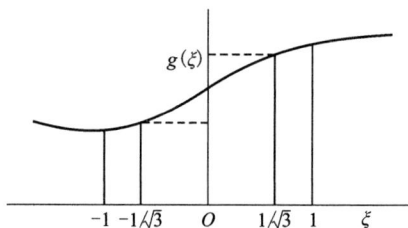

图 5-18 高斯-勒让德法则图

$$x = N_1 x_1 + N_2 x_2 + N_3 x_3 + N_4 x_4 = \sum_1^4 N_i x_i$$

$$y = N_1 y_1 + N_2 y_2 + N_3 y_3 + N_4 y_4 = \sum_1^4 N_i y_i$$

$$(5\text{-}66)$$

从而可以得到：

$$\iint_{\text{area}} f(x, y)\mathrm{d}x\mathrm{d}y = \int_{-1}^1 \int_{-1}^1 f\left(\sum_1^4 N_i x_i, \ \sum_1^4 N_i y_i\right) J\mathrm{d}\xi\mathrm{d}\eta = \int_{-1}^1 \int_{-1}^1 g(\xi, \eta)\mathrm{d}\xi\mathrm{d}\eta \quad (5\text{-}67)$$

其中，$\boldsymbol{J} = \det[\boldsymbol{J}]$，$[\boldsymbol{J}] = \begin{bmatrix} \dfrac{\partial x}{\partial \xi} & \dfrac{\partial y}{\partial \xi} \\ \dfrac{\partial x}{\partial \eta} & \dfrac{\partial y}{\partial \eta} \end{bmatrix}$ 为雅可比矩阵。之后就可以利用近似求和的方法来计算式 (5-68) 的积分：

$$\int_{-1}^1 \int_{-1}^1 g(\xi, \eta)\mathrm{d}\xi\mathrm{d}\eta \approx \sum_1^n \sum_1^n w_i w_j g(\xi_i, \eta_j) \quad (5\text{-}68)$$

例如当 $n = 2$ 时，对于采样点的实际坐标 (x, y) 可以从等参数属性中很容易地检索到，节点坐标为：

$$\text{Coord} = \begin{bmatrix} X_1 & Y_1 \\ X_2 & Y_2 \\ X_3 & Y_3 \\ X_4 & Y_4 \end{bmatrix} \quad (5\text{-}69)$$

在每个高斯-勒让德采样点，$i = 1$，$(\xi, \eta) = \pm 1/\sqrt{3}$，按如下步骤进行计算。

(1) 形成形函数对局部坐标的导数。

$$\frac{\partial N_1}{\partial \xi} = -\frac{1}{4}(1 - \eta)$$

$$\frac{\partial N_3}{\partial \eta} = \frac{1}{4}(1 + \xi) \quad (5\text{-}70)$$

将这些项存储在数组中：

$$\text{der} = \begin{bmatrix} \dfrac{\partial N_1}{\partial \xi} & \dfrac{\partial N_2}{\partial \xi} & \dfrac{\partial N_3}{\partial \xi} & \dfrac{\partial N_4}{\partial \xi} \\ \dfrac{\partial N_1}{\partial \eta} & \dfrac{\partial N_2}{\partial \eta} & \dfrac{\partial N_3}{\partial \eta} & \dfrac{\partial N_4}{\partial \eta} \end{bmatrix} \quad (5\text{-}71)$$

(2) 利用等参数性质形成雅可比矩阵 $[\boldsymbol{J}]$。

$$\frac{\partial x}{\partial \xi} = \frac{\partial N_1}{\partial \xi}x_1 + \frac{\partial N_2}{\partial \xi}x_2 + \frac{\partial N_3}{\partial \xi}x_3 + \frac{\partial N_4}{\partial \xi}x_4$$

$$\frac{\partial y}{\partial \eta} = \frac{\partial N_1}{\partial \eta}y_1 + \frac{\partial N_2}{\partial \eta}y_2 + \frac{\partial N_3}{\partial \eta}y_3 + \frac{\partial N_4}{\partial \eta}y_4$$

(5-72)

即
$$\boldsymbol{J} = \begin{bmatrix} \dfrac{\partial x}{\partial \xi} & \dfrac{\partial y}{\partial \xi} \\ \dfrac{\partial x}{\partial \eta} & \dfrac{\partial y}{\partial \eta} \end{bmatrix} = \begin{bmatrix} \dfrac{\partial N_1}{\partial \xi} & \dfrac{\partial N_2}{\partial \xi} & \dfrac{\partial N_3}{\partial \xi} & \dfrac{\partial N_4}{\partial \xi} \\ \dfrac{\partial N_1}{\partial \eta} & \dfrac{\partial N_2}{\partial \eta} & \dfrac{\partial N_3}{\partial \eta} & \dfrac{\partial N_4}{\partial \eta} \end{bmatrix} \begin{bmatrix} X_1 & Y_1 \\ X_2 & Y_2 \\ X_3 & Y_3 \\ X_4 & Y_4 \end{bmatrix}$$

(5-73)

(3)求雅可比矩阵的行列式$[\boldsymbol{J}]$。

$$\det = \frac{\partial x}{\partial \xi} \times \frac{\partial y}{\partial \eta} - \frac{\partial y}{\partial \xi} \times \frac{\partial x}{\partial \eta}$$

(5-74)

(4)求雅可比矩阵的逆。

(5)利用链式法则求得$[\boldsymbol{B}]$矩阵中所需的导数项:

$$\frac{\partial N_1}{\partial \xi} = \frac{\partial x}{\partial \xi}\frac{\partial N_1}{\partial x} + \frac{\partial y}{\partial \xi}\frac{\partial N_1}{\partial y} \quad \frac{\partial N_3}{\partial \eta} = \frac{\partial x}{\partial \eta}\frac{\partial N_3}{\partial x} + \frac{\partial y}{\partial \eta}\frac{\partial N_3}{\partial y}$$

(5-75)

(6)计算所有形函数关于x和y的导数,给出导数矩阵表达式。

$$\boldsymbol{D} = \begin{bmatrix} \dfrac{\partial N_1}{\partial x} & \dfrac{\partial N_2}{\partial x} & \dfrac{\partial N_3}{\partial x} & \dfrac{\partial N_4}{\partial x} \\ \dfrac{\partial N_1}{\partial y} & \dfrac{\partial N_2}{\partial y} & \dfrac{\partial N_3}{\partial y} & \dfrac{\partial N_4}{\partial y} \end{bmatrix}$$

(5-76)

(7)平面应变中的$[\boldsymbol{B}]$矩阵包含重排形式的导数。

$$\boldsymbol{B} = \begin{bmatrix} \dfrac{\partial N_1}{\partial x} & 0 & \dfrac{\partial N_2}{\partial x} & 0 & \dfrac{\partial N_3}{\partial x} & 0 & \dfrac{\partial N_4}{\partial x} & 0 \\ 0 & \dfrac{\partial N_1}{\partial y} & 0 & \dfrac{\partial N_2}{\partial y} & 0 & \dfrac{\partial N_3}{\partial y} & 0 & \dfrac{\partial N_4}{\partial y} \\ \dfrac{\partial N_1}{\partial y} & \dfrac{\partial N_1}{\partial x} & \dfrac{\partial N_2}{\partial y} & \dfrac{\partial N_2}{\partial x} & \dfrac{\partial N_3}{\partial y} & \dfrac{\partial N_3}{\partial x} & \dfrac{\partial N_4}{\partial y} & \dfrac{\partial N_4}{\partial x} \end{bmatrix}$$

(5-77)

(8)最后进行积分,形成乘积$[\boldsymbol{B}]^{\mathrm{T}}[\boldsymbol{D}][\boldsymbol{B}]$。

5.4.4　二维实体单元等效节点荷载

前面章节中,在使用伽辽金加权残差法处理控制微分方程时,对于梁和杆,可以得到如式(5-78)所示的矩阵方程:

$$[\boldsymbol{k}_m]\{\boldsymbol{u}\} = \{\boldsymbol{f}\}$$

(5-78)

对于均布荷载存在水平均布荷载(图 5-19)和垂直均布荷载两种(图 5-20)情况。

(1)在水平均布荷载下,可以计算得到:

$$\{\boldsymbol{f}\} = F\int_0^L \begin{Bmatrix} N_1 \\ N_2 \end{Bmatrix} \mathrm{d}x = \frac{FL}{2}\begin{Bmatrix} 1 \\ 1 \end{Bmatrix}$$ (5-79)

(2)在垂直均布荷载下,可以计算得到:

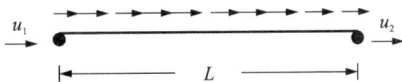

图 5-19　水平均布荷载

$$\{\boldsymbol{f}\} = q \int_0^L \left\{ \begin{array}{c} N_1 \\ N_2 \\ N_3 \\ N_4 \end{array} \right\} \mathrm{d}x = \frac{qL}{12} \left\{ \begin{array}{c} 6 \\ L \\ 6 \\ -L \end{array} \right\} \quad (5\text{-}80)$$

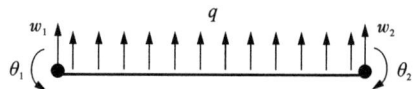
图 5-20　垂直均布荷载

若对于一个二维实体单元，例如对于一个受到体力 X 和 Y 的 4 节点四边形（图 5-21），可以得到如式（5-81）所示的矩阵方程。

$$[\boldsymbol{k}_m]\{\boldsymbol{u}\} = \{\boldsymbol{f}\} \quad (5\text{-}81)$$

其中，

$$\{\boldsymbol{f}\} = \left\{ \begin{array}{c} X \iint\limits_{\mathrm{area}} N_1 \mathrm{d}x\mathrm{d}y \\[2mm] Y \iint\limits_{\mathrm{area}} N_1 \mathrm{d}x\mathrm{d}y \\[2mm] X \iint\limits_{\mathrm{area}} N_2 \mathrm{d}x\mathrm{d}y \\[2mm] Y \iint\limits_{\mathrm{area}} N_2 \mathrm{d}x\mathrm{d}y \\[2mm] X \iint\limits_{\mathrm{area}} N_3 \mathrm{d}x\mathrm{d}y \\[2mm] Y \iint\limits_{\mathrm{area}} N_3 \mathrm{d}x\mathrm{d}y \\[2mm] X \iint\limits_{\mathrm{area}} N_4 \mathrm{d}x\mathrm{d}y \\[2mm] Y \iint\limits_{\mathrm{area}} N_4 \mathrm{d}x\mathrm{d}y \end{array} \right\}$$

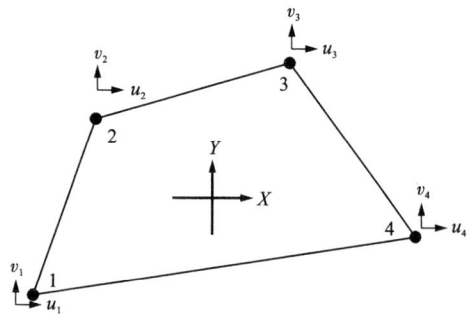
图 5-21　4 节点一般四边形单元

这些积分利用 5.4.3 节中介绍的方法在局部坐标空间中计算，例如：

$$X \iint\limits_{\mathrm{area}} N_i(x, y) \mathrm{d}x\mathrm{d}y \approx X \int_{-1}^{1} \int_{-1}^{1} N_i(\xi, \eta) J \mathrm{d}\xi \mathrm{d}\eta \quad (5\text{-}82)$$

从而可以得到如图 5-22 所示的等效节点荷载情况。

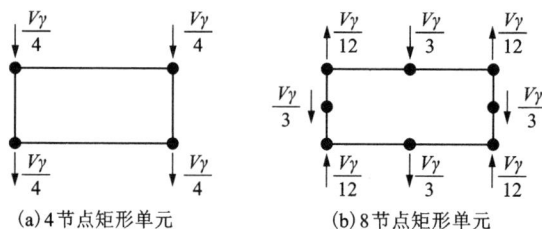

（a）4 节点矩形单元　　　　（b）8 节点矩形单元

图 5-22　矩形单元等效节点荷载

如图 5-23（a）所示，若该四边形单元所受的力为表面压力或张力，则积分需要在局部坐标（ξ，η）的一条线上（边 1~2 上）进行，如图 5-23（b）所示。最终得到：

$$\{f\}_{\text{local}} = \begin{Bmatrix} q\displaystyle\int_{-1}^{1} N_1(-1,\,\eta)\,\mathrm{d}\eta \\ 0 \\ q\displaystyle\int_{-1}^{1} N_2(-1,\,\eta)\,\mathrm{d}\eta \\ 0 \\ 0 \\ 0 \\ 0 \\ 0 \end{Bmatrix} = q \begin{Bmatrix} 1 \\ 0 \\ 1 \\ 0 \\ 0 \\ 0 \\ 0 \\ 0 \end{Bmatrix} \tag{5-83}$$

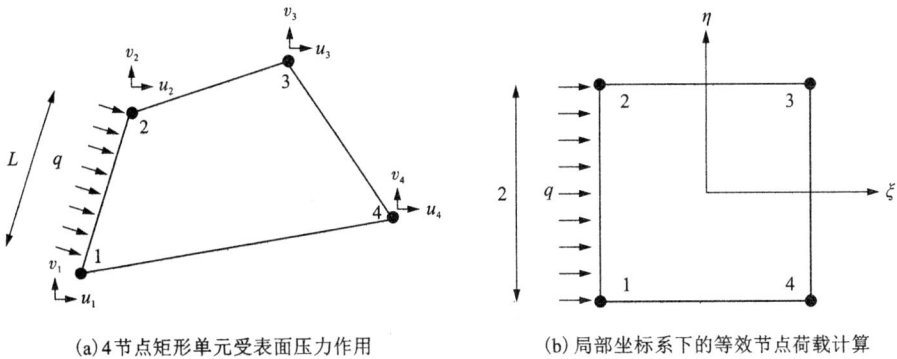

(a) 4 节点矩形单元受表面压力作用　　　(b) 局部坐标系下的等效节点荷载计算

图 5-23　4 节点一般四边形单元受表面压力时的等效节点荷载计算

最后通过力的缩放和分解得到全局力（图 5-24）：

$$\{f\}_{\text{global}} = \begin{Bmatrix} f_{x_1} \\ f_{x_2} \\ f_{y_1} \\ f_{y_2} \\ 0 \\ 0 \\ 0 \\ 0 \end{Bmatrix} = \frac{qL}{2} \begin{Bmatrix} \cos\theta \\ -\sin\theta \\ \cos\theta \\ -\sin\theta \\ 0 \\ 0 \\ 0 \\ 0 \end{Bmatrix} \tag{5-84}$$

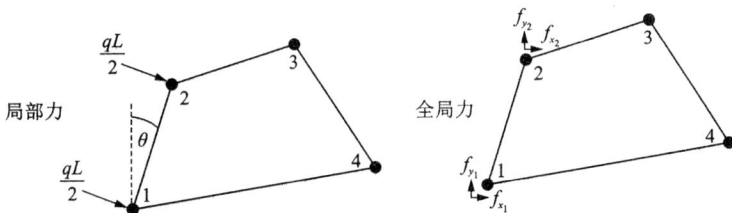

图 5-24　4 节点四边形单元局部力与全局力

若在一个八节点的四边形中，对于表面张力或压力，则积分需要在局部坐标(ξ, η)的一条线上进行，如图 5-25 所示，而均布荷载按角∶中∶角为 1∶4∶1 的比例分布，如图 5-26 所示。由此可得：

$$\{f_{\text{local}}\} = \left\{ \begin{array}{c} 0 \\ 0 \\ 0 \\ 0 \\ 0 \\ -q\int_{-1}^{1} N_3(\xi, 1)\mathrm{d}\xi \\ 0 \\ -q\int_{-1}^{1} N_4(\xi, 1)\mathrm{d}\xi \\ 0 \\ -q\int_{-1}^{1} N_5(\xi, 1)\mathrm{d}\xi \\ 0 \\ 0 \\ 0 \\ 0 \\ 0 \\ 0 \end{array} \right\} = -\frac{q}{3} \left\{ \begin{array}{c} 0 \\ 0 \\ 0 \\ 0 \\ 0 \\ 1 \\ 0 \\ 4 \\ 0 \\ 1 \\ 0 \\ 0 \\ 0 \\ 0 \\ 0 \\ 0 \end{array} \right\} \qquad (5\text{-}85)$$

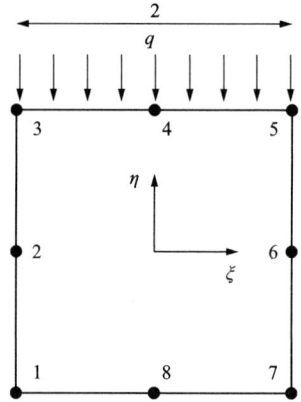

图 5-25 8 节点四边形单元在局部坐标系中等效节点荷载计算

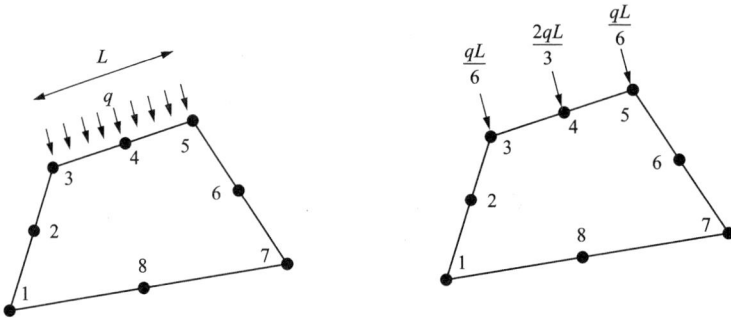

图 5-26 8 节点四边形均布荷载分布图

若此 8 节点四边形还受如图 5-27 所示的偏侧面荷载，则等效节点荷载的计算公式为：

$$F_1 = q\int_{\eta_1}^{\eta_2} N_1(-1, \eta)\mathrm{d}\eta$$

$$F_2 = q\int_{\eta_1}^{\eta_2} N_2(-1, \eta)\mathrm{d}\eta \qquad (5\text{-}86)$$

$$F_3 = q\int_{\eta_1}^{\eta_2} N_3(-1, \eta)\mathrm{d}\eta$$

计算可得：

$$F_1 = q\int_{\eta_1}^{\eta_2} N_1(-1,\eta)\,\mathrm{d}\eta = \frac{q}{12}\left[\eta_1^2(3-2\eta_1) - \eta_2^2(3-2\eta_2)\right]$$

$$F_2 = q\int_{\eta_1}^{\eta_2} N_2(-1,\eta)\,\mathrm{d}\eta = \frac{q}{3}\left[\eta_1(\eta_1^2-3) - \eta_2(\eta_2^2-3)\right] \tag{5-87}$$

$$F_3 = q\int_{\eta_1}^{\eta_2} N_3(-1,\eta)\,\mathrm{d}\eta = \frac{q}{12}\left[-\eta_1^2(3+2\eta_1) + \eta_2^2(3+2\eta_2)\right]$$

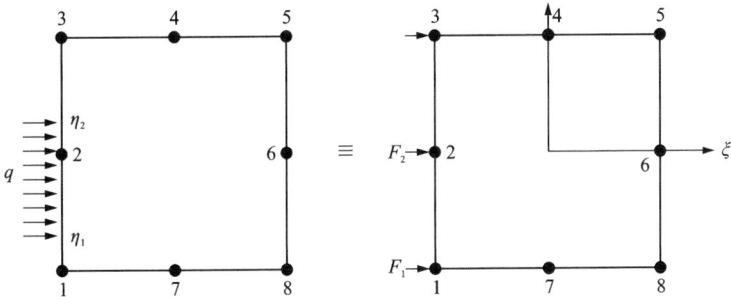

图 5-27　8 节点四边形受局部分布荷载作用图

5.4.5　二维平面问题的组装和求解

在获得单元刚度矩阵和单元等效节点荷载之后需在二维空间中将单元进行组合。如图 5-28 所示，假设每个节点有两个自由度。将节点按顺时针方向编号，得到对应单元的节点自由度局部编号，结果如图 5-29 所示。

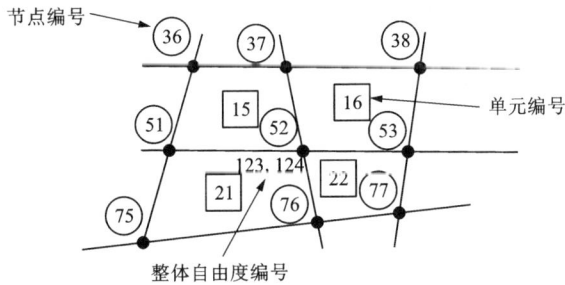

图 5-28　平面问题的二维实体单元组合

而后利用局部编号和整体编号的关系计算总体刚度，计算公式为：

$$K_{123,123} = k_{1,1}^{(16)} + k_{3,3}^{(22)} + k_{5,5}^{(21)} + k_{7,7}^{(15)}$$

$$K_{123,124} = k_{1,2}^{(16)} + k_{3,4}^{(22)} + k_{5,6}^{(21)} + k_{7,8}^{(15)} \tag{5-88}$$

$$K_{124,124} = k_{2,2}^{(16)} + k_{4,4}^{(22)} + k_{6,6}^{(21)} + k_{8,8}^{(15)}$$

最后由单元刚度矩阵与单元力的组合及引入的边界条件得到总体刚度关系：

$$[K_m]\{U\} = \{F\} \tag{5-89}$$

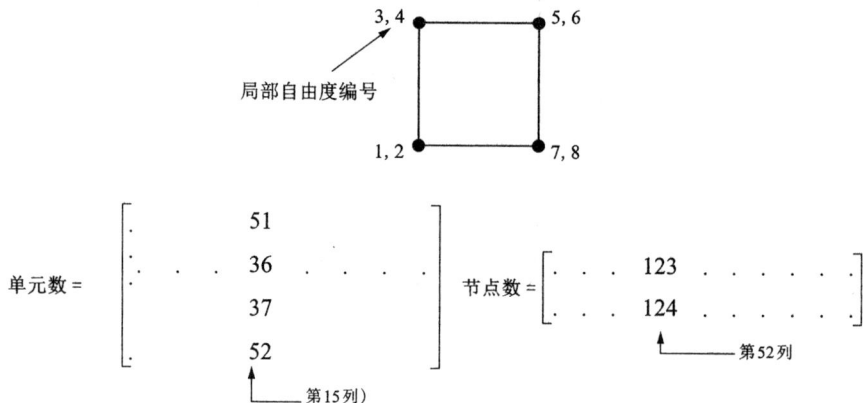

图 5-29 不同节点和单元的局部和整体编号

这些线性方程可以使用直接方法(如高斯消元法)或间接方法来求解节点位移。例如对于平面应变问题的 4 节点四边形,可以从全局位移 $\{U\}$ 中获得单元节点位移 $\{u\}$,从而计算得到单元应变和应力。

$$\{\pmb{\varepsilon}\} = [\pmb{B}]\{\pmb{u}\} \qquad\qquad (5\text{-}90)$$

$$\{\pmb{\sigma}\} = [\pmb{D}]\{\pmb{\varepsilon}\} \qquad\qquad (5\text{-}91)$$

本章习题

1. 建立弹性力学基本方程时,有哪些基本假设?

2. 构建弹性力学平面应变问题的控制方程需要哪些基本方程?其矩阵方程表达形式如何?

3. 平面应变分析和平面应力分析有什么区别?试各举一例,说明在什么情况下可以进行平面应变分析和平面应力分析。

4. 请列出平面应变问题在弹性力学范围内的三大基本方程,并据此推导出平面应变问题的控制微分方程。

5. 有限元求解过程中为什么要引入局部坐标系,其与整体坐标系是如何转换的?

6. 有限单元法中的单元刚度矩阵和总体刚度矩阵有什么区别和联系?在如图 5-30 所示的单元和节点编号中,总体刚度矩阵中的元素可由其相关联的单元刚度矩阵中的元素组装而成,以 123 和 124 号自由度为例,其总体刚度矩阵对应元素的组装表达式如何表示?

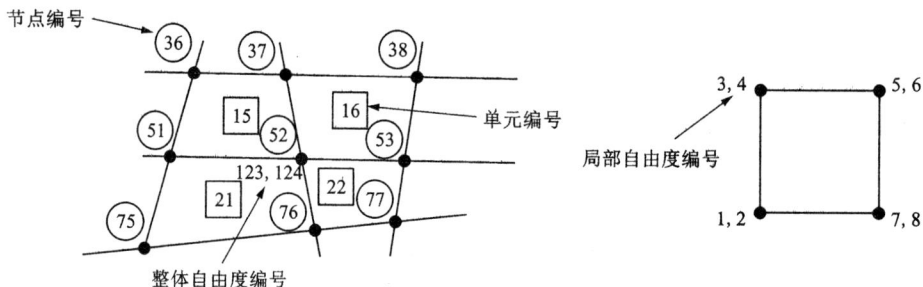

图 5-30 习题 6 图

7. 请利用帕斯卡三角形方法推导局部坐标系下四边形单元的形函数。

(1)6 节点四边形单元[图 5-31(a)]的 N_5 和 N_6。

(2)8 节点四边形单元[图 5-31(b)]的 N_4 和 N_7。

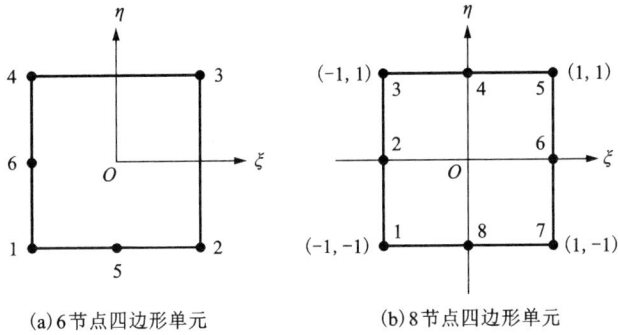

(a)6 节点四边形单元   (b)8 节点四边形单元

图 5-31 习题 7 图

8. 在如图 5-32 所示的 xOy 坐标系中有一矩形,请通过坐标变换的方式推导出它的几何中心坐标。

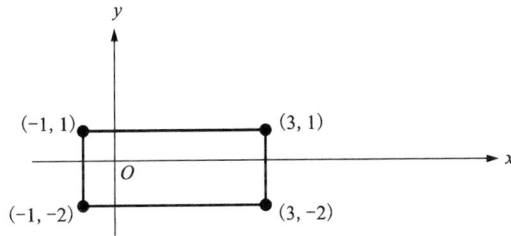

图 5-32 习题 8 图

第6章 三维实体空间问题

第5章介绍了弹性力学平面问题和轴对称问题的解法。但在实际工程中，大部分结构由于体形复杂，难以简化为平面问题或轴对称问题，必须按空间问题求解。对于空间问题，目前一般采用等参单元方法，本章简要介绍四面体和六面体等参单元。

6.1 概述

在实际工程中，大多数结构或弹性体形状复杂，3个方向的尺寸为同量级，物体的形状、尺寸和边界条件不具备某种特殊性，不能同第5章一样，简化为平面问题或轴对称问题，必须按空间(三维)问题求解。用有限单元法分析空间问题与分析平面(二维)问题相似，只需将平面问题的分析方法稍加变更即可推广用于分析空间问题。在有限单元法中，分析三维问题与分析二维问题的主要区别在于有限元模型的构建和求解方法不同。在三维问题中，需要建立三维有限元模型，即在3个坐标轴方向上离散化结构或弹性体，将其分割成有限个小体积单元，并在每个单元内插值使其近似原问题。

空间问题模型的节点数量大增，同时每个节点的自由度由平面问题的2个增至3个，使得有限元方程的阶次急剧膨胀。三维有限元模型离散化不直观，人工划分网格比较困难，容易产生错误，这些都给应用有限单元法分析空间问题带来不便。为了提高有限元计算效率，可以从两个方面采取措施。

(1)充分利用结构的对称性、相似性或重复性，简化结构的计算简图，降低总未知量的个数。

(2)采用高效率、高精度的空间单元，在不扩大计算规模的情况下，在较短的计算时间内，获得精度适宜的解答。

常用的空间单元类型有四面体、五面体或六面体等，如含内节点的二次四面体单元，20个节点的六面体单元等。

6.2 四面体单元

空间问题的位移分量为

$$f = \{ u \quad v \quad w \}^{\mathrm{T}} \tag{6-1}$$

应变分量和应力分量分别为

$$\boldsymbol{\varepsilon} = \{ \varepsilon_x \quad \varepsilon_y \quad \varepsilon_z \quad \gamma_{xy} \quad \gamma_{yz} \quad \gamma_{zx} \}^{\mathrm{T}} \tag{6-2}$$

$$\boldsymbol{\sigma} = \{ \sigma_x \quad \sigma_y \quad \sigma_z \quad \tau_{xy} \quad \tau_{yz} \quad \tau_{zx} \}^{\mathrm{T}} \tag{6-3}$$

对于空间问题，最简单且常用的单元是四面体单元。图6-1表示一个四面体单元，它以4个角点 i、j、m、p 作为节点，每个节点有3个位移分量 $f = \{ u \quad v \quad w \}^{\mathrm{T}}$，则一个单元共有12

个自由度，四面体单元的节点位移矢量为

$$\boldsymbol{\delta}_e = \left\{ u_i \quad v_i \quad w_i \quad \cdots \quad u_p \quad v_p \quad w_p \right\}^{\mathrm{T}} \tag{6-4}$$

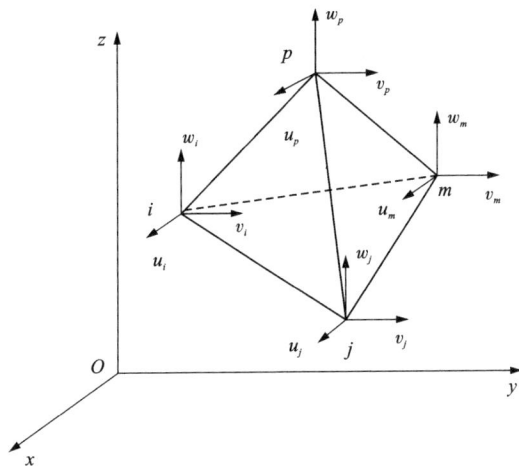

图 6-1　四面体单元

1. 单元位移函数(试函数)

与平面三角形单元类似，四面体单元内任意一点的位移都可以由 4 个节点位移来确定。设单元内一点的位移为

$$\widetilde{u} = \alpha_1 + \alpha_2 x + \alpha_3 y + \alpha_4 z$$

$$\widetilde{v} = \beta_1 + \beta_2 x + \beta_3 y + \beta_4 z \tag{6-5}$$

$$\widetilde{w} = \gamma_1 + \gamma_2 x + \gamma_3 y + \gamma_4 z$$

其中，α_1，α_2，$\cdots$，γ_4 均为待定系数。

采用类似平面问题确定系数的方法，确定各个系数后，单元位移模式(试解)表示为

$$\widetilde{u} = N_i u_i + N_j u_j + N_m u_m + N_p u_p$$

$$\widetilde{v} = N_i v_i + N_j v_j + N_m v_m + N_p v_p \tag{6-6}$$

$$\widetilde{w} = N_i w_i + N_j w_j + N_m w_m + N_p w_p$$

也可以表示为通式

$$\boldsymbol{f} = \boldsymbol{N}\boldsymbol{\delta}_e \tag{6-7}$$

其中，$\boldsymbol{N}$ 为形函数矩阵：

$$\boldsymbol{N} = \begin{bmatrix} N_i & 0 & 0 & N_j & 0 & 0 & N_m & 0 & 0 & N_p & 0 & 0 \\ 0 & N_i & 0 & 0 & N_j & 0 & 0 & N_m & 0 & 0 & N_p & 0 \\ 0 & 0 & N_i & 0 & 0 & N_j & 0 & 0 & N_m & 0 & 0 & N_p \end{bmatrix} \tag{6-8}$$

通常表示为

$$\boldsymbol{N} = \begin{bmatrix} N_i \boldsymbol{I} & N_j \boldsymbol{I} & N_m \boldsymbol{I} & N_p \boldsymbol{I} \end{bmatrix} \tag{6-9}$$

这里，$\boldsymbol{I}$ 为 3 阶单位阵，即

$$I = \begin{bmatrix} 1 & 0 & 0 \\ 0 & 1 & 0 \\ 0 & 0 & 1 \end{bmatrix} \tag{6-10}$$

四面体单元形函数可以表示为：

$$N_i = \frac{1}{6V}(a_i + b_i x + c_i y + d_i z) \quad (i = i, j, m, p) \tag{6-11}$$

式中，V 为四面体单元的体积；a_i，b_i，c_i，$d_i(i = i, j, m, p)$ 为常量。

四面体单元的体积计算公式为：

$$V = \frac{1}{6} \begin{vmatrix} 1 & x_i & y_i & z_i \\ 1 & x_j & y_j & z_j \\ 1 & x_m & y_m & z_m \\ 1 & x_p & y_p & z_p \end{vmatrix} \tag{6-12}$$

为使体积 V 不为负值，单元的 4 个节点编码 i, j, m, p 应按一定规则编排，要求在 x、y、z 坐标系内符合右手法则，即从最后一个节点 p 看去，前 3 个节点 $i \rightarrow j \rightarrow m$ 的顺序应为逆时针顺序。若编号任意编排时，则需将式(6-12)中的 V 改为 $|V|$。

为了方便计算系数 a_i，b_i，c_i，$d_i(i = i, j, m, p)$，将这些系数按一定顺序排列，组成如式(6-13)所示的行列式(符号为 XS)，且与四面体单元的体积行列式进行对比，有

$$XS = \begin{vmatrix} a_i & b_i & c_i & d_i \\ a_j & b_j & c_j & d_j \\ a_m & b_m & c_m & d_m \\ a_p & b_p & c_p & d_p \end{vmatrix} \rightarrow 6V = \begin{vmatrix} 1 & x_i & y_i & z_i \\ 1 & x_j & y_j & z_j \\ 1 & x_m & y_m & z_m \\ 1 & x_p & y_p & z_p \end{vmatrix} \tag{6-13}$$

借用式(6-13)，将左边行列式 XS 中的各个元素与右边 $6V$ 中的元素建立起位置上的对应关系，这样可用 $6V$ 来描述系数 a_i，b_i，c_i，$d_i(i = i, j, m, p)$，即 XS 中的任何一个元素等于 $6V$ 行列式中对应位置元素的代数余子式。具体表达式为

$$a_i = (-1)^{i+1} \begin{vmatrix} x_j & y_j & z_j \\ x_m & y_m & z_m \\ x_p & y_p & z_p \end{vmatrix}$$

$$b_i = (-1)^{i} \begin{vmatrix} 1 & y_j & z_j \\ 1 & y_m & z_m \\ 1 & y_p & z_p \end{vmatrix}$$

$$\quad (i = i, j, m, p) \tag{6-14}$$

$$c_i = (-1)^{i+1} \begin{vmatrix} 1 & x_j & z_j \\ 1 & x_m & z_m \\ 1 & x_p & z_p \end{vmatrix}$$

$$d_i = (-1)^{i} \begin{vmatrix} 1 & x_j & y_j \\ 1 & x_m & y_m \\ 1 & x_p & y_p \end{vmatrix}$$

按顺序替换下标，计算各个代数余子式，但确定符号时 i, j, m, p 分别按 1，2，3，4 取

值。关于系数 a_i，b_i，c_i，d_i 的计算式，有些教材采用不同的表示方法，会引起个别系数符号不同，导致后面个别表达式将有所不同，但本质上是相同的。本书采用代数余子式，确定系数时已经引入相应正负号，更具有一般性，可将平面问题的公式推广到空间问题。

类似于平面三角形面积坐标，三维四面体的体积坐标亦存在积分公式：

$$\iiint_i^a L_j^b L_m^c L_p^d \mathrm{d}x\mathrm{d}y\mathrm{d}z = 6V \frac{a!\ b!\ c!\ d!}{(a+b+c+d+3)!} \tag{6-15}$$

四面体单元的形函数与体积坐标具有相同的形式，式(6-15)适用于四面体单元形函数的积分运算。

2. 单元应变矩阵

1) 单元上的应变

单元的应变分量与单元节点位移矢量的关系通式为：

$$\boldsymbol{\varepsilon} = \boldsymbol{B}\boldsymbol{\delta}_e \tag{6-16}$$

应变矩阵 $\boldsymbol{B}$ 可写成分块形式：

$$\boldsymbol{B} = \begin{bmatrix} \boldsymbol{B}_i & \boldsymbol{B}_j & \boldsymbol{B}_m & \boldsymbol{B}_p \end{bmatrix} \tag{6-17}$$

空间问题应变矩阵的子矩阵为：

$$\boldsymbol{B}_i = \begin{bmatrix} \dfrac{\partial N_i}{\partial x} & 0 & 0 \\[2mm] 0 & \dfrac{\partial N_i}{\partial y} & 0 \\[2mm] 0 & 0 & \dfrac{\partial N_i}{\partial z} \\[2mm] \dfrac{\partial N_i}{\partial y} & \dfrac{\partial N_i}{\partial x} & 0 \\[2mm] 0 & \dfrac{\partial N_i}{\partial z} & \dfrac{\partial N_i}{\partial y} \\[2mm] \dfrac{\partial N_i}{\partial z} & 0 & \dfrac{\partial N_i}{\partial x} \end{bmatrix} \quad (i=i,\,j,\,m,\,p) \tag{6-18}$$

形函数为式(6-11)形式的四面体单元，其应变子矩阵为：

$$\boldsymbol{B}_i = \frac{1}{6V} \begin{bmatrix} b_i & 0 & 0 \\ 0 & c_i & 0 \\ 0 & 0 & d_i \\ c_i & b_i & 0 \\ 0 & d_i & c_i \\ d_i & 0 & b_i \end{bmatrix} \quad (i=i,\,j,\,m,\,p) \tag{6-19}$$

由式(6-19)可知，四面体单元应变矩阵 $\boldsymbol{B}$ 中的元素都是常量，单元内应变是常量，因此位移模式为式(6-6)形式的四面体单元是空间问题的常应变单元。

2) 单元上的应力

根据物理方程，应力与应变的关系为

$$\boldsymbol{\sigma} = \boldsymbol{D\varepsilon} \qquad (6-20)$$

其中, $\boldsymbol{D}$ 为空间问题的弹性矩阵:

$$\boldsymbol{D} = \frac{E}{(1+\mu)(1-2\mu)} \begin{bmatrix} 1-\mu & \mu & \mu & 0 & 0 & 0 \\ \mu & 1-\mu & \mu & 0 & 0 & 0 \\ \mu & \mu & 1-\mu & 0 & 0 & 0 \\ 0 & 0 & 0 & \frac{1-2\mu}{2} & 0 & 0 \\ 0 & 0 & 0 & 0 & \frac{1-2\mu}{2} & 0 \\ 0 & 0 & 0 & 0 & 0 & \frac{1-2\mu}{2} \end{bmatrix} \qquad (6-21)$$

单元中应力与单元节点位移矢量的关系为

$$\boldsymbol{\sigma} = \boldsymbol{DB\delta}_e = \boldsymbol{S\delta}_e \qquad (6-22)$$

其中, $\boldsymbol{S}$ 为应力矩阵。可见, 单元中的应力分量也是常量。

$$\boldsymbol{S}_i = \boldsymbol{DB}_i = \frac{E(1-\mu)}{6V(1+\mu)(1-2\mu)} \begin{bmatrix} b_i & A_1c_i & A_1b_i \\ A_1b_i & c_i & A_1d_i \\ A_1b_i & A_1c_i & d_i \\ A_2c_i & A_2b_i & 0 \\ 0 & A_2d_i & A_2c_i \\ A_2d_i & 0 & A_2b_i \end{bmatrix} \quad (i=i,\ j,\ m,\ p) \qquad (6-23)$$

其中: $A_1 = \dfrac{\mu}{1-\mu}$; $A_2 = \dfrac{1-2\mu}{2(1-\mu)}$。

3) 单元刚度矩阵

空间问题的单元刚度矩阵为

$$[\boldsymbol{k}_m] = \iiint_V \boldsymbol{B}^{\mathrm{T}} \boldsymbol{DB} \mathrm{d}x\mathrm{d}y\mathrm{d}z \qquad (6-24)$$

常应变四面体单元的 $\boldsymbol{B}$ 及 $\boldsymbol{D}$ 中的元素都是常量, 而 $\iiint_V \mathrm{d}x\mathrm{d}y\mathrm{d}z = V$, 则常应变四面体单元的刚度矩阵为

$$[\boldsymbol{k}_m] = V\boldsymbol{B}^{\mathrm{T}} \boldsymbol{DB} \qquad (6-25)$$

按节点将单元刚度矩阵表示成分块的形式:

$$[\boldsymbol{k}_m] = \begin{bmatrix} \boldsymbol{k}_{ii} & \boldsymbol{k}_{ij} & \boldsymbol{k}_{im} & \boldsymbol{k}_{ip} \\ \boldsymbol{k}_{ji} & \boldsymbol{k}_{jj} & \boldsymbol{k}_{jm} & \boldsymbol{k}_{jp} \\ \boldsymbol{k}_{mi} & \boldsymbol{k}_{mj} & \boldsymbol{k}_{mm} & \boldsymbol{k}_{mp} \\ \boldsymbol{k}_{pi} & \boldsymbol{k}_{pj} & \boldsymbol{k}_{pm} & \boldsymbol{k}_{pp} \end{bmatrix} \qquad (6-26)$$

其中, 任意一个子块 $\boldsymbol{k}_{\mathrm{rs}}(r,\ s=i,\ j,\ m,\ p)$ 均为 4×4 阶矩阵。

单元刚度矩阵组装总体刚度矩阵的方法, 与平面三角形单元的组装步骤几乎相同, 即将每个单元的刚度矩阵按每个子块节点的实际编号逐个累加到总体刚度矩阵中。

3. 等效节点荷载

空间问题的外荷载有体积力、表面力、集中力三种形式。集中力通常作为节点荷载直接累加到总荷载矢量之中。

1) 体积力的等效节点荷载

设在单元内存在体积力分量为 $p = \{X \quad Y \quad Z\}^T$，则等效节点荷载为

$$F_e = \iint N^T p \, dx dy dz \tag{6-27}$$

若体积力是常数，则等效节点力为

$$F_{ie} = \begin{Bmatrix} F_{ix} \\ F_{iy} \\ F_{iz} \end{Bmatrix} = \frac{V}{4} \begin{Bmatrix} X \\ Y \\ Z \end{Bmatrix} \quad (i = i, j, m, p) \tag{6-28}$$

式(6-28)说明，当体积力是常数时，先求出各方向的体积力合力，再平均分配到单元的 4 个节点上。即常体积力的单元等效节点荷载为平均分配。

2) 表面力的等效节点荷载

设单元的某一边界面上有表面力 $\bar{p} = \{\bar{X} \quad \bar{Y} \quad \bar{Z}\}^T$，面力等效节点荷载为

$$\bar{P}_e = \iint_A N^T p \, dA \tag{6-29}$$

式中，A 为存在表面力的边界面的面积。

如果在四面体单元中(图6-1)，以节点 i、j、m 组成的三角形面作为边界面，其上作用有呈线性分布的面力，在各节点处的集度分别为 $\bar{p} = \{\bar{X} \quad \bar{Y} \quad \bar{Z}\}^T$，则边界面上任意一点面力的集度为

$$\bar{p} = N_i \bar{p}_i + N_j \bar{p}_j + N_m \bar{p}_m \tag{6-30}$$

将式(6-30)代入式(6-29)，经过积分，等效节点荷载为

$$\bar{P}_{ie} = \begin{Bmatrix} \bar{P}_{ix} \\ \bar{P}_{iy} \\ \bar{P}_{iz} \end{Bmatrix} = \frac{A_{ijm}}{12} \begin{Bmatrix} 2\bar{X}_i + \bar{X}_j + \bar{X}_m \\ 2\bar{Y}_i + \bar{Y}_j + \bar{Y}_m \\ 2\bar{Z}_i + \bar{Z}_j + \bar{Z}_m \end{Bmatrix} \quad (i = i, j, m) \tag{6-31}$$

式中，A_{ijm} 为边界面三角形 ijm 的面积。第 4 个节点上无面力等效荷载作用。

6.3　六面体等参单元

线性四面体单元是常应变单元，计算精度差，不能很好地处理弯曲边界，它还有另外一个缺点，就是单元划分比较复杂，无法采用人工方法完成对复杂三维实体的单元划分。如果采用六面体单元，则实现网格划分相对容易，且能提高有限单元法的计算精度。长方体单元适应边界的能力更差，而使用任意六面体单元划分的单元则大小分级方便，更适应复杂的曲面边界，通过等参变换将任意六面体用正六面体表达，能够满足收敛性要求。空间问题等参单元与平面问题等参单元的基本概念是相同的，都是将形状规则的基本单元(母元)映射为形状不规则的单元(子元)。空间问题常用的是六面体等参单元，而六面体等参单元又有 8 节点和 20 节点之分。8 节点单元是直面直棱的六面体，而 20 节点单元则是曲面曲棱的六面体，

可以用于描述形状复杂的三维结构。

1. 坐标变换

如图 6-2 所示，棱长为 2 的正方体单元与直角坐标系下任意 8 节点六面体单元的坐标映射关系可假设为

$$
\begin{aligned}
x &= \alpha_1 + \alpha_2\xi + \alpha_3\eta + \alpha_4\zeta + \alpha_5\xi\eta + \alpha_6\eta\zeta + \alpha_7\zeta\xi + \alpha_8\xi\eta\zeta \\
y &= \beta_1 + \beta_2\xi + \beta_3\eta + \beta_4\zeta + \beta_5\xi\eta + \beta_6\eta\zeta + \beta_7\zeta\xi + \beta_8\xi\eta\zeta \\
z &= \gamma_1 + \gamma_2\xi + \gamma_3\eta + \gamma_4\zeta + \gamma_5\xi\eta + \gamma_6\eta\zeta + \gamma_7\zeta\xi + \gamma_8\xi\eta\zeta
\end{aligned}
\tag{6-32}
$$

式中，α_i，β_i，$\gamma_i (i=1, 2, \cdots, 8)$ 为系数，共 24 个，可由直角坐标系下 8 个节点坐标 x_i，y_i，z_i $(i=1, 2, \cdots, 8)$ 来确定。整理后，得到坐标的映射关系为

$$
\begin{aligned}
x &= \sum_{i=1}^{8} N_i(\xi, \eta, \zeta) x_i \\
y &= \sum_{i=1}^{8} N_i(\xi, \eta, \zeta) y_i \\
z &= \sum_{i=1}^{8} N_i(\xi, \eta, \zeta) z_i
\end{aligned}
\tag{6-33}
$$

其中，N_i 为形函数：

$$
N_i(\xi, \eta, \zeta) = \frac{1}{8}(1 + \xi_i\xi)(1 + \eta_i\eta)(1 + \zeta_i\zeta) \quad (i=1, 2, \cdots, 8)
\tag{6-34}
$$

这里的 ξ_i、η_i、$\zeta_i (i=1, 2, \cdots, 8)$ 是量纲为 1 的坐标系下正方体单元的节点坐标，其数值为 ±1，符号由节点所在局部坐标系的象限决定。

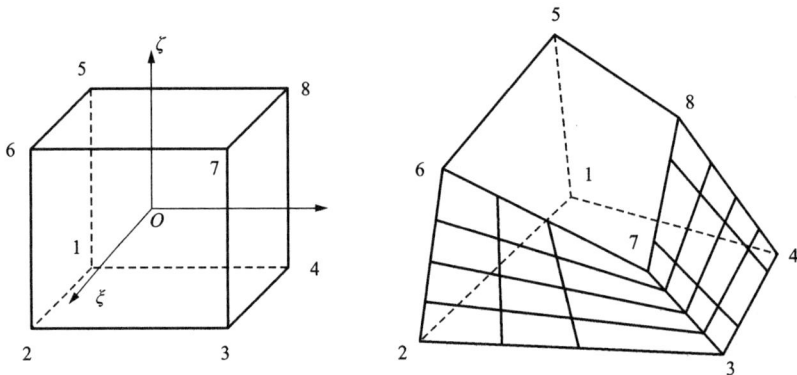

图 6-2 六面体单元

2. 位移模式（试函数）

空间问题等参单元是在直角坐标系下定义位移分量的，每个节点有 3 个位移分量，即 $\boldsymbol{f}_i^{\mathrm{T}} = \{u_i v_i w_i\}^{\mathrm{T}} (i=1, 2, \cdots, 8)$。8 节点六面体单元共有 24 个自由度，单元的节点位移矢量为

$$
\boldsymbol{\delta}_e = \{\boldsymbol{f}_1^{\mathrm{T}} \quad \boldsymbol{f}_2^{\mathrm{T}} \quad \cdots \quad \boldsymbol{f}_8^{\mathrm{T}}\}^{\mathrm{T}}
\tag{6-35}
$$

在母单元内构造的等参单元的位移模式（试解）为

$$\widetilde{u} = \sum_{i=1}^{8} N_i(\xi,\ \eta,\ \zeta) u_i$$

$$\widetilde{v} = \sum_{i=1}^{8} N_i(\xi,\ \eta,\ \zeta) v_i \qquad (6\text{-}36)$$

$$\widetilde{w} = \sum_{i=1}^{8} N_i(\xi,\ \eta,\ \zeta) w_i$$

写成矩阵的形式为

$$\boldsymbol{f} = \boldsymbol{N}\boldsymbol{\delta}_e \qquad (6\text{-}37)$$

其中，$\boldsymbol{N}$ 为形函数，也可以用矩阵形式表达，则形函数矩阵为

$$\boldsymbol{N} = \begin{bmatrix} N_1 \boldsymbol{I} & N_2 \boldsymbol{I} & \cdots & N_8 \boldsymbol{I} \end{bmatrix} \qquad (6\text{-}38)$$

这里，$\boldsymbol{I}$ 为 3 阶单位矩阵。

3. 单元应变矩阵和单元刚度矩阵

8 节点六面体等参单元的应变分量与单元节点位移矢量的关系如式(6-16)所示，即 $\boldsymbol{\varepsilon} = \boldsymbol{B}\boldsymbol{\delta}_e$。应变矩阵 $\boldsymbol{B} = \begin{bmatrix} \boldsymbol{B}_1 & \boldsymbol{B}_2 & \cdots & \boldsymbol{B}_8 \end{bmatrix}$，每个子矩阵 $\boldsymbol{B}_i (i=1, 2, \cdots, 8)$ 均满足式(6-18)。但由于形函数式(6-38)不是 x、y、z 的显式表达式，所以需要引进空间问题的雅可比矩阵：

$$\boldsymbol{J} = \begin{bmatrix} \dfrac{\partial x}{\partial \xi} & \dfrac{\partial y}{\partial \xi} & \dfrac{\partial z}{\partial \xi} \\[2mm] \dfrac{\partial x}{\partial \eta} & \dfrac{\partial y}{\partial \eta} & \dfrac{\partial z}{\partial \eta} \\[2mm] \dfrac{\partial x}{\partial \zeta} & \dfrac{\partial y}{\partial \zeta} & \dfrac{\partial z}{\partial \zeta} \end{bmatrix} \qquad (6\text{-}39)$$

雅可比矩阵可由式(6-40)计算

$$\boldsymbol{J} = \begin{bmatrix} \displaystyle\sum_{i=1}^{8} \dfrac{\partial N_i}{\partial \xi} x_i & \displaystyle\sum_{i=1}^{8} \dfrac{\partial N_i}{\partial \xi} y_i & \displaystyle\sum_{i=1}^{8} \dfrac{\partial N_i}{\partial \xi} z_i \\[3mm] \displaystyle\sum_{i=1}^{8} \dfrac{\partial N_i}{\partial \eta} x_i & \displaystyle\sum_{i=1}^{8} \dfrac{\partial N_i}{\partial \eta} y_i & \displaystyle\sum_{i=1}^{8} \dfrac{\partial N_i}{\partial \zeta} z_i \\[3mm] \displaystyle\sum_{i=1}^{8} \dfrac{\partial N_i}{\partial \zeta} x_i & \displaystyle\sum_{i=1}^{8} \dfrac{\partial N_i}{\partial \zeta} y_i & \displaystyle\sum_{i=1}^{8} \dfrac{\partial N}{\partial \zeta} z_i \end{bmatrix} = \begin{bmatrix} \dfrac{\partial N_1}{\partial \xi} & \dfrac{\partial N_2}{\partial \xi} & \cdots & \dfrac{\partial N_8}{\partial \xi} \\[3mm] \dfrac{\partial N_1}{\partial \eta} & \dfrac{\partial N_2}{\partial \eta} & \cdots & \dfrac{\partial N_8}{\partial \eta} \\[3mm] \dfrac{\partial N_1}{\partial \zeta} & \dfrac{\partial N_2}{\partial \zeta} & \cdots & \dfrac{\partial N_8}{\partial \zeta} \end{bmatrix} \begin{bmatrix} x_1 & y_1 & z_1 \\ x_2 & y_2 & z_2 \\ \vdots & \vdots & \vdots \\ x_8 & y_8 & z_8 \end{bmatrix}$$

$$(6\text{-}40)$$

形函数对量纲为 1 的坐标的偏导数为

$$\begin{Bmatrix} \dfrac{\partial N_i}{\partial \xi} \\[2mm] \dfrac{\partial N_i}{\partial \boldsymbol{\eta}} \\[2mm] \dfrac{\partial N_i}{\partial \zeta} \end{Bmatrix} = \frac{1}{8} \begin{Bmatrix} \xi_i(1+\eta_i\eta)(1+\zeta_i\zeta) \\[2mm] \eta_i(1+\xi_i\xi)(1+\zeta_i\zeta) \\[2mm] \zeta_i(1+\xi_i\xi)(1+\eta_i\eta) \end{Bmatrix} \quad (i=1, 2, \cdots, 8) \qquad (6\text{-}41)$$

形函数对整体坐标的偏导数为

$$\begin{Bmatrix} \dfrac{\partial N_i}{\partial x} \\[2mm] \dfrac{\partial N_i}{\partial y} \\[2mm] \dfrac{\partial N_i}{\partial z} \end{Bmatrix} = \boldsymbol{J}^{-1} \begin{Bmatrix} \dfrac{\partial N_i}{\partial \xi} \\[2mm] \dfrac{\partial N_i}{\partial \eta} \\[2mm] \dfrac{\partial N_i}{\partial \zeta} \end{Bmatrix} \quad (i = 1,\ 2,\ \cdots,\ 8) \tag{6-42}$$

在母单元积分区域内三重定积分，得空间问题的单元刚度矩阵为

$$[\boldsymbol{k}_m] = \int_{-1}^{1} \int_{-1}^{1} \int_{-1}^{1} \boldsymbol{B}^{\mathrm{T}} \boldsymbol{D} \boldsymbol{B} \, |\boldsymbol{J}| \, \mathrm{d}\xi \mathrm{d}\eta \mathrm{d}\zeta \tag{6-43}$$

式中，$|\boldsymbol{J}|$ 为空间问题的雅可比行列式。

计算单元刚度矩阵式(6-43)时，可采用 2×2×2 阶或 3×3×3 阶的三维高斯积分。

4. 等效节点荷载

1) 体积力

对式(6-35)中的直角坐标系积分元进行调整，8 节点六面体等参单元的体积力等效节点荷载为

$$F_e = \int_{-1}^{1} \int_{-1}^{1} \int_{-1}^{1} N^{\mathrm{T}} p \, |\boldsymbol{J}| \, \mathrm{d}\xi \mathrm{d}\eta \mathrm{d}\zeta \tag{6-44}$$

采用高斯积分计算体积力等效节点荷载。体积力等效节点荷载在单元每个节点上均有荷载分量，即 $F_{ie} = \{ F_{ix} \quad F_{iy} \quad F_{iz} \}^{\mathrm{T}}$，$(i = 1,\ 2,\ \cdots,\ 8)$。

2) 表面力

表面力只作用在边界单元的边界面上。为方便起见，不妨设在 $\xi = 1$ 的面上受到表面力作用，其分量为 $\overline{p} = \{ \overline{X} \quad \overline{Y} \quad \overline{Z} \}^{\mathrm{T}}$。

在 $\xi = 1$ 的面上，形函数式(6-8c)只与 η 和 ζ 有关，即

$$N_i(1,\ \eta,\ \zeta) = \frac{1}{4}(1 + \eta_i \eta)(1 + \zeta_i \zeta) \quad (i = 2,\ 3,\ 6,\ 7)$$
$$N_j = 0 \quad (j = 1,\ 4,\ 5,\ 8) \tag{6-45}$$

计算六面体等参单元的面力等效节点荷载时，需要将边界面积微元 dA 用量纲为 1 的坐标表示。经推导，当 $\xi = 1$ 的面上受到表面力作用时，量纲为 1 的坐标系下六面体等参单元等效节点荷载计算公式为

$$\overline{F}_e = \int_{-1}^{1} \int_{-1}^{1} N^{\mathrm{T}} p \sqrt{FG - H^2} \, \mathrm{d}\eta \mathrm{d}\zeta \tag{6-46}$$

式中，

$$F = \left(\frac{\partial x}{\partial \eta}\right)^2 + \left(\frac{\partial y}{\partial \eta}\right)^2 + \left(\frac{\partial z}{\partial \eta}\right)^2 ;\ G = \left(\frac{\partial x}{\partial \zeta}\right)^2 + \left(\frac{\partial y}{\partial \zeta}\right)^2 + \left(\frac{\partial z}{\partial \zeta}\right)^2 ;\ H = \frac{\partial x}{\partial \eta}\frac{\partial x}{\partial \zeta} + \frac{\partial y}{\partial \eta}\frac{\partial y}{\partial \zeta} + \frac{\partial z}{\partial \eta}\frac{\partial z}{\partial \zeta}$$
$$\tag{6-47}$$

由于不在 $\xi = 1$ 面上的节点的形函数为零，因此只有边界面上的 4 个节点(2, 3, 6, 7)存在表面力等效节点荷载分量，其余节点(1, 4, 5, 8)的面力等效节点荷载为零。

本章习题

1. 简要回答"高阶单元"的具体含义。(高阶中的"高"是相对什么而言的?)

2. 各向同性材料有几个独立材料参数?

3. 平面应力/应变的二维单元采用 6 节点的六边形单元, 和 B 的矩阵维数大小各是多少?

4. 四面体单元和六面体等参单元在有限元分析中的主要优点是什么? 它们在哪些情况下特别有用?

5. 如何计算一个四面体单元的刚度矩阵? 请列出所有必要的公式和步骤。

6. 一个具有 4 个节点的三维四面体单元的自由度是多少? 如果每个节点都有 3 个自由度(即 x、y、z 方向的位移), 则整个单元的自由度矩阵是什么?

7. 如何计算一个六面体等参单元的应力? 请列出所有必要的公式和步骤。

第7章　有限单元法中的非线性问题

7.1　非线性问题简介

非线性问题是相对线弹性问题而言的,因此要了解非线性问题,我们首先要知道线弹性问题的如下特点:

(1)平衡方程是不依赖于变形状态的。

(2)几何方程中的应变位移关系是线性的。

(3)物理方程中的应力应变关系是线性的。

(4)力边界上的外力和位移边界上的位移是独立或线性依赖于变形状态的。

三类方程及两类边界条件中任何一个不符合上述条件,则问题就是非线性的。依据方程和边界条件的具体特点,非线性问题在固体力学中主要有如下 4 种非线性类型,如图 7-1 所示。

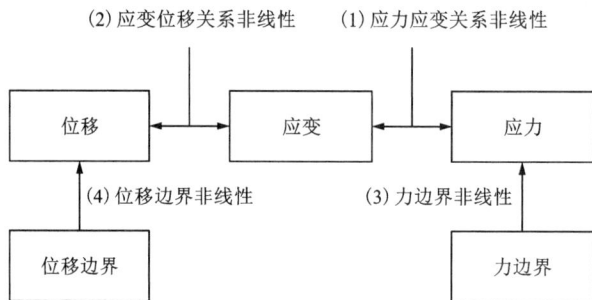

图 7-1　非线性问题分类

下面分别针对这四种非线性问题进行介绍。

1.材料非线性

物理方程中的应力-应变关系不再是线性的,出现塑性和蠕变等变形特征。则表征材料的本构方程就是非线性的,即 $\sigma=D\varepsilon$ 中的 D 不再是常数矩阵,而是一个函数矩阵。

2.几何非线性

几何方程中的应变-位移关系不再是线性的,包括高阶项,导致非线性关系。对大位移问题,平衡方程必须建立在变形后的结构状态,以便考虑变形对平衡的影响。应变表达式中必须包含位移的二次项。在讨论线性弹性力学问题时,均隐含一个假设:结构在外荷载作用下产生的位移及应变都是很小的。因而,在建立结构或微元体的平衡条件时,可以不考虑物体位置和形态的变化,也就是用变形前的状态建立平衡条件。同时还认为应变与变形之间存在线性关系。因此,在线性有限元计算中,仍假定结构加载过程中单元的几何形态基本不变。这实质上是一种线性近似,它的近似包含了两个方面:①应变与位移之间做了线性化处理,而忽略高阶应变的小量,即 $e = Bu$,其中 B 为线性应变矩阵;②把平衡方程的坐标系建立在平衡前初始坐标系上,即将结构变形后平衡状态用变形前初始结构平衡状态不做任何修正地加以描述,这就是所谓小变形假设的近似处理。对上述第一个近似线性化处理撤销,即将 B 矩阵由线性矩阵转变为包含高阶微量的非线性矩阵 B,这就是习惯上所谓几何小变形非线性问题。另一类几何非线性问题是指有限变形(或大应变)问题,其变形过程不能直接用初始状态(未受力的状态)加以描述,且平衡状态的几何位置还是未知的。

3. 力非线性

力的大小及方向随变形而改变导致的非线性。

4. 运动非线性

位移边界条件随结构变形而变化导致的非线性,接触非线性属于这一类。对接触、碰撞问题,它们相互接触边界的位置和范围及接触力等依赖于具体问题才能确定。

由于几何非线性问题的公式总可以处理力随变形而变化的非线性问题,因此力非线性问题一般也可以划归为几何非线性类别。故此,通常也将非线性问题分成三类:材料非线性、几何非线性及接触非线性。很多实际问题会同时涉及多种非线性问题。

7.2 非线性问题常用求解方法

7.2.1 Newton−Raphson 迭代法

Newton−Raphson(N−R)迭代法是求解非线性方程的基本方法之一。它从一个假定解出发,通过不断迭代提高解的近似程度,直到满足指定的收敛准则为止。

假定在组装所有单元后形成的系统总体非线性方程为:

$$K(u) = R_{\mathrm{E}} \qquad (7-1)$$

假设在第 i 迭代步的近似解已知,记为 u^i,则下一迭代步的近似解用一阶泰勒展开式近似为:

$$K(u^{i+1}) \approx K(u^i) + K_{\mathrm{T}}^i \Delta u^i = R_{\mathrm{E}} \Rightarrow K_{\mathrm{T}}^i \Delta u^i = R_{\mathrm{E}} - K(u^i) \qquad (7-2)$$

式中,Δu 为解的增量;$K(u) = \dfrac{\partial K}{\partial u}$ 为第 i 迭代步的总体切线刚度矩阵,即

$$K_{\mathrm{T}}^i = \begin{bmatrix} \dfrac{\partial K_1(u^i)}{\partial u_1} & \dfrac{\partial K_1(u^i)}{\partial u_2} & \cdots & \dfrac{\partial K_1(u^i)}{\partial u_n} \\[2mm] \dfrac{\partial K_2(u^i)}{\partial u_1} & \dfrac{\partial K_2(u^i)}{\partial u_2} & \cdots & \dfrac{\partial K_2(u^i)}{\partial u_n} \\[2mm] \vdots & \vdots & & \vdots \\[2mm] \dfrac{\partial K_n(u^i)}{\partial u_1} & \dfrac{\partial K_n(u^i)}{\partial u_2} & \cdots & \dfrac{\partial K_n(u^i)}{\partial u_n} \end{bmatrix} \Delta u^i = \begin{bmatrix} \Delta u_1 \\ \Delta u_2 \\ \vdots \\ \Delta u_n \end{bmatrix} \qquad (7-3)$$

最后得到线性化的系统方程为:

$$\boldsymbol{K}_{\mathrm{T}}^{i} \Delta u^{i} = R^{i} \qquad (7\text{-}4)$$

式中，$R^{i} = R_{\mathrm{E}} - R_{l}^{i}$；$R_{l}^{i} = K(u^{i})$。通过求解得到解的增量 Δu^{i}，新的近似解为 $u^{i+1} = u^{i} + \Delta u^{i}$。通常，此解并不能满足原非线性方程，存在残差：

$$R^{i+1} = R_{\mathrm{E}} - K(u^{i+1}) = R_{\mathrm{E}} - R_{l}^{i+1} \neq 0 \qquad (7\text{-}5)$$

如果残差很小，u^{i+1} 可以接受为正确解，否则迭代过程一直进行，直至残差变得足够小。迭代终止条件通常用归一化的形式表示：

$$\varepsilon = \frac{\|R^{i+1}\|^{2}}{1 + \|R_{\mathrm{E}}\|^{2}} = \frac{\sum\limits_{j=1}^{n} (R_{j}^{i+1})^{2}}{1 + \sum\limits_{j=1}^{n} R_{\mathrm{E}j}^{i+1}} \leqslant [\varepsilon] \qquad (7\text{-}6)$$

在结构应用中，线性化的系统方程中各项通常称为：

(1) Δu 位移增量；

(2) $\boldsymbol{K}_{\mathrm{T}}$ 切向刚度矩阵；

(3) $\boldsymbol{R}_{\mathrm{E}}$ 外力向量；

(4) $\boldsymbol{R}_{l}^{i} = K(u)$ 内力向量；

(5) $\boldsymbol{R} = R_{\varepsilon} - R_{l}$ 不平衡向量。

7.2.2 常刚度迭代——修正的 Newton-Raphson 方法

Newton-Raphson 方法在每次迭代过程中需要形成新的切线刚度矩阵，求解线性化的系统方程得到位移增量，计算量大。常刚度迭代法并不是在每次迭代过程中形成新的切线刚度矩阵，而是在所有的迭代步中都使用初始切线刚度矩阵。这就避免了在每次迭代过程中形成新的切线刚度矩阵，而且初始切线刚度矩阵也只需要分解一次，在每次迭代过程中，只需要更新右端项就可求解得位移增量。但常刚度迭代法比 Newton-Raphson 方法通常需要更多的迭代步数，但得到的最终解的总计算量可能更少。此外，此方法更稳定，不易发散。

用 Newton-Raphson 方法及修正的 Newton-Raphson 方法求解一维问题的迭代历史示例如图 7-2 所示。

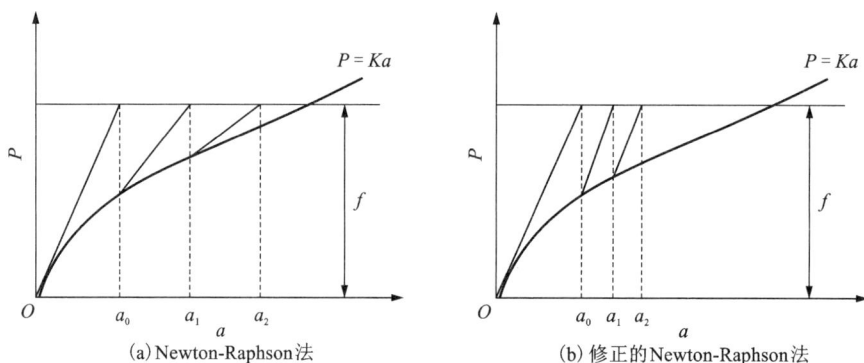

(a) Newton-Raphson 法   (b) 修正的 Newton-Raphson 法

图 7-2　Newton-Raphson 方法与修正的 Newton-Raphson 方法

为提高收敛速度，发展出了以上两种方法的杂交方法，即用初始切线刚度矩阵迭代几次后，更新切线刚度矩阵，再用此新的切线刚度矩阵迭代计算，如此反复直至收敛。

7.2.3　荷载增量法

对于标准的 Newton-Raphson 方法，如果没有一个好的初始点的话，求解过程中容易发散，避免发散的一个好的方法是应用荷载增量法。在每一个荷载增量内的求解过程与标准的 Newton-Raphson 方法是相同的。在前一个荷载步收敛之后，施加下一个荷载增量。

使用荷载增量，总体方程的右端项引入一个标量荷载参数 λ，则：

$$K(u) = \lambda R_{\mathrm{E}} \tag{7-7}$$

因此施加的荷载可通过调整 λ 值得到适当的荷载。

对线性化的系统方程，不平衡力向量为：

$$\boldsymbol{R}^i = \lambda R_{\mathrm{E}} - R_l^i \tag{7-8}$$

收敛准则为：

$$\varepsilon = \frac{\parallel R^{i+1} \parallel^2}{1 + \parallel \lambda R_{\mathrm{E}} \parallel^2} = \frac{\sum_{j=1}^{n} (R_j^{i+1})^2}{1 + \sum_{j=1}^{n} R_{\mathrm{E}j}^{i+1}} \leqslant [\varepsilon] \tag{7-9}$$

设第一个荷载步的参数为 λ_1，对应的系统方程为：

$$K(u_1) = \lambda_1 R_{\mathrm{E}} \tag{7-10}$$

使用标准的 Newton-Raphson 方法求解此方程，对第一荷载步，求解过程开始于任意假定的一个初始解，一旦求得了第一个荷载步的收敛解，则以此解作为下一个荷载步的初始解，施加第二个荷载步参数 λ_2，求解方程：

$$K(u_2) = \lambda_2 R_{\mathrm{E}} \tag{7-11}$$

这样的求解过程一直持续至 λ 达到最终值。

7.2.4　弧长法

弧长法是指通过自动建立适当的荷载增量的过程进一步优化 Newton-Raphson 的方法。使用弧长法，可以跟踪复杂的荷载变形路径，包括回旋及下降段的荷载变形路径。作为推导弧长法公式的开始点，将系统方程写为：

$$F(\boldsymbol{u}, \lambda) = K(\boldsymbol{u}) - \lambda R_{\mathrm{E}} = 0 \tag{7-12}$$

将向量 $\boldsymbol{u}$ 及荷载因子 λ 都作为未知量，系统方程用一阶泰勒展开近似，记第 i 迭代步的解及对应的荷载因子为 u^i 及 λ^i，则下一迭代步的解近似为：

$$F(u^{i+1}, \lambda^{i+1}) \approx F(u^i, \lambda^i) + \left(\frac{\partial F}{\partial u}\right)^i \Delta u^i + \left(\frac{\partial F}{\partial \lambda}\right)^i \Delta \lambda^i \tag{7-13}$$

注意到 $(\partial F/\partial u)^i = (\partial K/\partial u)^i = \boldsymbol{K}_{\mathrm{T}}^i$ 为切线刚度矩阵及 $(\partial F/\partial \lambda)^i = -R_{\mathrm{E}}$，可以得到如式(7-14)所示的线性化的系统方程：

$$F(u^{i+1}, \lambda^{i+1}) \approx F(u^i, \lambda^i) + \boldsymbol{K}_{\mathrm{T}}^i \Delta u^i - R_{\mathrm{E}} \Delta \lambda^i \tag{7-14}$$

由此方程可写为求解增量 Δu^i 的形式：

$$\Delta u^i = (\boldsymbol{K}_{\mathrm{T}}^i)^{-1} [-K(u^i) + \lambda^i R_{\mathrm{E}} + R_{\mathrm{E}} \Delta \lambda^i] = a + b\Delta \lambda^i \tag{7-15}$$

式中：

$$a = (K_T^i)^{-1}[-K(u^i) + \lambda^i R_E] \Rightarrow K_T^i a = -R_l^i + \lambda^i \mathbf{R}_E^i \equiv R^i b = (K_T^i)^{-1} R_E \Rightarrow K_T^i b = R_E^i$$

(7-16)

此外，该方法需要附加的条件决定荷载参数的增量 $\Delta\lambda^i$，而一种有效的过程是对弧长 s 进行限制。弧长 s 的表达式为：

$$s^2 = (u^i + \Delta u^i)^T (u^i + \Delta u^i)$$

(7-17)

代入解增量的表达式，得：

$$s^2 = (u^i + a + b\Delta\lambda^i)^T (u^i + a + b\Delta\lambda^i) = (u^i + a)^T (u^i + a) + 2(u^i + a)^T b\Delta\lambda^i + b^T b (\Delta\lambda^i)^2$$

(7-18)

数值实验表明，一个合适的弧长值 s 可以用第一个迭代步的向量 b 表示，则：

$$s = \lambda^{(0)} \sqrt{\mathbf{b}^{(0)T} \mathbf{b}^{(0)}}$$

(7-19)

式中，$b^{(0)} = (K_T^{(0)})^{-1} R_E$。使用这个弧长值，得到了一个关于 $\Delta\lambda^i$ 的二次方程：

$$a_1 + a_2 \Delta\lambda^i + a_3 (\Delta\lambda^i)^2 = 0$$

(7-20)

式中：

$$a_1 = (u^i + a)^T (u^i + a) - s^2; \quad a_2 = 2(u^i + a)^T b; \quad a_3 = b^T b$$

(7-21)

求解可得：

$$\Delta\lambda_{1,2} = \frac{-a_2 \pm \sqrt{a_4}}{2a_3}$$

(7-22)

下面给出确定 $\Delta\lambda^i$ 的方法：

（1）如果 $a_4<0$，为虚根。在这种情况下，求解过程要用缩减的荷载因子。

$$\Delta\lambda^i = -\alpha\lambda^i; \quad \alpha = \varepsilon/[\varepsilon] \text{ 且 } 0.1 \leqslant \alpha \leqslant 0.5$$

(7-23)

（2）如果 $a_4 \geqslant 0$，为实根。对每一个根，都可以求得一个新解。

$$\Delta u_1^i = a + b\Delta\lambda_1; \quad \Delta u_2^i = a + b\Delta\lambda_2$$

(7-24)

选用哪一个值则基于如下准则：使新解与前一迭代步的解保持在同一方向上。要做到这点，需计算这两个向量与前一迭代步的解向量的点积。

如果 $c_1<0$ 且 $c_2<0$，则 $\Delta\lambda^i=0$；

如果 $c_1>0$ 且 $c_2<0$，则 $\Delta\lambda^i=\Delta\lambda_1$；

如果 $c_1<0$ 且 $c_2>0$，则 $\Delta\lambda^i=\Delta\lambda_2$；

如果 $c_1>0$ 且 $c_2>0$，则接受与式（7-25）线性方程解最接近的值：

$$a_1 + a_2\Delta\lambda^i = 0 \Rightarrow \Delta\lambda_{lin} = -a_1/a_2$$

(7-25)

如果 $|\Delta\lambda_1-\Delta\lambda_{lin}| < |\Delta\lambda_2-\Delta\lambda_{lin}|$，则 $\Delta\lambda^i=\Delta\lambda_1$，否则 $\Delta\lambda^i=\Delta\lambda_2$。

确定了荷载参数增量，可以得到新解及新的荷载参数：

$$\Delta u^i = a + b\Delta\lambda^i$$
$$u^{i+1} = u^i + \Delta u^i$$
$$\lambda^{i+1} = \lambda^i + \Delta\lambda^i$$

(7-26)

通常，新解并不能准确满足系统方程，存在残差或不平衡力：

$$R^{i+1} = \lambda^{i+1} R_E - K(u^{i+1}) = \lambda^{i+1} R_E - R_l^{i+1} \neq 0$$

(7-27)

如果不平衡力很小，解 u^{i+1} 可以接受为正确解，否则，求解过程将重复下去直至残差变得足够小为止。

在 Newton-Raphson 方法中，过程将收敛于 λ 及靠近初始解的 u 值。在一些应用中，解可能要求指定荷载参数，在这种情况下，解可以从一个 λ 的新初始值对应的收敛解开始，上面描述的基本过程的唯一改变是用于计算 a_1，a_2，c_1，c_2 的向量 $\boldsymbol{u}$，其为相对于前面收敛解的增量。因此，这些参数的计算如下：

$$a_1 = \left[\boldsymbol{u}_\lambda^{(i)} + a \right]^{\mathrm{T}} \left[\boldsymbol{u}_\lambda^{(i)} + a \right] - s^2$$
$$a_2 = 2 \left[\boldsymbol{u}_\lambda^{(i)} + a \right]^{\mathrm{T}} b$$
$$a_3 = b^{\mathrm{T}} b$$
$$c_1 = \left[\boldsymbol{u}_\lambda^{(i)} + \Delta u_1^i \right]^{\mathrm{T}} u_\lambda^{(i)}$$
$$c_2 = \left[\boldsymbol{u}_\lambda^{(i)} + \Delta u_2^i \right]^{\mathrm{T}} u_\lambda^{(i)}$$
$$\boldsymbol{u}_\lambda^{(i+1)} = \boldsymbol{u}_\lambda^{(i)} + \Delta u^i$$

(7-28)

向量 $\boldsymbol{u}_\lambda$ 在每一个新的荷载步开始时都设为 0。此外数值实验表明，在每一个荷载步的开始弧长 s 可按式(7-29)进行调整：

$$s = 前面迭代步中的 s \times 5/ 在前一荷载步中所用的迭代数$$

(7-29)

7.2.5　线性化及方向导数

Newton-Raphson 方法是以线性化概念为基础的。对一个代数方程系统，线性化是通过一阶泰勒展开式实现的。为得到结构单元的切线刚度矩阵，我们必须对弱形式进行线性化，而弱形式对节点变量的显式形式一般是得不到的，在这种情况下直接的微分公式是不可用的，我们必须从导数更基本的定义出发，定义一个可用于线性化一般函数的过程。

考虑式(7-30)所示的非线性系统：

$$F(u) = 0$$

(7-30)

Newton-Raphson 方法的目标是从当前解 u，确定增量 Δu，从而得到一个对系统方程满足更好的新解 $u+\varepsilon\Delta u$，其中标量 ε 是步长参数。将 $u+\varepsilon\Delta u$ 代入给定的系统方程中，得到关于 ε 的非线性函数，应用在 $\varepsilon=0$ 处的一阶泰勒展开式，得：

$$F(u + \varepsilon\Delta u) \approx F(u) + \frac{\mathrm{d}}{\mathrm{d}\varepsilon} F(u + \varepsilon\Delta u) \bigg|_{\varepsilon=0}$$

(7-31)

设 $\varepsilon=1$，得：

$$F(u + \Delta u) \approx F(u) + \frac{\mathrm{d}}{\mathrm{d}\varepsilon} F(u + \varepsilon\Delta u) \bigg|_{\varepsilon=0} = F(u) + D_{\Delta u} F(u)$$

(7-32)

式中，$D_{\Delta u}$ 为函数 $F(u)$ 在 u 点、方向 Δu 上的方向导数；

$$D_{\Delta u} F(u) = \frac{\mathrm{d}}{\mathrm{d}\varepsilon} F(u + \varepsilon\Delta u) \bigg|_{\varepsilon=0}$$

(7-33)

方向导数符合通常的微分运算法则，例如，对两个函数的和和积，方向导数如下：

(1)求和法则：如果 $F(u)=F_1(u)+F_2(u)$，有：$D_{\Delta u}F(u)=D_{\Delta u}F_1(u)+D_{\Delta u}F_2(u)$。

(2)乘积法则：如果 $F(u)=F_1(u)F_2(u)$，有：$D_{\Delta u}F(u)=\left[D_{\Delta u}F_1(u)\right]F_2(u)+F_1(u)\left[D_\Delta uF_2(u)\right]$

7.3 有限元中材料非线性问题

本节介绍材料非线性问题,为使问题简化,假定为小位移,从而可以不考虑几何非线性的影响。同时该节非线性材料模型仅限于弹塑性模型的讨论。先以一维情况下的轴向受力杆的材料非线性问题为例,介绍材料非线性问题中的基本概念及算法,然后给出了一般固体材料非线性问题的有限元求解过程及相应公式。

7.3.1 受轴向力作用的杆

1. 微分方程

通过考虑如图7-3所示的微元体平衡,可以得到控制微分方程:

$$F = q\mathrm{d}x + F + \frac{\partial F}{\partial x}\mathrm{d}x \Rightarrow \frac{\partial F}{\partial x} + q = 0 \tag{7-34}$$

轴力与轴向应力间的关系为:

$$F = A\sigma_x \tag{7-35}$$

应用 Galerkin 方法可以求得微分方程等效积分弱形式(即虚功原理):

$$W = \int_{x_1}^{x_2}(-A\sigma_x\delta\varepsilon_x + q\delta u)\mathrm{d}x = 0 \tag{7-36}$$

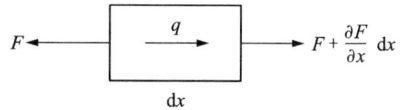

图7-3 受轴力作用的杆微元体受力图

当应力–应变关系为非线性时,弱形式必须线性化以给出切线刚度矩阵。假定 u 表示当前解,位移增量表示为 Δu,应变增量表示为 $\Delta\varepsilon_x$,线性化形式表示为:

$$W + D_{\Delta u}W = 0 \tag{7-37}$$

由于荷载项与位移增量无关,W 的方向导数只包括第一项,即:

$$D_{\Delta u}W = \int_{x_1}^{x_2} - A\frac{\mathrm{d}\sigma_x}{\mathrm{d}\varepsilon_x}\Delta\varepsilon_x\delta\varepsilon_x\mathrm{d}x \tag{7-38}$$

要计算此项,需要一个增量形式的应力–应变关系:

$$\frac{\mathrm{d}\sigma_x}{\mathrm{d}\varepsilon_x} \equiv C_\tau \Rightarrow \mathrm{d}\sigma_x = C_\tau\mathrm{d}\varepsilon_x \tag{7-39}$$

线性化的弱形式写为:

$$W + D_{\Delta u}W = 0 \Rightarrow \int_{x_1}^{x_2}AC_\tau\Delta\varepsilon_x\delta\varepsilon_x\mathrm{d}x = \int_{x_1}^{x_2}(-A\sigma_x\delta\varepsilon_x + q\delta u)\mathrm{d}x \tag{7-40}$$

式中,右边项用当前解进行计算。

2. 二节点杆单元

如图7-4所示二节点杆单元,取线性插值的形函数为:

$$N_1 = -\frac{x - x_2}{l_e}$$
$$N_2 = \frac{x - x_1}{l_e} \tag{7-41}$$

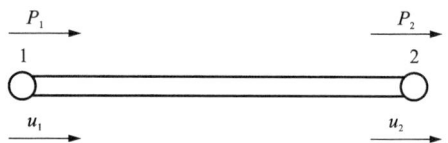

图7-4 二节点杆单元

式中,$l_e = x_2 - x_1$ 为杆单元长度。因此有:

$$u = Nu_e \tag{7-42}$$

式中，$N=\begin{bmatrix} N_1 & N_2 \end{bmatrix}$；$u_e=\begin{bmatrix} u_1 & u_2 \end{bmatrix}^{\mathrm{T}}$。同时有：

$$\frac{\mathrm{d}u}{\mathrm{d}x} = \frac{\mathrm{d}N}{\mathrm{d}x}u_e = Bu_e \tag{7-43}$$

式中，$B=\dfrac{\mathrm{d}N}{\mathrm{d}x}=\begin{bmatrix} \dfrac{\mathrm{d}N_1}{\mathrm{d}x} & \dfrac{\mathrm{d}N_2}{\mathrm{d}x} \end{bmatrix}=\begin{bmatrix} -\dfrac{1}{l_e} & \dfrac{1}{l_e} \end{bmatrix}$。同样有：

$$\Delta u = N\Delta u_e,\ \Delta\varepsilon_x = B\Delta u_e,\ \delta u = N\delta u_e,\ \delta\varepsilon_x = B\delta u_e \tag{7-44}$$

将式(7-44)代入线性化的弱形式得到：

$$\int_{x_1}^{x_2}(\delta\varepsilon_x)^{\mathrm{T}}AC_\tau\Delta\varepsilon_x\mathrm{d}x = \int_{x_1}^{x_2}\left[-(\delta\varepsilon_x)^{\mathrm{T}}A\sigma_x + (\delta u)^{\mathrm{T}}q\right]\mathrm{d}x \tag{7-45}$$

$$(\delta u)^{\mathrm{T}}\int_{x_1}^{x_2}B^{\mathrm{T}}AC_\tau B\mathrm{d}x\Delta u_e = (\delta u)^{\mathrm{T}}\int_{x_1}^{x_2}-B^{\mathrm{T}}A\sigma_x\mathrm{d}x + \int_{x_1}^{x_2}N^{\mathrm{T}}q\mathrm{d}x \tag{7-46}$$

$$\boldsymbol{k}_\tau\Delta u_e = -\boldsymbol{r}_1 + \boldsymbol{r}_q \tag{7-47}$$

式中，$\boldsymbol{k}_\tau$ 为单元切线刚度矩阵；$\boldsymbol{r}_1$ 为内力向量；$\boldsymbol{r}_q$ 为均布荷载等效的节点力向量。运算得到：

$$\boldsymbol{k}_\tau = \int_{x_1}^{x_2}B^{\mathrm{T}}AC_\tau B\mathrm{d}x = \frac{AC_\tau}{l_e}\begin{bmatrix} 1 & -1 \\ -1 & 1 \end{bmatrix} \tag{7-48}$$

$$\boldsymbol{r}_1 = \int_{x_1}^{x_2}B^{\mathrm{T}}A\sigma_x\mathrm{d}x = \begin{Bmatrix} -A\sigma_x \\ A\sigma_x \end{Bmatrix} = \begin{Bmatrix} -F \\ F \end{Bmatrix} \tag{7-49}$$

$$\boldsymbol{r}_q = \int_{x_1}^{x_2}N^{\mathrm{T}}q\mathrm{d}x = \frac{ql_e}{2}\begin{Bmatrix} 1 \\ 1 \end{Bmatrix} \tag{7-50}$$

这些方程以通常的形式进行组装。加入位移边界条件后，求解得到节点位移增量，这些增量加上以前的节点值，得到新的解。对每一个单元，应变增量可以从应变-位移关系中很容易计算得到，由于非线性的应力-应变关系，应力计算要更复杂一些。

进行迭代计算直到不平衡的残余力向量足够小，以归一化形式表达的终止条件为：

$$\varepsilon = \frac{\|\boldsymbol{R}^{i+1}\|^2}{1+\|\boldsymbol{R}_E\|^2} = \frac{\sum_{j=1}^{n}(\boldsymbol{R}_j^{i+1})^2}{1+\sum_{j=1}^{n}\boldsymbol{R}_{Ej}^{i+1}} \leqslant [\varepsilon] \tag{7-51}$$

式中，$\boldsymbol{R}=-\boldsymbol{R}_l+\boldsymbol{R}_E$ 为总体不平衡力向量；$\boldsymbol{R}_E$ 为外载产生的等效节点力向量。

7.3.2　一维弹塑性问题

弹塑性材料模型可以描述许多实际工程中的材料非线性问题。在加载开始，材料处于弹性变形阶段，此时应力-应变关系为线性变化，其曲线斜率定义为材料的弹性模量。在加载达到一定应力点后，材料变形进入塑性阶段，弹性变形在卸载后可以完全恢复，而塑性变形在卸载后不能恢复。材料开始进入塑性变形的应力点称为屈服应力。判定材料是否进入塑性变形状态需要根据屈服准则判断，不同的材料需要应用不同的屈服准则。进入塑性变形阶段后卸载，卸载曲线斜率与初始曲线斜率相同，如果再加载或反向加载，后续加载过程的屈服应力按不同的硬化模型来确定。判定加卸载过程按加卸载准则进行。

1. 应变硬化模型

两种常用的应变硬化模型如图 7-5 所示。运动硬化模型假定弹性范围保持为常数,因此线段 b-c 及 d-e 长度相等并等于线段 o-a 长度的两倍。在各向同性硬化模型中,假定反向加载的屈服应力等于前一点的屈服应力,则点 b 和 c、点 d 和 e 的绝对应力值是相等的,弹性范围保持增长。

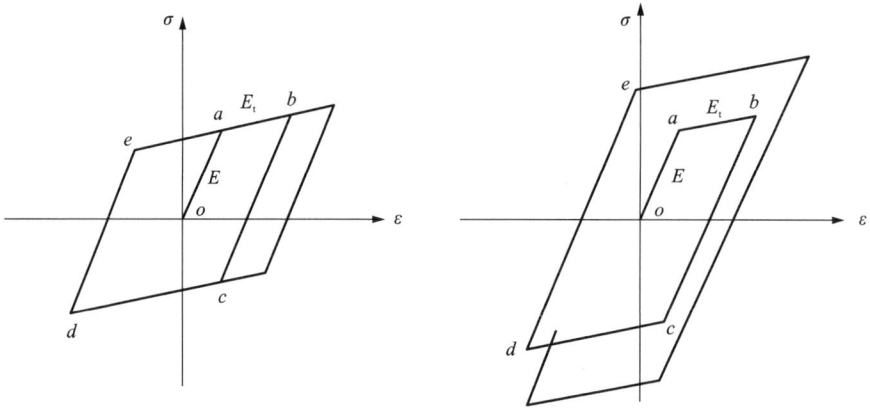

图 7-5 应变硬化模型

2. 双线性弹塑性模型

对弹塑性材料模型,切线应力-应变关系为:

$$d\sigma_x = C_\tau d\varepsilon_x, \text{ 其中 } C_\tau = \begin{cases} E & \text{当} |\sigma_x| \leq \bar{\sigma}_\gamma \\ E_t & \text{当} |\sigma_x| > \bar{\sigma}_\gamma \end{cases} \qquad (7\text{-}52)$$

式中, $\bar{\sigma}_\gamma$ 为当前屈服应力。对初始加载, $\bar{\sigma}_\gamma$ 等于材料屈服应力。对随后的加卸载,它需要基于假定的应变硬化模型来更新。

对一般的工程材料,弹性模量 E 及初始屈服应力值可从单轴拉伸实验中得到。然而模量 E_t 值通常不能直接从这些实验中得到,而是得到应变硬化参数 H。这个参数定义为应力-应变曲线中除去弹性应变分量后应变硬化部分的斜率,如图 7-6 所示,塑性阶段的应变增量 $d\varepsilon$ 分为弹性及塑性两部分:

$$d\varepsilon = d\varepsilon^e + d\varepsilon^p \qquad (7\text{-}53)$$

在卸载后,弹性应变部分恢复,只有应变增量中的塑性应变部分残留下来,因而只用应变增量中的塑性应变部分来定义应变硬化参数。

从图 7-6 中可以看出,在塑性阶段,应力增量 $d\sigma$ 可用 3 种模量中的任何一种表示:

$$d\sigma = E d\varepsilon^e, \; d\sigma = H d\varepsilon^p, \; d\sigma = E_t d\varepsilon \qquad (7\text{-}54)$$

这 3 种模量的数学关系为:

$$d\varepsilon = d\varepsilon^e + d\varepsilon^p \Rightarrow \frac{d\sigma}{E_t} = \frac{d\sigma}{E} + \frac{d\sigma}{H} \Rightarrow \frac{1}{E_t} = \frac{1}{E} + \frac{1}{H} \qquad (7\text{-}55)$$

因此:

$$E_t = \frac{EH}{E + H} = E\left(1 - \frac{E}{E + H}\right) \qquad (7\text{-}56)$$

此外，给出总应变增量，其塑性应变增量可直接用这些模量计算得到：

$$d\varepsilon = d\varepsilon^e + d\varepsilon^p = \frac{H d\varepsilon^p}{E} + d\varepsilon^p \Rightarrow d\varepsilon^p$$

$$= \frac{1}{1 + H/E} d\varepsilon \qquad (7\text{-}57)$$

3. 屈服准则

对各向同性硬化，屈服准则可表达为：

$$F = |\sigma| - \overline{\sigma}_\gamma \qquad (7\text{-}58)$$

式中，$\overline{\sigma}_\gamma$ 为当前屈服应力 σ_r。对初始加载 $\overline{\sigma}_\gamma$ 等于材料的屈服应力 σ_γ。对随后的加卸载，假定 H 为常数，它基于累积塑性应变 $d\varepsilon^p$ 来更新：

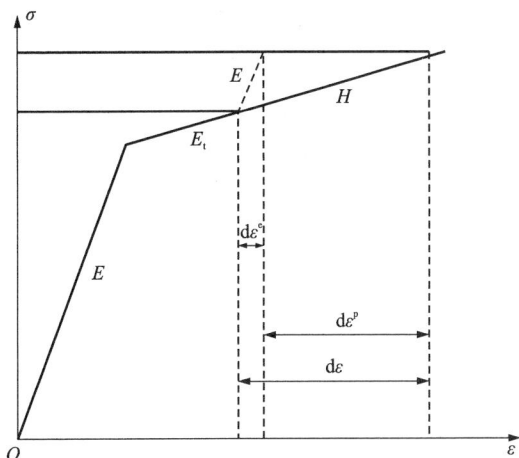

图 7-6　应变分解图

$$\overline{\sigma}_\gamma = \sigma_\gamma + H\varepsilon^p \qquad (7\text{-}59)$$

注意 $\overline{\sigma}_\gamma$ 总当作正数，因此对各向同性硬化模型，塑性应变增量的绝对值用于计算总塑性应变。

对运动硬化模型，不是直接改变屈服应力，而是定义参数 α 来移动应力值。这个参数依据累积塑性应变来定义：

$$\alpha = H\varepsilon^p \qquad (7\text{-}60)$$

使用这个参数，运动硬化屈服准则可表达为：

$$F = |\sigma - \alpha| - \overline{\sigma}_\gamma \qquad (7\text{-}61)$$

由于 α 在取绝对值前用于移动应力，因此在运动硬化模型中，塑性应变增量以代数方式进行累积，即求和时考虑其正负号。

4. 状态确定过程

单元状态确定过程的已知条件为：应变增量（$\Delta\varepsilon$），材料属性（E，H 及 σ_γ），以及单元前一迭代步中的状态情况（应变 ε、应力 σ、屈服状态及累积塑性应变 ε^p）。目标是要计算出当轴向应变增加 $\Delta\varepsilon$ 时单元的新状态。计算过程如下：

(1)计算当前屈服应力，其值与累积塑性应变 ε^p 及塑性模量 H 相关。

$$\overline{\sigma}_\gamma = \sigma_\gamma + H\varepsilon^p \qquad (7\text{-}62)$$

(2)假定为弹性行为，依据应变增量计算应力增量及新应力值。

$$\Delta s = E\Delta\varepsilon; \; s = \sigma + \Delta s \qquad (7\text{-}63)$$

(3)检查这是否为正确的应力状态，依据单元前一状态是屈服状态还是弹性状态，分为两种不同的逻辑来检查。

第一种情况：单元前一状态为弹性状态。对前一状态为弹性的单元存在两种可能：①单元仍处于弹性阶段；②单元在此应变增量期间进入了屈服阶段。

如果 $s \leq \overline{\sigma}_\gamma$，单元仍处在弹性阶段，如图 7-7 所示，当前单元处在初始加载曲线段的屈服点之下，或反向加载/卸载曲线上，基于弹性假定计算得到的应力是正确的，设 $\sigma_{\text{new}} = s$，完成。

如果 $s > \bar{\sigma}_\gamma$，单元在此应变增量期间进入了屈服阶段，如图7-8(a)所示。因为单元应变增量的一部分是弹性的，我们用 β 表示 $\Delta\varepsilon$ 中将应力达到屈服点时的应变增量的那部分比例，从三角形 abe 及 cde 的相似关系有：

$$\frac{ab}{be} = \frac{cd}{de} \Rightarrow \frac{\Delta\varepsilon}{\Delta s} = \frac{(1-\beta)\Delta\varepsilon}{s - \bar{\sigma}_\gamma} \Rightarrow$$

$$\beta = 1 - \frac{s - \bar{\sigma}_\gamma}{\Delta s} \qquad (7-64)$$

因此，单元应力达到屈服点应力水平对应的应力增量为：

$$\Delta\sigma_1 = \beta\Delta s \qquad (7-65)$$

剩余的应变增量部分对应塑性阶段，这部分应变增量及相应的应力增量为：

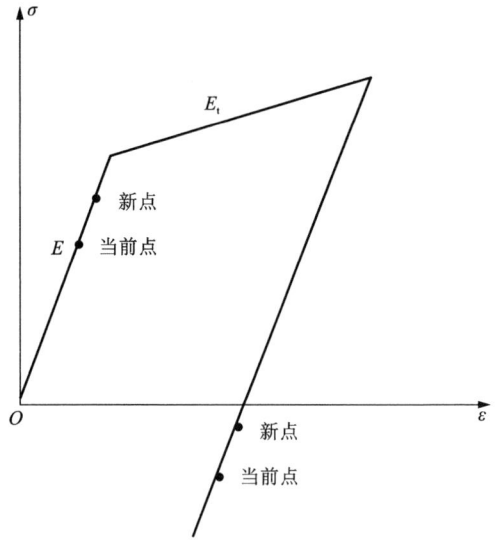

图7-7　初始弹性范围

$$\Delta\varepsilon^{\text{ep}} = (1-\beta)\Delta\varepsilon \Rightarrow \Delta\sigma_2 = E_t(1-\beta)\Delta\varepsilon \qquad (7-66)$$

新的应力可计算为：

$$\sigma_{\text{new}} = \sigma + \Delta\sigma_1 + \Delta\sigma_2 = \sigma + \beta\Delta s + E_t(1-\beta)\Delta\varepsilon \qquad (7-67)$$

此应变增量的塑性部分增量为：

$$\Delta\varepsilon^{\text{p}} = \frac{\Delta\varepsilon^{\text{ep}}}{1 + H/E} = \frac{(1-\beta)\Delta\varepsilon}{1 + H/E} \qquad (7-68)$$

第二种情况：单元前一状态为屈服状态。对前一状态为屈服的单元，存在两种可能：①单元仍然处于屈服阶段；②在此应变增量内，单元弹性卸载/反向加载。

如果 $s > \bar{\sigma}_\gamma$，单元仍处于屈服阶段。这种情形如图7-8(b)所示，可以很容易看到，这种情形与图7-8(a)中 $\beta=0$ 的情形相同，因此通过对 β 取适当的值，两者情形可以用同一逻辑处理。

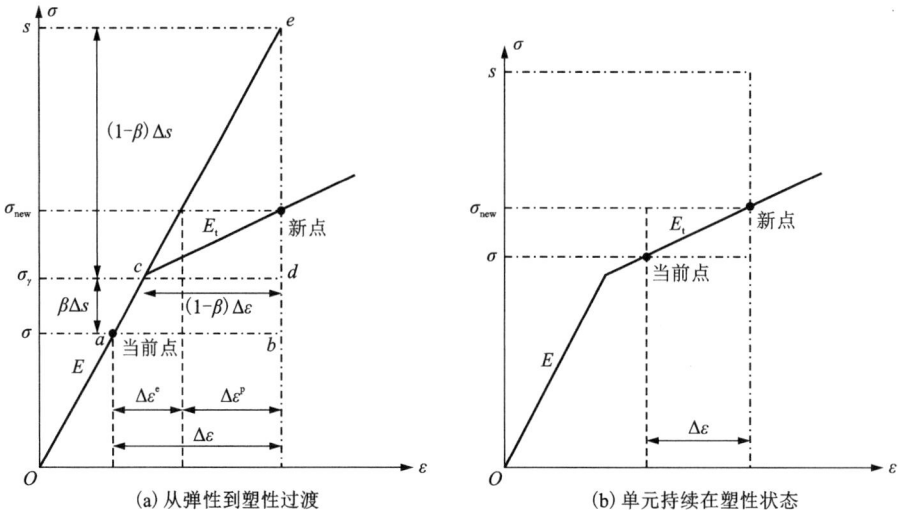

(a)从弹性到塑性过渡　　　　　　　(b)单元持续在塑性状态

图7-8　单元状态

如果 $s \leqslant \overline{\sigma}_\gamma$，弹性卸载/反向加载阶段出现，通过假定为弹性行为计算得到应力 s 即为新的应力值。

5. 各向同性硬化状态确定的完整算法

给定应变增量 $\Delta\varepsilon$；材料属性 E、H 及 σ_γ；单元前一状态（弹性或屈服）、应力 σ 及累积塑性应变 ε^p。

（1）计算：

$$\Delta s = E\Delta\varepsilon; \quad s = \sigma + \Delta s; \quad \overline{\sigma}_\gamma = \sigma_\gamma + H\varepsilon^p \tag{7-69}$$

（2）如果状态为弹性，执行下列计算，否则跳到下一步。

如果 $s \leqslant \overline{\sigma}_\gamma$，则单元仍为弹性：

$$\sigma_{\text{new}} = s \tag{7-70}$$

否则，单元在此增量内屈服：

$$\beta = \frac{\overline{\sigma}_\gamma - |\sigma|}{|s| - |\sigma|} \tag{7-71}$$

跳到步骤（4）。

（3）如果状态为屈服，则执行下列计算，否则跳到下一步。

如果 $\sigma\Delta s < 0$，则单元处于卸载/反向加载：

$$\sigma_{\text{new}} = s \tag{7-72}$$

否则单元处于屈服：

$$\beta = 0 \tag{7-73}$$

（4）计算：

$$\sigma_{\text{new}} = \sigma + \Delta\sigma_1 + \Delta\sigma_2 = \sigma + \beta\Delta s + \frac{EH}{E+H}(1-\beta)\Delta\varepsilon \tag{7-74}$$

$$\varepsilon^p = \varepsilon^p + \frac{(1-\beta)}{1+H/E}|\Delta\varepsilon|$$

6. 运动硬化状态确定的完整算法

运动硬化模型的状态确定计算过程与各向同性硬化模型中状态确定计算类似。唯一的改变是拉压屈服应力差总为一常数 $2\sigma_\gamma$。算法如下（注意塑性应变的累积没有用绝对值）。

给定应变增量 $\Delta\varepsilon$，材料属性 E、H 及 σ_γ；单元前一状态（弹性或屈服）、应力 σ 及累积塑性应变 ε^p。

（1）计算：

$$\Delta s = E\Delta\varepsilon; \quad s = \sigma + \Delta s; \quad \overline{\sigma}_\gamma = \sigma_\gamma + H\varepsilon^p \tag{7-75}$$

（2）如果状态为弹性，执行下列计算，否则跳到下一步。

如果 $|s-\alpha| \leqslant \sigma_\gamma$，则单元仍为弹性。

如果 $s \leqslant \overline{\sigma}_\gamma$，则单元仍为弹性：

$$\sigma_{\text{new}} = s \tag{7-76}$$

否则，单元在此增量内屈服：

$$\beta = \frac{\sigma_\gamma - |\sigma - \alpha|}{|s| - |\sigma - \alpha|} \tag{7-77}$$

（3）如果状态为屈服，则执行下列计算，否则跳到下一步。

如果 $\sigma\Delta s<0$，则单元处于卸载/反向加载：

$$\sigma_{\text{new}} = s \tag{7-78}$$

否则单元处于屈服：

$$\beta = 0 \tag{7-79}$$

（4）计算：

$$\sigma_{\text{new}} = \sigma + \Delta\sigma_1 + \Delta\sigma_2 = \sigma + \beta\Delta s + \frac{EH}{E+H}(1-\beta)\Delta\varepsilon$$

$$\varepsilon^{\text{p}} = \varepsilon^{\text{p}} + \frac{(1-\beta)}{1+H/E}|\Delta\varepsilon| \tag{7-80}$$

7. 更新单元状态

到目前为止，在所描述的单元状态确定过程中，我们使用的应变增量是从迭代步中的位移增量计算得到的。然而，当应力-应变关系受加载历史影响时，这种做法会导致计算不准确。从状态确定算法中可以看到，未来的屈服应力是由累积塑性应变决定的。在一个Newton-Raphson迭代过程中，单元可能不准确地进入塑性状态，尤其当荷载步很大时。这将导致很大的不平衡力，通常在后续的迭代过程中不平衡力能得到修正，然而，迭代过程中的塑性应变会积累下来，这将在后续的迭代过程中计算出错误的单元屈服应力。幸运是的，有一种简单的方法可以避免此问题，不是使用当前迭代步中的位移增量，而是从当前荷载步开始的总位移增量，单元的前一状态也是取自荷载步开始时的状态，只有当求解收敛后，我们才更新单元状态为下一个荷载步使用。当然，对新的切线刚度矩阵，我们必须使用单元的当前状态。因此计算过程如下。

（1）在荷载步 k 开始时，使用荷载步 $k-1$ 的值设置单元前一状态，设置单元当前状态为正处理的状态相同值，设置荷载步节点增量向量为0。

（2）使用单元当前状态，从增量方程中计算位移增量，将这些增量加到荷载步节点增量中。

（3）用从荷载步节点增量计算得到的应变增量，进行状态确定过程的计算，记录下正在处理的状态中的任何改变作为单元当前状态。

（4）检查是否收敛。如果此荷载步的计算没有收敛，转到步骤（2），否则，增加 k，转到（1）进行下一个荷载增量的计算，直到所有荷载步计算完成。

7.3.3 一般固体材料

前述一维问题的求解可以推广至二维及三维一般固体材料的计算。而求解一般固体弹塑性问题的方法主要分为两类：基于塑性全量理论的全量法和基于塑性增量理论的增量法。全量法根据外荷载的全量进行迭代计算，直接求得全量荷载作用下结构的位移、应力等，上述一维问题便是用全量法进行计算的。增量法则是将外荷载分为若干增量段，每增量段内进行线性化，以此来表示其非线性的应力-应变关系。在实际问题求解中，全量法运算量大，速度慢，很少使用，故以下主要介绍增量法。

1. 增量变刚度法

增量变刚度法即为荷载增量法。当物体中某点的应力达到屈服应力时，以此时应力-应变状态为基准，以后每次施加适当的荷载增量，计算位移、应变、应力的增量。按照 7.2 节介绍的求解非线性方程组的方法，将弹塑性问题的物理方程由微分关系转化为增量关系，即将非线性问题线性化，采用系列线性问题代替非线性问题的求解。其计算步骤如下。

（1）对结构施加全部的荷载 F，按照弹性问题进行分析计算。

（2）求出结构中每个单元的等效应力，找出其最大值 $\overline{\sigma}_{max}$。

（3）判断是否发生塑性变形、确定临界状态、确定分级加荷载增量。

①将等效应力最大值 $\overline{\sigma}_{max}$ 与屈服应力 σ_s 比较，如果 $\overline{\sigma}_{max} \leqslant \sigma_s$，说明材料未进入塑性区，按弹性计算结果即为最终结果。

②如果 $\overline{\sigma}_{max} > \sigma_s$，说明材料已发生塑性变形。令 $L = \overline{\sigma}_{max}/\sigma_s (L>1)$，那么当荷载为 F/L 时，刚好存在 $\overline{\sigma}_{max} = \sigma_s$，说明材料处于弹性与塑性的临界状态。将此时的弹性计算结果所对应的位移分量、应变分量、应力分量分别记为 δ_0、ε_0、σ_0，在此基础上进行增量叠加。

③设定分级加载次数 n，确定分级加荷载增量大小，若按等增量加载，荷载增量步为：

$$\Delta F = \frac{1}{n}\left(1 - \frac{1}{L}\right)F \tag{7-81}$$

（4）第一次施加荷载增量 ΔF_1。

根据 δ_0、ε_0、σ_0 状态，以及弹性的总体刚度矩阵，建立线性化的增量有限元方程：

$$K(\sigma_0)\Delta\delta_1 = \Delta F_1 \tag{7-82}$$

求解该方程，求出第一次位移增量 δ_1，计算第一次应变增量 ε_1 和应力增量 σ_1。将第一次增量分别加到原来的分量上，得到第一次加载后的位移、应变、应力分量，分别为：

$$\begin{aligned}
\delta_1 &= \delta_0 + \Delta\delta_1 \\
\varepsilon_1 &= \varepsilon_0 + \Delta\varepsilon_1 \\
\sigma_1 &= \sigma_0 + \Delta\sigma_1
\end{aligned} \tag{7-83}$$

（5）第 i 次荷载步时的总体刚度矩阵。

经过 $(i-1)$ 次加载步后，已经确定了位移 δ_{i-1}、应变 ε_{i-1}、应力 σ_{i-1} 的数值，现在需要判断每个单元的性质，即判断是弹性区单元、塑性区单元还是过渡区单元。对于过渡区单元估算第 i 次加载步 ΔF_i 将会引起的有效应变增量 $\Delta\overline{\varepsilon}_e$。计算权系数 $m = \Delta\overline{\varepsilon}_0/\Delta\overline{\varepsilon}_e$；根据 m 值计算物理矩阵，计算单元刚度矩阵，形成总体刚度矩阵。

（6）建立第 i 荷载步 ΔF_i 的有限元方程：

$$K(\sigma_{i-1})\Delta\delta_i = \Delta F_i \tag{7-84}$$

求出本次荷载步的位移增量 $\Delta\delta_i'$，进而计算单元应变增量 $\Delta\varepsilon_i'$ 及等效应变增量 $\Delta\overline{\varepsilon}_{ei}$，修改对应的 m 值。重复步骤 (5)~(6)，修改 m 值 2~3 次，即可确定本加载步的位移增量 $\Delta\delta_i$、应变增量 $\Delta\varepsilon_i$、应力增量 $\Delta\sigma_i$。

（7）将修正 m 值 2~3 次后所得的位移增量 $\Delta\delta_i$、应变增量 $\Delta\varepsilon_i$、应力增量 $\Delta\sigma_i$，累加到上一个加载步的结果上，得到施加第 i 次荷载步后的位移、应变、应力值，分别为：

$$\begin{aligned}
\delta_i &= \delta_{i-1} + \Delta\delta_i \\
\varepsilon_i &= \varepsilon_{i-1} + \Delta\varepsilon_i \\
\sigma_i &= \sigma_{i-1} + \Delta\sigma_i
\end{aligned} \tag{7-85}$$

（8）重复步骤 (5)、(7)，直至施加完全步荷载，最后得到的位移、应变、应力值为最终结果。

(9)输出计算结果及相关数据

增量变刚度法在加载过程中需不断修正应力-应变关系,使之接近真实的弹塑性应力-应变曲线,适用于分析各种弹塑性问题。在判断是否进入塑性状态时,通常选用单元的形心作为样本点,计算其等效应力进行比较。

2. 增量初应力法

增量初应力法是指在本构关系中引入如下初应力,从而将实际应力表示为线弹性应力和初应力之和。其计算步骤与增量变刚度法基本一致,有如下些许差别。

(1)对结构施加全部的荷载 F,按照弹性问题进行分析计算。

(2)求出结构中每个单元的等效应力,找出其最大值 $\bar{\sigma}_{max}$。

(3)判断是否发生塑性变形、确定临界状态、确定分级加荷载增量。

①将等效应力最大值 $\bar{\sigma}_{max}$ 与屈服应力 σ_s 比较,如果 $\bar{\sigma}_{max} \leq \sigma_s$,说明材料未进入塑性区,按弹性计算的结果即为最终结果。

②如果 $\bar{\sigma}_{max} > \sigma_s$,说明材料已发生塑性变形。令 $L = \bar{\sigma}_{max}/\sigma_s (L>1)$,那么当荷载为 F/L 时,刚好存在 $\bar{\sigma}_{max} = \sigma_s$,说明材料处于弹性与塑性的临界状态。将此时的弹性计算结果所对应的位移分量、应变分量、应力分量分别记为 δ_0、ε_0、σ_0,在此基础上进行增量叠加。

③设定分级加载次数 n,确定分级加荷载增量大小,若按等增量加载,荷载增量步为:

$$\Delta F = \frac{1}{n}\left(1 - \frac{1}{L}\right)F \tag{7-86}$$

(4)第 i 次荷载增量步时的初应力荷载矢量为 $\boldsymbol{R}_i(\Delta\varepsilon)$。

经过 $(i-1)$ 次加载步后,已经确定了位移 δ_{i-1}、应变 ε_{i-1}、应力 σ_{i-1} 的数值,现在需要判断每个单元的性质,即判断是弹性区单元、塑性区单元还是过渡区单元,对于塑性区单元按式(7-87)计算各单元的初应力等效节点荷载矢量;对于过渡区单元估算第 i 次加载步 ΔF_i 将会引起的有效应变增量 $\Delta\bar{\varepsilon}_e$。计算权系数 $m = \Delta\bar{\varepsilon}_0/\Delta\bar{\varepsilon}_e$ 后,按式(7-88)计算,形成总的初应力荷载矢量 $\boldsymbol{R}_i(\Delta\varepsilon)$。

$$\boldsymbol{R} = -\int_\Omega B^T \Delta\sigma_0 d\Omega = \int_\Omega B^T D_p \Delta\varepsilon d\Omega \tag{7-87}$$

$$\boldsymbol{R} = -\int_\Omega B^T \Delta\sigma_0 d\Omega = \int_\Omega (1-m) B^T D_p \Delta\varepsilon d\Omega \tag{7-88}$$

(5)建立第 i 荷载步 ΔF_i 的有限元方程:

$$K\Delta\delta_i = \Delta F_i + \boldsymbol{R}_i(\Delta\varepsilon) \tag{7-89}$$

求解得到 $\Delta\delta_i$。

(6)计算塑性区和过渡区单元的全应变增量:

$$\Delta\varepsilon_i^e = B\Delta\delta_i^e \tag{7-90}$$

(7)重复步骤(4)~(6),直到两次迭代求得的全应变增量之差小于容许值为止。此时的位移增量 $\Delta\delta_i$、应变增量 $\Delta\varepsilon_i$、应力增量 $\Delta\sigma_i$,就是本荷载步的结果,可以加到上次荷载步中,得到施加第 i 次荷载步后的位移、应变、应力值,分别为:

$$\begin{aligned} \delta_i &= \delta_{i-1} + \Delta\delta_i \\ \varepsilon_i &= \varepsilon_{i-1} + \Delta\varepsilon_i \\ \sigma_i &= \sigma_{i-1} + \Delta\sigma_i \end{aligned} \tag{7-91}$$

(8)输出计算结果及相关数据。

3. 增量初应变法

初应变法认为, 物体在受力之前已存在一定量的应变, 即初应变 ε_0, 因此应力-应变关系为:

$$\sigma = D_e(\varepsilon - \varepsilon_0) \tag{7-92}$$

初应力法和初应变法计算步骤基本相同, 在此不再赘述。

本章习题

1. 有限元的非线性问题都有哪些? 各自有什么特点?

2. 有限元的非线性问题常用的求解方法有哪些? 各自有什么优缺点?

3. 修正的 Newton-Raphson 方法相较 Newton-Raphson 方法主要改进了什么问题, 有什么优点?

4. 求解一般固体弹塑性问题的方法主要有哪两种, 其基本原理分别为什么?

5. 增量变刚度法、增量初应力法、增量初应变法的区别与联系是什么?

6. 采用 Newton-Raphson 迭代法求解下列方程:

(1) $f(x) = 2x^3 + x + 1 = 0$。

(2) $f(x) = 2\sin x + \cos x = 1$。

7. 试推导各向同性硬化材料的一维增量应力-应变关系。

8. 由不同材料及截面属性平行安装而成的结构受如图 7-9 所示轴向力作用, 计算当 $P = 10$ kN 时, 轴向位移、应力、应变及卸载后的残余应力。两杆的基本参数为: ①杆1: $A = 0.75$ mm^2, $E = 10000$ MPa, $H = 100$ mm, $\sigma_y = 5$ MPa, 各向同性硬化; ②杆2: $A = 1.25$ mm^2, $E = 5000$ MPa, $H = 700$ mm, $\sigma_y = 7.5$ MPa, 各向同性硬化。

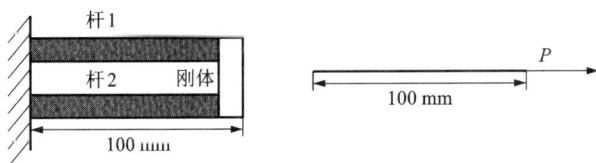

图 7-9　习题 8 示意图

第8章　有限元软件：ANSYS

8.1　ANSYS 软件基本介绍

由美国 ANSYS 公司开发的 ANSYS 软件是目前较为通用的商业有限元软件之一。针对岩土工程问题，ANSYS 的实用性强，可以解决复杂的岩土力学问题。由于影响岩土体应力和变形的因素很多，因此岩土介质的力学问题复杂，而 ANSYS 可以很好地模拟岩土的力学性能，包括对断层、夹层、节理、裂隙和褶皱等地质情况的模拟。ANSYS 还可以考虑非线性问题和施工分阶段进行，能较好地模拟实际工况。除此之外，ANSYS 可以分析各类岩土工程的应力、变形与稳定性。因为其功能强大、操作方便简单，目前已经广泛应用于土木工程、地下采矿、水利、机械设计、原子能分析等诸多领域。例如三峡工程、二滩电站、黄河下游特大型公路斜拉桥、国家大剧院、浦东国际机场、上海科技城太空城、深圳南湖路花园大厦都采用 ANSYS 作为分析工具。它包含了前处理、求解器以及后处理模块等功能，将有限元分析、计算机图形学和优化技术相结合，已成为解决现代工程学问题必不可少的有力工具。

8.1.1　ANSYS 软件的特点

ANSYS 的主要技术特点包括以下几个方面。

1. 强大的几何建模能力

ANSYS 具有建立各种复杂结构的建模能力，例如由点到线再到面的自下而上模式、由面到线再到点的自上而下模式以及两种模式结合的混合建模模式，再通过布尔运算实现结构体内部的加减等图形运算，从而满足用户需求。

2. 强大的多物理场优化功能和非线性的分析能力

ANSYS 不仅可以对温度场、流体运动、电磁场、动力等物理量进行单独分析，还可以对这些因素进行多场耦合分析。该软件可以考虑非线性应力–应变关系，进行非线性问题分析。

3. 强大的网格划分能力

网格具有多种网格划分方法，可以使用智能网格划分，也可以根据计算分析的实际要求进行人工网格划分，同时具备精度高和效率高的优点。

4. 强大的二次开发功能

ANSYS 提供了宏(MACRO)、参数设计语言(APDL)、用户界面设计语言(UIDI)和用户可编程特性(UPFS)等二次开发工具。MACRO 是指在一个文件中被反复使用的一系列命令集合，这些集合被软件执行，以完成某个独立的操作。APDL 具有参数定义、流程控制、函数和表达式等功能，可以根据用户需求单独或同时使用几项功能。UIDI 是一种可以供用户灵活使用、按用户需求来组织设计 ANSYS 图形用户界面的重要工具。UPFS 允许用户连接自己的 FORTRAN 或 C 程序和子过程，体现了 ANSYS 软件的包容性和开放性。

5.具有多种接口功能

ANSYS 可以与 UG、Pro/Engineer、Parasolid、Solidwork、CADAM、Solidedge、Solid Designer、CADKEY、CADDS、AutoCAD 等建立接口，实现数据共享和传递，提升了模型建立和分析的效率，节约了整体计算的时间。

6.强大的后处理功能

ANSYS 拥有完全交互式的前后处理和图形软件，大大减轻了工程技术人员创建工程模型、生成有限元模型以及分析、评价、计算结果的工作量，同时 ANSYS 还具有多种数据输出形式，包括图形、列表等。

8.1.2 ANSYS 内置的材料模型和分析类型

由于自然状态下受风化、搬运、沉积、固结及地壳运动等多种因素的影响，土体材料的本构模型十分复杂。ANSYS 软件中的材料本构模型包括线弹性模型、非线弹性模型、非线性无弹性模型、压力相关塑性模型等。线弹性模型包括各向同性模型、正交各向异性模型、各向异性模型等。非线弹性模型包括黏弹性模型、Blatz-ko Rubber 模型、Mooney-Rivlin Rubber 模型等。

ANSYS 的分析类型主要有五类：结构分析、热分析、电磁分析、流体分析和耦合场分析。结构分析又包括静力分析、模态分析、谐波响应分析、瞬态动力学分析、特征屈曲分析、专项分析及疲劳分析。静力分析是岩土工程用得最多、最常见的分析类型，可以考虑结构的线性及非线性行为，例如大变形、大应变、接触、塑性及蠕变等。专项分析可以完成断裂分析、复合材料分析等。

1.结构静力分析

结构静力分析可用来求解外荷载引起的力与位移。静力分析很适合求解惯性和阻尼对结构的影响并不显著的问题。ANSYS 程序中的静力分析不仅可以进行线性分析，而且还可以进行非线性分析，如塑性变形、蠕变、膨胀、大变形、大应变及接触分析。

2.结构动力学分析

结构动力学分析用来求解随时间变化的荷载对结构或部件的影响。与静力分析不同，动力学分析要考虑时间变化的力荷载以及它对阻尼和惯性的影响。ANSYS 可进行的结构动力学分析类型包括：瞬态动力学分析、模态分析、谐波响应分析及随机振动响应分析。

3.结构非线性分析

结构非线性导致结构或部件的响应随外荷载不成比例变化。ANSYS 程序可求解静态和瞬态非线性问题，包括材料非线性、几何非线性和单元非线性三种。

4.动力学分析

ANSYS 程序可以分析大型三维柔体运动。当运动的积累影响起主要作用时，可使用这些功能分析复杂结构在空间中的运动特性，并确定结构中由此产生的应力、应变和变形。用 ANSYS/LS-DYNA 可进行显式动力分析，进行以惯性力为主的大变形分析以及用于模拟碰撞、挤压和快速成形等动态过程。

5.热分析

ANSYS 程序可处理热传递的三种基本类型：传导、对流和辐射。热分析可对热传递的三种类型进行稳态和瞬态、线性和非线性分析。热分析还具有可以模拟材料固化和熔解过程的相变分析能力以及模拟热与结构应力之间的热–结构应力耦合分析能力。

6. 电磁场分析

电磁场分析用于计算电磁设备中的磁场。其静态和低频电磁场分析模拟由直流电源，低频交流电或低频瞬时信号引起的磁场。

7. 流体动力学分析

流体动力分析(CFD)用于确定流体中的流动状态和温度；ANSYS/FLOTRAN能模拟层流和湍流、可压缩和不可压缩流体，以及多组分流；可应用于航空航天、电子元件封装、汽车设计等领域。

8. 声场分析

声场分析用来研究在含有流体的介质中声波的传播，或分析浸在流体中的固体结构的动态特性。这些功能可用来确定音响话筒的频率响应，研究音乐大厅中的声场强度分布，或预测水对振动船体的阻尼效应等。

9. 压电分析

压电分析用于分析二维或三维结构对AC(交流)、DC(直流)或任意随时间变化的电流或机械荷载的响应。这种分析类型可用于换热器、振荡器、谐振器、麦克风等部件及其他电子设备的结构动态性能分析。可进行四种类型的分析：静态分析、模态分析、谐波响应分析、瞬态响应分析。

10. 耦合场分析

耦合场分析考虑两个或多个物理场之间的相互作用。因为两个物理场之间相互影响，所以不能单独求解一个物理场。需要将两个物理场结合到一起求解。例如：热–应力分析；压电分析(电场和结构)；声学分析(流体和结构)；热–电分析；感应加热分析(磁场和热)；静电–结构分析。

11. 优化设计

优化设计是一种寻找最优设计方案的技术。ANSYS程序提供多种优化方法，包括零阶方法和一阶方法等。对此，ANSYS提供了一系列的分析—评估—修正的过程。此外，ANSYS程序还提供一系列的优化工具以提高优化过程的效率。

12. 用户编程扩展功能

用户可编辑特性(UPFS)是指ANSYS程序的开放结构允许用户连接自己编写的FORTRAN程序和子过程。UPFS允许用户根据需要定制ANSYS程序，如用户自定义的材料性质、单元类型、失效准则等。通过连接自己的FORTRAN程序，用户可以生成一个针对自己特定计算机的ANSYS程序版本。

13. 其他功能

ANSYS程序支持的其他一些高级功能包括拓扑优化设计、自适应网格划分、子模型、子结构、单元的生和死等。

8.1.3 ANSYS 程序结构

目前在工程领域内常用的有限单元法的基本思想是将问题的求解域划分为一系列的单元，单元之间仅靠节点相连。单元内部的待求量可由单元节点量通过选定的函数关系插值得到。

1. ANSYS 有限元的基本构成

节点(node)：就是考虑工程系统中的一个点的坐标位置，是构成有限元系统的基本对象。其具有物理意义的自由度，该自由度为结构系统受到外力后系统的反应。

单元(element)：单元由节点与节点相连而成，单元的组合由各节点相互连接。不同特性的工程系统，可选用不同种类的单元，ANSYS 提供了一百多种单元，故使用时必须慎重选择单元类型。

自由度(degree of freedom)：上面提到节点具有某种程度的自由度，以表示工程系统受到外力后的反应结果。要知道节点的自由度数，可查看 ANSYS 自带的帮助文档(help/element refrence)，该文档包含有每种单元类型的详尽介绍。

2. ANSYS 架构及命令

ANSYS 构架分为两层，一是起始层(begin level)，二是处理层(processor level)。这两个层的关系主要是使用命令输入时，要通过起始层进入不同的处理器。处理器可视为解决问题步骤中的组合命令，它解决问题的基本流程如下。

对应分析过程的前处理、求解和后处理 3 个阶段，ANSYS 由 3 个模块组成。

1) 前处理模块(general preprocessor, PREP7)

该模块定义求解所需要的数据，用户可以选择坐标系统、单元类型、定义实常数和材料特性、建立实体模型并对其进行网络剖分、控制节点和单元，以及定义耦合和约束方程等，并可预测求解过程所需文件大小及内存。

ANSYS 提供了 3 种不同的建模方法——模型导入、实体建模和直接生成法。

2) 求解模块(solution processor, SOLU)

用户在求解阶段通过求解器获得分析结果。该阶段用户可以定义分析类型、分析选项、荷载数据和荷载步选项，然后开始有限元求解。

ANSYS 提供直接求解器(求解精确解)和迭代求解器(得到近似解，可节省计算机资源和大量时间)。

3) 后处理模块(general postprocessor, POST1 或 time domain postprocessor, POST26)

POST1 用于静态结构分析、屈曲分析及模态分析，将解题部分所得的解答如位移、应力、反力等资料，通过图形接口以各种不同表示方式把等值线位移图、等值线应力图等显示出来。POST26 仅用于动态结构分析，用于与时间相关的时域处理。

8.1.4 ANSYS 求解过程

1. 分析模型

根据工程问题的实际情况进行分析，包括模型如何简化，能否忽略几何的不规则性，能否把三维问题简化为平面问题，荷载的类型，模型材料的应力-应变关系等。

2. 选择并定义单元类型

根据第 1 步分析的结果选择满足条件的单元，例如如果通过分析模型得出模型为三维结构问题并考虑其材料的非线性，那么在选择单元时就要选择三维单元如 SOLID185 或 SOLID186 等。

3. 定义材料属性数据

具体根据材料是否为非线性进行定义。ANSYS 的材料库可以模拟金属、混凝土、橡胶等多种材料。如果材料为线弹性，只需要输入弹性模量和泊松比；如果材料为弹塑性模型，则需要输入黏聚力、内摩擦角、剪胀角 3 个参数，剪胀角用于控制体积膨胀大小。

4.建立模型

ANSYS 可以进行实体建模、有限元建模、从其他 CAD 软件中导入和参数化建模。

5.划分网格

ANSYS 网格划分的方式包括自由网格划分和映射网格划分。自由网格划分的成功率高，但在动力学计算中精度稍差，根据计算要求用户可自行选择。

6.确定分析类型

ANSYS 的分析类型包括静力学分析、模态分析、谐波响应分析、瞬态动力学分析、谱分析、特征值屈曲分析以及子结构分析等。

7.施加边界条件

根据实际问题的工况对边界条件进行定义，如对称边界、完全约束等。

8.计算求解

在完成前 7 步操作后，进入求解阶段。

9.后处理

ANSYS 提供两种后处理器：通用后处理器和时间历程后处理器。ANSYS 可以绘制变形图、生成变形动画，可以将计算的支反力列出表格，还可以得到应力等值线和应力等值线动画等多种可视化的数据表示形式。例如，应力等值线方法可清晰描述一种结果在整个模型中的变化，可以快速确定模型中的危险区域。

8.2 案例：ANSYS 杆结构单元分析

8.2.1 杆单元特性

杆单元适用于模拟桁架、缆索、链杆、弹簧等构件。该类单元只承受杆轴向的拉压，不承受弯矩，节点只有平动自由度。不同的单元有弹性、塑性、蠕变、膨胀、大转动、大挠曲（也称大变形）、大应变（也称有限应变）、应力刚化（也称几何刚度、初始应力刚度等）等功能，杆单元特性如表 8-1 所示。

表 8-1　杆单元特性

单元名称	简称	节点数/个	节点自由度	特性	备注
LINK1	2D 杆		Ux, Uy	EPCSDGB	常用单元
LINK8	3D 杆			EPCSDGB	
LINK10	3D 仅受拉或仅受压杆	2	Ux, Uy, Uz	EDGB	模拟缆索的松弛及间隙
LINK11	3D 线性调节器			EGB	模拟液压缸和大转动
LINK180	3D 有限应变杆			EPCDFGB	另可考虑黏弹塑性

单元使用应注意的问题：

(1)杆单元均为均质直杆，面积和长度不能为 0(LINK11 无面积参数)，仅承受杆端荷载，温度沿杆单元长度方向线性变化。杆单元中的应力相同，可考虑初应变。

（2）LINK10 属于非线性单元，需迭代求解。LINK11 可作用线荷载，仅有集中质量方式。

（3）LINK180 无实常数型初应变，但可输入初应力文件，可考虑附加质量；大变形分析时，横截面面积可以是变化的，即可为轴向伸长的函数或刚性的。

（4）通常用 LINK1 和 LINK8 模拟桁架结构，如屋架、网架、网壳、桁架桥、桅杆、塔架等结构，以及吊桥的吊杆、拱桥的细杆等构建。必须注意线性静力分析时，结构不能是几何可变的，否则会造成位移超限的错误提示。LINK10 可模拟绳索、地基弹簧、支座等，如斜拉桥的斜拉索、悬索、索网结构、弹性地、基橡胶支座等。LINK180 除不具备双线特性（LINK10）外，均可用于上述结构中，并且可应用的非线性性质更加广泛，还增加了黏弹性材料。

（5）LINK1、LINK8、LINK180 单元还可用于普通钢筋和预应力钢筋的模拟，其初应变可作为施加预应力的方式之一。

8.2.2　杆单元求解和变形分析

在两个相距 10 m 的刚性面之间，有两根等截面杆铰结在 2 号节点，杆件与水平面的夹角为 45°，在铰链处有一向下集中力 $F = 1000$ N，杆件材料的弹性模量 $E = 210$ GPa，泊松比 $\mu = 0.3$，$A = 1000$ m^2，如图 8-1 所示，试通过 ANSYS 数值方法分析确定两根杆件内力和集中力位置处位移。

（1）设置研究问题为静力学结构问题。点击主菜单中的"Preference"，弹出对话框。选择"Structural"，把计算定义为静力学结构问题。点击"OK"完成设置。

（2）定义单元类型，点击主菜单中的"Preprocessor>Element Type>Add/Edit/Delete"，点击对话框中"Add"按钮，又弹出一对话框，选中该对话框中的"Link"和"3D finit stn 180"选项，如图 8-2 所示，点击"OK"，关闭对话框，返回至上一级对话框，此时，对话框中出现刚才选中的单元类型，如图 8-3 所示。点击"Close"，关闭对话框。

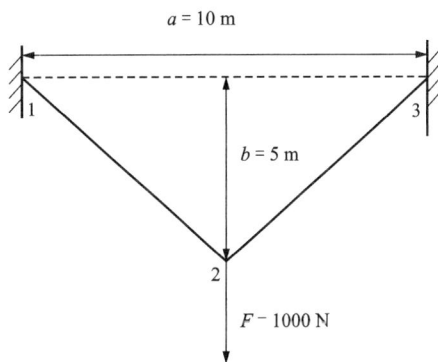

图 8-1　两杆桁架结构模型图

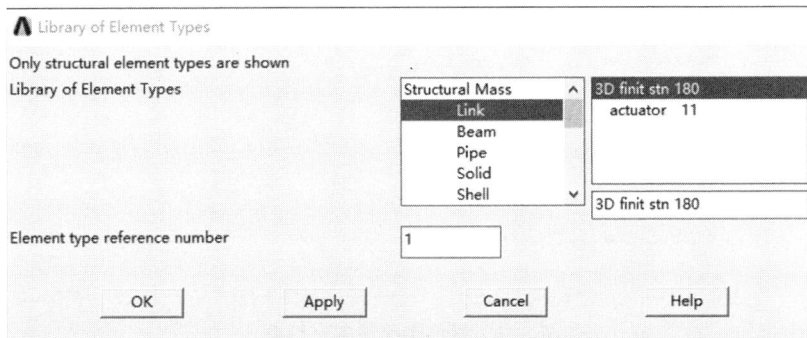

图 8-2　单元类型选择对话框（一）

（3）定义材料特性。点击菜单中的"Preprocessor>Material Props>Material Models"，弹出对话框，如图8-4所示，逐步点击"Structural, Linear, Elastic, Isotropic"选项，弹出下一级对话框，在弹性模量文本中输入2.1E+011，在泊松比文本中输入0.3，如图8-5所示，点击OK，返回上一级对话框并点击关闭按钮。

（4）定义几何特性。在ANSYS中主要是实常数的定义：点击主菜单中的"Preprocessor>Real Contants>Add/Edit/Delete"，弹出对话框，点击"Add"按钮，第2步定义的LINK180单元出现于该对话框中，点击"OK"，弹出下一级对话框，如图8-6所示。在AREA一栏输入杆件的截面积0.001，点击"OK"，回到上一级对话框，如图8-7所示。点击"Close"，关闭如图8-7所示对话框。

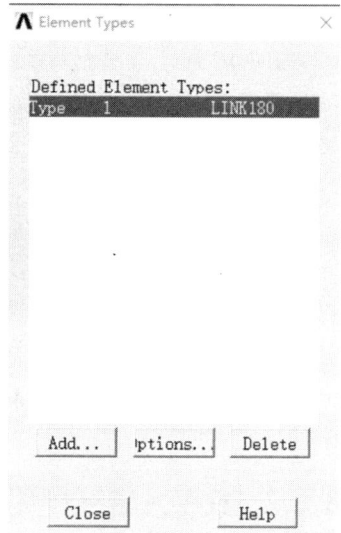

图8-3 单元类型选择对话框(二)

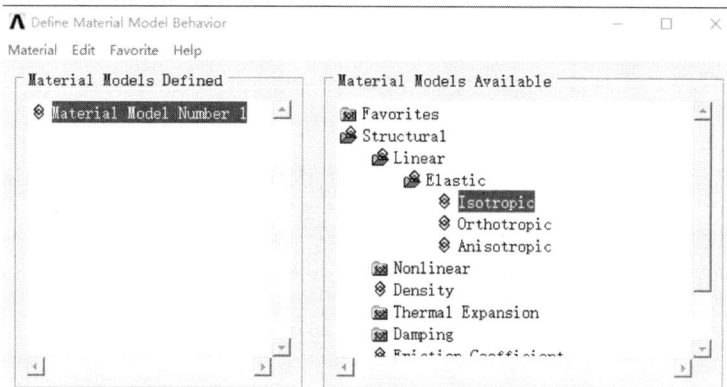

图8-4 材料特性对话框

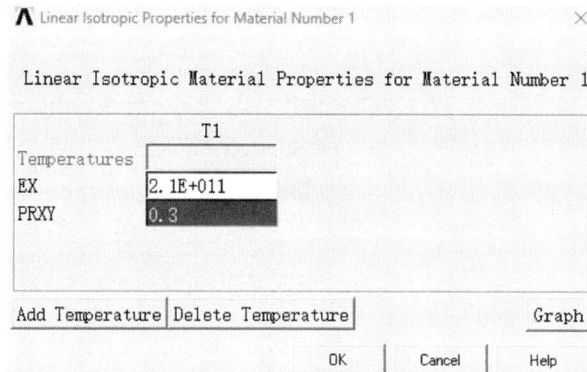

图8-5 材料特性设置对话框

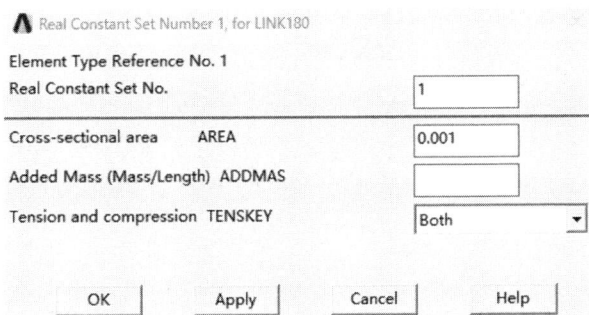

图 8-6　实常数对话框(一)

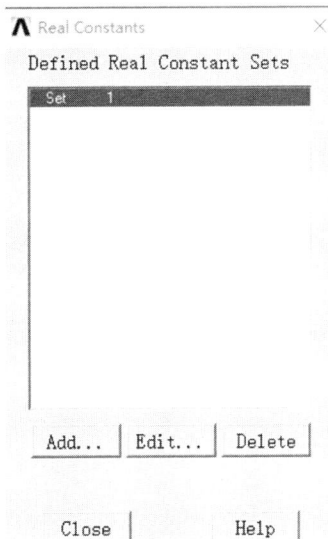

图 8-7　实常数对话框(二)

(5)创建节点。建立关键点在工作界面三维坐标轴,建立杆单元的三维模型。对梁单元建立关键点位。点击主菜单的"Preprocessor>Modeling>Creat>Nodes>In Active CS"选项,弹出对话框,在"Node Number"中输入关键点号 1,在"XYZ Location"中输入关键点 1 号的坐标(0, 0, 0),如图 8-8 所示。点击"Apply"按钮,在生成关键点 1 的同时弹出一样的对话框,同理,输入下一个节点坐标,点击"OK"按钮。依次输入关键点进行建模。

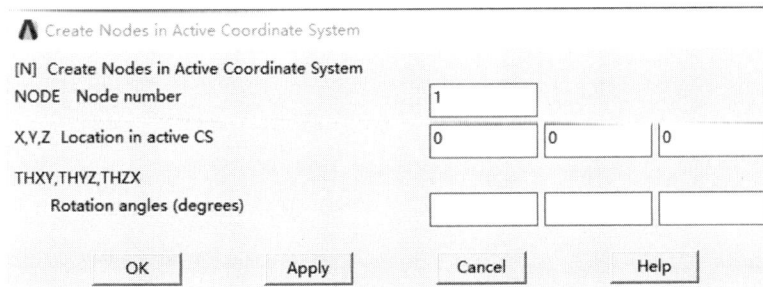

图 8-8　关键点 1 生成对话框

(6)点击菜单中的"Preprocessor > Modeling > Creat > Elements > Auto Numbered>Thru Nodes"。弹出关键点选择对话框,如图 8-9 所示,拾取关键点 1、2、3,点击 OK 按钮。按顺序点击关键点,建立桁架结构。

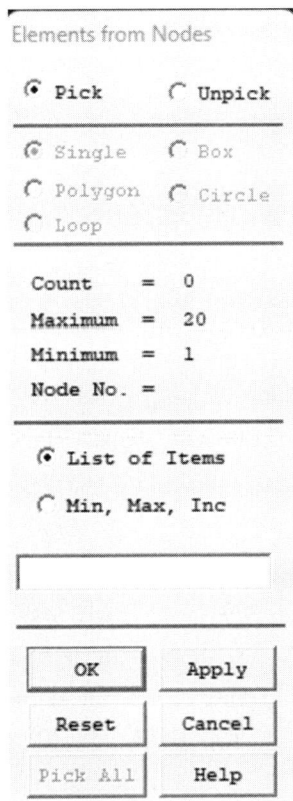

图 8-9　节点选择对话框

▶ **119**

（7）施加位移约束。点击主菜单中的"Preprocessor>Loads>Define loads>Apply>Structural>Dislacement>On Nodes"，弹出"关键点选择"对话框，点选 1 关键点，然后点击"OK"按钮，弹出对话框，选择右上列表框中的"All DOF"，如图 8-10 所示，并点击"OK"按钮。对 3 节点进行同样的操作。

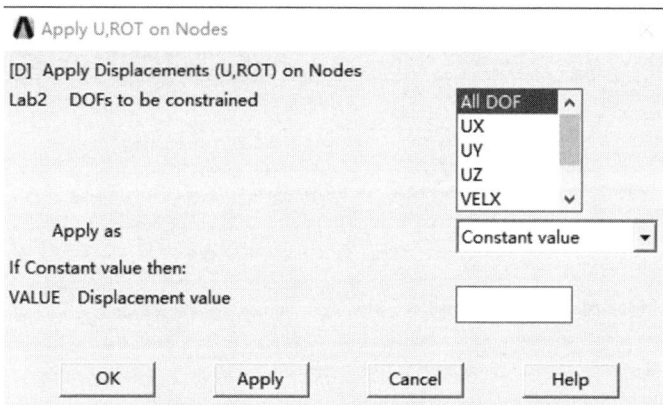

图 8-10　节点约束对话框

施加集中荷载。点击主菜单中的"Preprocessor>Loads>Define Loads>Apply>Structural>Force/ Moment>On Nodes"，点击关键点 2，然后点击"OK"按钮，弹出如图 8-11 所示对话框。如图 8-12 所示，在"Direction of force/mom"一项中，选择"FY"，在"Force/moment value"一项中输入 -1000（注：负号表示力的方向与 Y 的正向相反），然后点击"OK"按钮关闭对话框，这样，就在关键点 2 处给梁结构施加了一个竖直向下的集中荷载。

（8）对杆单元进行计算。点击主菜单中的"Solution>Solve> Current LS"，弹出对话框，点击"OK"按钮，开始进行分析求解，如图 8-13 所示。分析完成后，会弹出一信息窗口，提示用户已完成求解，点击"Close"按钮关闭对话框即可，如图 8-14 所示。至于在求解时产生的 STATUS Command 窗口，点击"File>Close"关闭即可。

（9）显示变形图。点击主菜单中的"General Postproc>Plot Results> Deformed Shape"，弹出如图 8-15 所示对话框。选中"Def + undeformed"选项，并点击"OK"按钮，即可显示本实训桁架结构变形前后的结果，如图 8-16 所示。

（10）显示位移图。点击主菜单中的"General Postproc>List Result> Nodal Solution"，弹出对话框。在 DOF Solution 下拉选项中选择"Y - Component of displacement"，点击

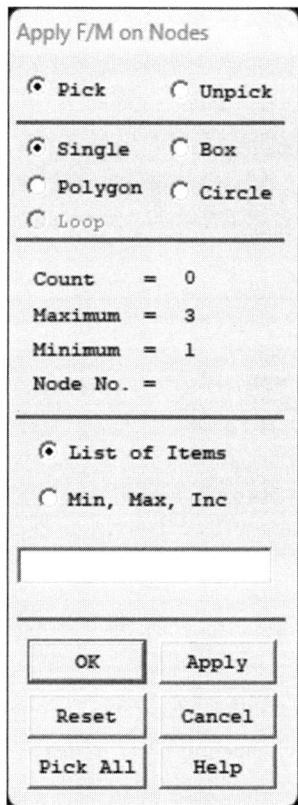

图 8-11　节点拾取对话框

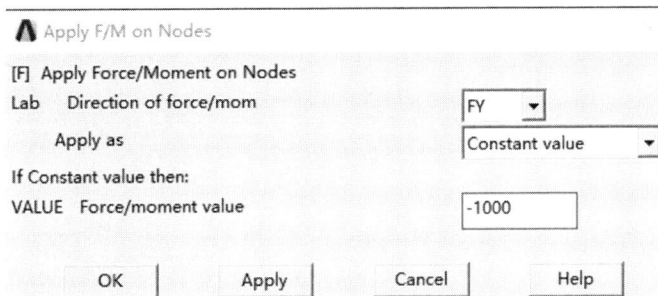

图 8-12 节点荷载施加对话框

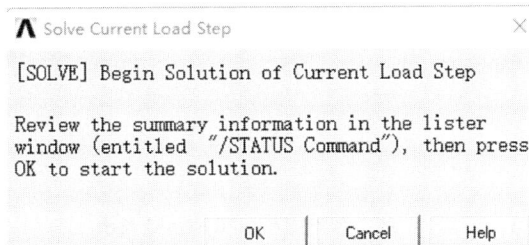

图 8-13 求解对话框

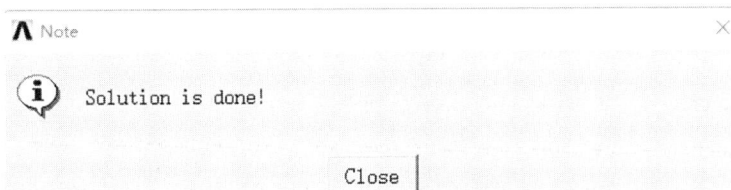

图 8-14 求解结束对话框

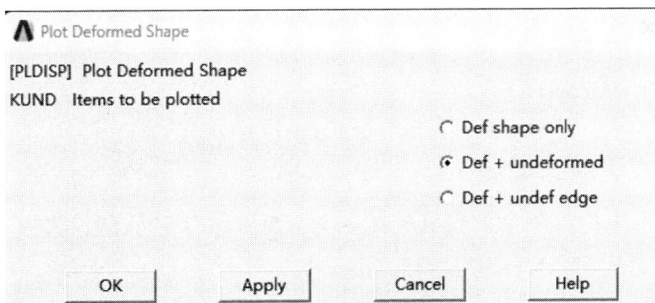

图 8-15 显示变形对话框

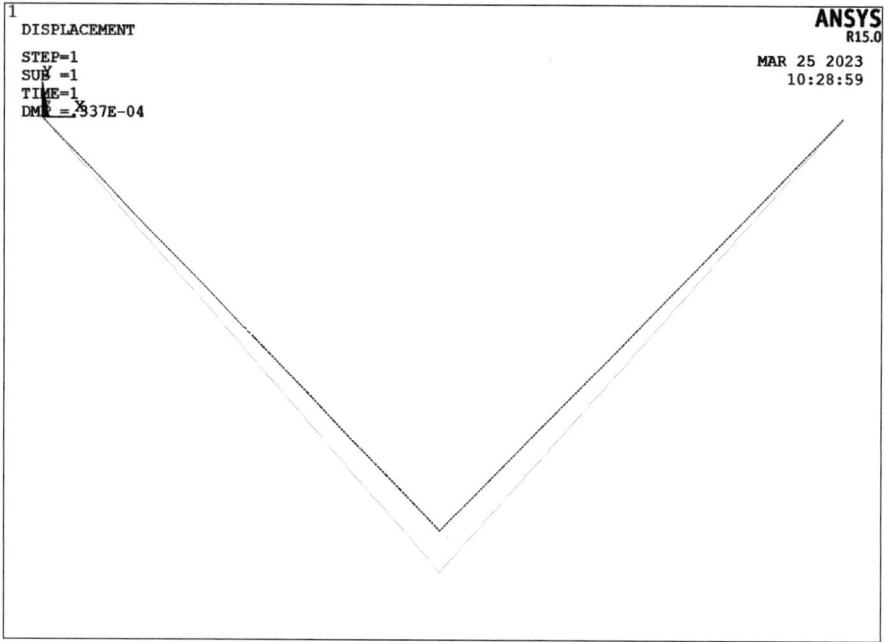

图 8-16　铰链结构变形前后效果图

"OK"按钮，即得到节点 2 的 Y 方向位移，如图 8-17 所示。

```
PRINT U     NODAL SOLUTION PER NODE

***** POST1 NODAL DEGREE OF FREEDOM LISTING *****

LOAD STEP=     1  SUBSTEP=     1
 TIME=    1.0000     LOAD CASE=    0

THE FOLLOWING DEGREE OF FREEDOM RESULTS ARE IN THE GLOBAL COORDINATE SYSTEM

    NODE     UY
      1   0.0000
      2  -0.33672E-04
      3   0.0000

MAXIMUM ABSOLUTE VALUES
NODE          2
VALUE  -0.33672E-04
```

图 8-17　节点位移列表显示

　　(11)退出。点击应用菜单中的"Filex>Ext."，弹出保存对话框，选中"Save Everything"，点击"OK"按钮，即可退出 ANSYS。

8.3　案例：ANSYS 梁结构单元分析

经过前面的介绍，对 ANSYS 软件有了一定的了解，接下来通过梁结构单元案例来熟悉并学习 ANSYS 的操作和计算。

梁单元计算

8.3.1　梁单元特性

梁单元分为多种单元，分别具有不同的特性，是一类轴向拉压、弯曲、扭转的 3D 单元。该类单元有常用的 2D/3D 弹性梁元、塑性梁元、渐变不对称梁元、3D 薄壁梁元及有限应变梁元。此类单元除 BEAM189 为 3 节点外，其余均为 2 节点，但有些辅以另外的节点决定单元的方向，该类单元特性如表 8-2 所示。

单元使用应注意的问题如下。

(1) 梁单元的面积和长度不能为零，且 2D 梁元必须位于 XY 平面内。

(2) 剪切变形的影响：剪切变形将增加梁的附加挠度，并使原来垂直于中面的截面变形后不再和中面垂直，且发生翘曲(变形后截面不再是平面)。当梁的高度远小于跨度时，可忽略剪切变形的影响，但梁高相对于跨度不太小时，则要考虑剪切变形的影响。经典梁元基于变形前后垂直于中面的截面变形后仍保持垂直的 kirchhoff 假定，如当剪形系数为零时的 BEAM3 或 BEAM4。但在考虑剪切变形的梁弯曲理论中，仍假定原来垂直于中面的截面变形后仍保持平面(但不一定垂直)，ANSYS 的梁单元也均如此。考虑剪切变形影响可采用两种方法，即在经典梁元的基础上引入剪切变形系数(BEAM3/4/23/24/44/54)和 Timoshenko 梁元(BEAM188/189)，前面的截面转角由挠度的一次导数导出，而后者则采用了挠度和截面转角各自独立的插值，这是两者的根本区别。

(3) 自由度释放：梁元中能够利用自由度释放的单元是 BEAM44 单元，通过 keyopt(7) 和 keyopt(8) 设定释放 I 节点和 J 节点的各个自由度。但要注意模型中哪些单元使用自由度释放的 BEAM44，而哪些为普通的 BEAM44 单元，否则可能造成几何可变体系。高版本中的 BEMS188/189 也可通过 ENRELEAE 命令对自由度进行释放，如将刚性节点设为球铰等。

(4) 梁截面特性：梁单元能够采用梁截面特性的单元有 BEAM44 和 BEAM188/189 三个单元，并且低版本中单元截面均为不变时才能采用梁截面。BEAM44 在不使用梁截面而输入实常数时可以采用变截面的梁单元，且单元两节点的面积比或惯性矩比，有一定要求。BEAM188/189 在 V8.0 以上版本可以使用变截面的梁截面，可根据两个不同梁截面定义，且可以采用不同材料组成的梁截面，而 BEAM44 不可。同时，BEAM188/189 支持约束扭转，通过激活第七个自由度使用。

(5) BEAM23/24 因具有多种特性，故实常数的输入比较复杂。BEAM23 可通过输入矩形截面、薄壁圆管、圆管和一般截面的几何尺寸来定义截面。BEAM24 则通过一系列的矩形段来定义截面。

(6) 荷载特性：梁单元大多支持单元跨间分布荷载、集中荷载和节点荷载，但 BEAM188/189 不支持跨间集中荷载和跨中部分分布荷载，仅支持在整个单元长度上分布的荷载。温度梯度可沿截面高度、单元长度线性变化。值得注意的是，梁单元的分布荷载是施加在单元上，而不是施加在几何线上，在求解时几何线上的分布荷载不能转化到有限模型上。

(7)应力计算:对于输入实常数的梁单元,其截面高度仅用于计算弯曲应力和热应力,并且假定其最外层纤维到中性轴的距离为梁高的一半,因此,关于水平轴不对称的截面,其应力计算是没有意义的。

表 8-2 梁单元特性

单元名称	简称	节点数/个	节点自由度	特性	备注
BEAM3	2D 弹性梁	2	Ux, Uy, Rotz	EDCB	常用平面梁元
BEAM23	2D 塑性梁	2		EPCSDFGB	具有塑性等功能
BEAM54	2D 渐变不对称梁	2		EDGB	不对称截面,可偏移中心轴
BEAM4	3D 弹性梁	2	Ux, Uy, Uz Rotx, Roty, Rotz	EDGB	拉压弯扭,常用 3D 梁元
BEAM24	3D 薄壁梁	2+1		EPCSDGB	拉压弯及圣维南扭转,开口或闭口截面
BEAM44	3D 渐变不对称梁	2+1		EDGB	拉压弯扭,不对称截面,可偏移中心轴,可释放节点自由度,可采用梁截面
BEAM188	3D 线性有限应变梁	2+1	Ux, Uy, Uz Rotx, Roty, Rotz 或增加 warp	EPCDFGB 黏弹性	Timoshenko 梁,计入剪切变形影响,可增加翘曲自由度,可采用梁截面
BEAM189	3D 二次有限应变梁	3+1			同 BEAM188,但属二次梁单元

8.3.2 梁单元求解和变形分析

如图 8-18 所示,一方形截面梁,截面每边长 5 cm,悬臂梁长度为 10 m。梁左端为固定约束,在右端施加一个竖直向下,大小为 100 N 的集中力。利用 ANSYS 数值方法分析该梁的最大挠度。(弹性模量 $E = 3E11 \ N/m^2$,泊松比为 0.3)

求解过程如下。

(1)定义单元类型,点击主菜单中的 "Preference > Preprocessor > Element Type > Add/ Edit/Delete",点击对话框中"Add"按钮,弹出如图 8-19 所示对话框,选中该对话框中的 "Beam"和"2 node 188"选项,点击"OK"按钮,关闭对话框,返回至上一级对话框。此时,该对话框中出现刚才选中的单元类型,如图 8-20 所示。点击"Close"按钮,关闭对话框。

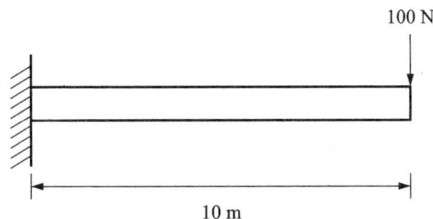

图 8-18 悬臂梁结构

(2)定义材料特性。点击菜单中的"Preprocessor>Material Props>Material Models",弹出对话框,如图 8-21 所示,逐步点击"Structural, Linear, Elastic, Isotropic"选项前图标,弹出下一级对话框,如图 8-22 所示,在弹性模量文本中输入 3E11,在泊松比文本中输入 0.3,点击 OK 按钮,返回上一级对话框并点击关闭按钮。

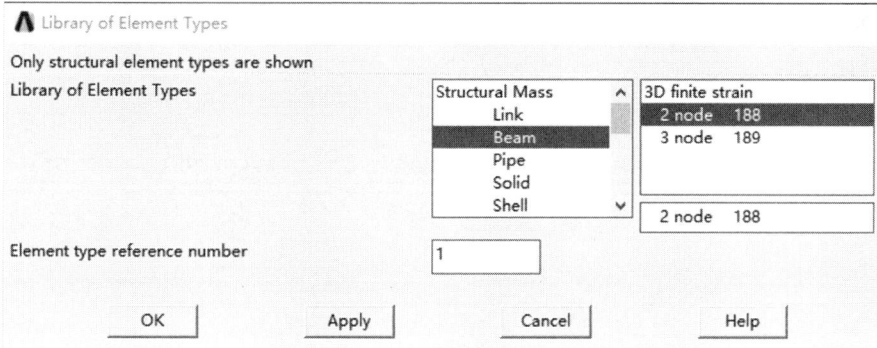

图 8-19　单元类型选择对话框

图 8-20　单元类型对话框

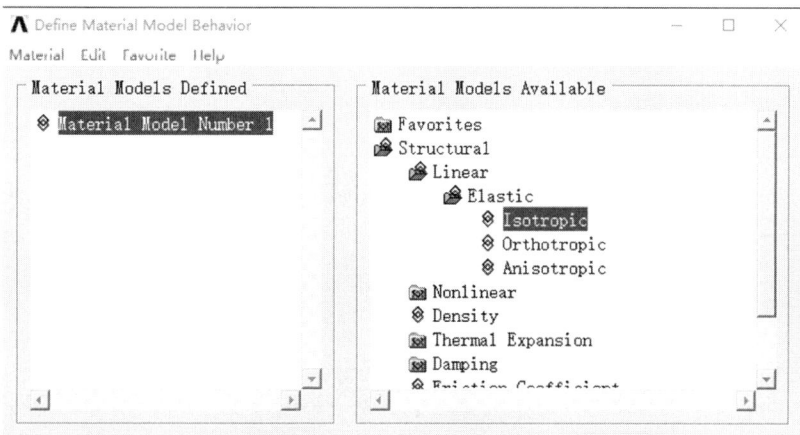

图 8-21　材料特性对话框

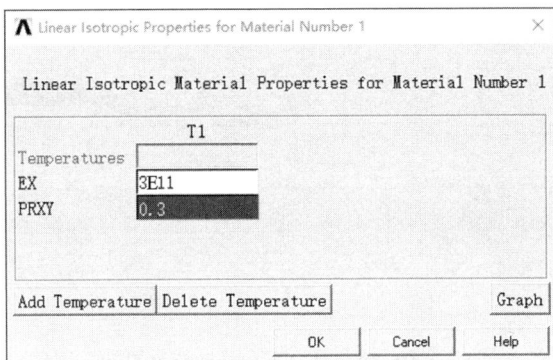

图 8-22　材料特性设置对话框

（3）定义几何特性。在 ANSYS 中主要是截面参数的定
义：点击菜单栏中的"Preprocessor>Sections>Beam/Commom
Sections"，弹出如图 8-23 所示对话框，在 B 一栏中输入宽
度 0.05，在 H 一栏输入高度 0.05，点击"OK"按钮。

（4）建立关键点在工作界面三维坐标轴，建立梁单元
的三维模型。对梁单元关键点位进行建立。点击主菜单中
"Preprocessor>Modeling>Creat>Keypoints>In Active CS"，弹
出对话框，如图 8-24 所示，在"Keypoints Number"中输入
关键点号 1，在"XYZ Location"中输入关键点 1 号的坐标

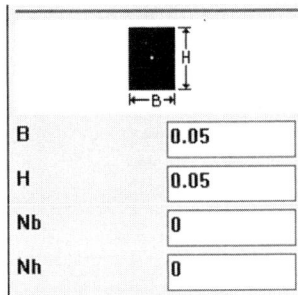

图 8-23　实常数对话框

（0，0，0）。点击"Apply"按钮，在生成关键点 1 的同时弹出同样的对话框，同理，添加下一
个节点坐标，如图 8-25 所示，点击"OK"按钮。依次输入关键点进行建模。

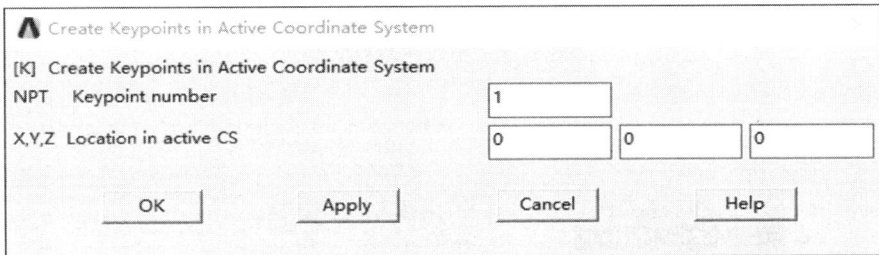

图 8-24　关键点 1 生成对话框

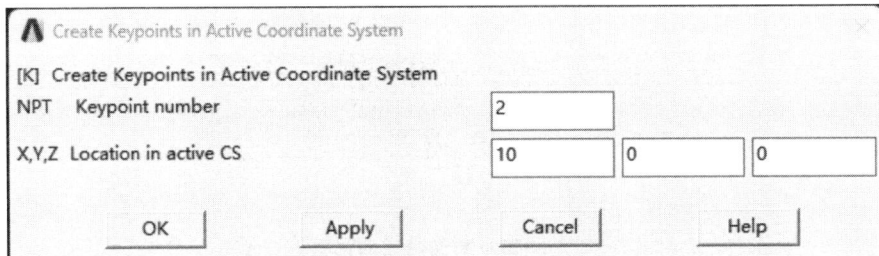

图 8-25　关键点 2 生成对话框

（5）创建线。点击菜单中的"Preprocessor>Modeling>Creat>Lines>Straight Line"，弹出如图 8-26 所示对话框，拾取关键点 1、2，点击"OK"按钮，即可生成线。

（6）生成单元。点击主菜单"Preprocessor/Meshing/Size Cntrls/Manual Size/Global/Size"，在 NDIV 栏中输入 20，如图 8-27 所示，点击"OK"按钮。点击主菜单"Preprocessor/Meshing/ MeshTool"，出现如图 8-28 所示对话框。点击 Mesh，出现如图 8-29 所示对话框。

拾取线，点击"OK"按钮。

（7）施加位移约束。点击主菜单中的"Preprocessor > Loads > Define Loads>Apply > Structural >Dislacement>On Keypoints"，弹出"关键点选择"对话框，点选 1 关键点后，点击"OK"按钮，弹出如图 8-30 所示对话框，选择右上列表框中的"All DOF"，并点击"OK"按钮。

图 8-26　生成直线对话框

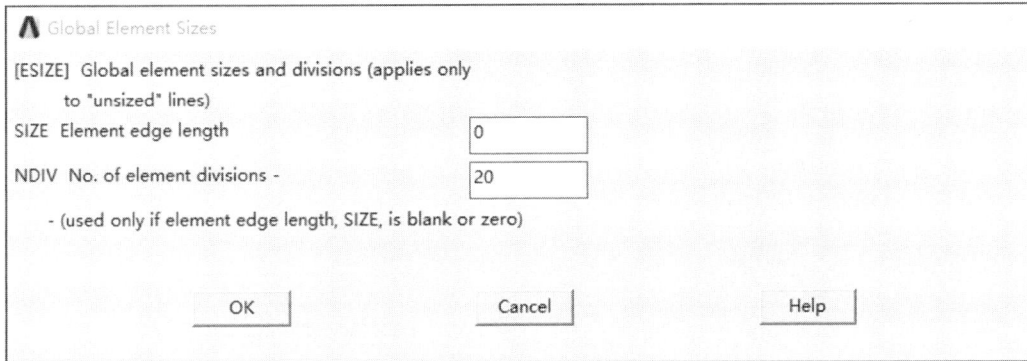

图 8-27　网格划分对话框

施加集中荷载。点击主菜单中的"Preprocessor>Loads>Define Loads>Apply>Structural>Force/ Moment>On Keypoints"，点击关键点 2 后，点击"OK"按钮，弹出如图 8-31 所示对话框，在"Direction of force/mom"一项中，选择"FY"，在"Force/moment value"一项中输入 -100（注：负号表示力的方向与 Y 的正向相反），然后点击"OK"按钮，关闭对话框，这样，就在关键点 2 处给梁结构施加了一个竖直向下的集中荷载，如图 8-32 所示。

（8）对梁单元进行计算。点击主菜单中的"Solution>Solve> Current LS"，弹出对话框，如图 8-33 所示，点击"OK"按钮，开始进行分析求解。分析完成后，会弹出一信息窗口，如图 8-34 所示，提示用户已完成求解，点击"Close"按钮关闭对话框即可。至于在求解时出现的 STATUS Command 窗口，点击"File>Close"关闭即可。

（9）显示变形图。点击主菜单中的"General Postproc>Plot Results> Deformed Shape"，弹出如图 8-35 所示对话框。选中"Def + undeformed"选项，并点击"OK"按钮，即可显示本实训悬臂梁结构变形前后的结果，如图 8-36 所示。

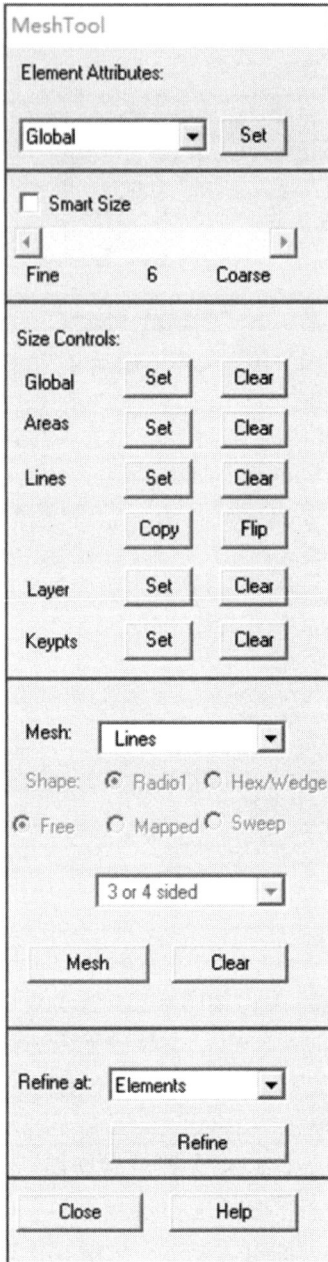

图8-28 线网格划分对话框

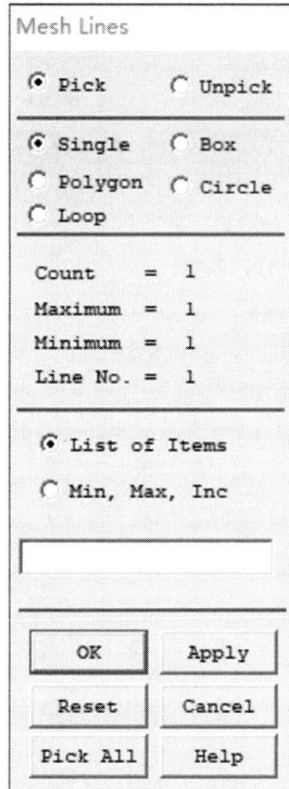

图8-29 线网格划分时拾取线对话框

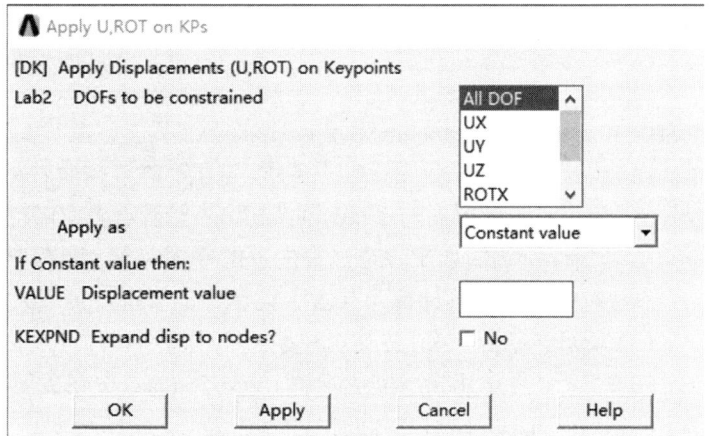

图8-30 关键点约束对话框(一)

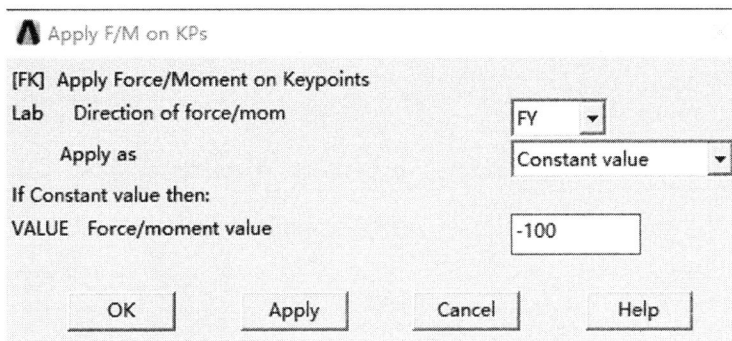

图 8-31　关键点约束对话框(二)

图 8-32　有限元模型荷载施加效果

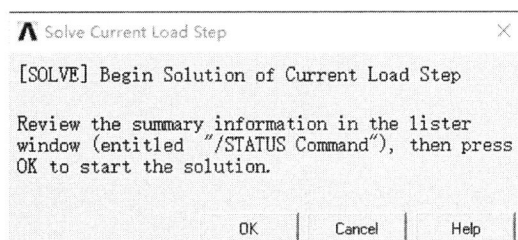

图 8-33　求解对话框

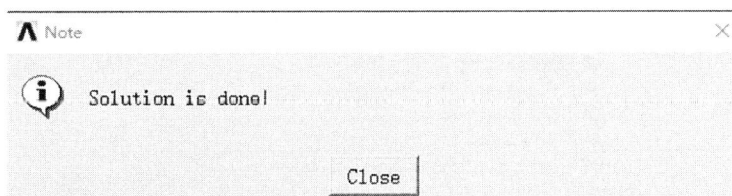

图 8-34　求解结束对话框

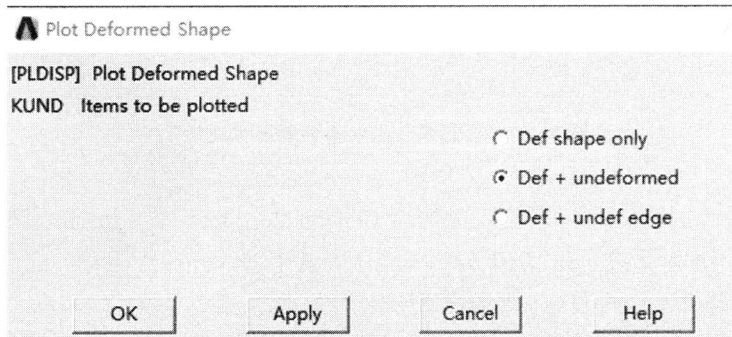

图 8-35　显示变形对话框

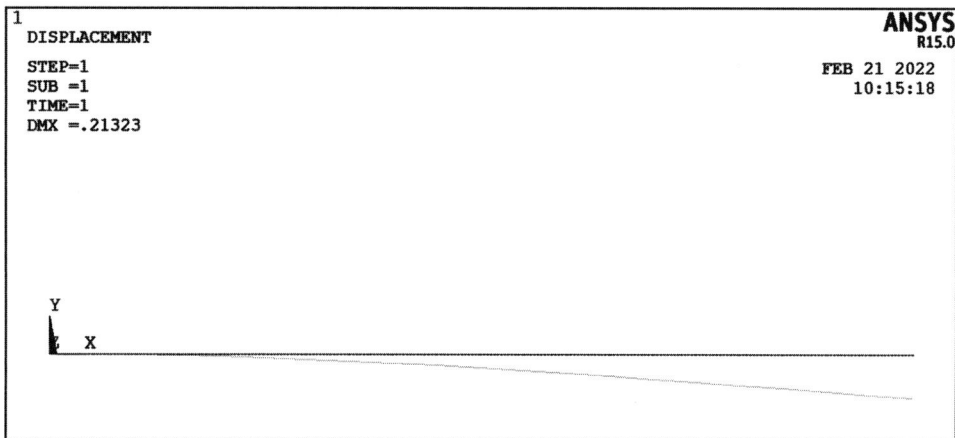

图 8-36　悬臂梁变形前后效果

（10）列举挠度计算结果。点击主菜单中的"Geneal Postproe>List Results>Nodal Solu"，弹出如图 8-37 所示对话框。接受缺省设置，点击"OK"按钮关闭对话框，并弹出一列表窗口，显示了各节点位移情况，如图 8-38 所示。

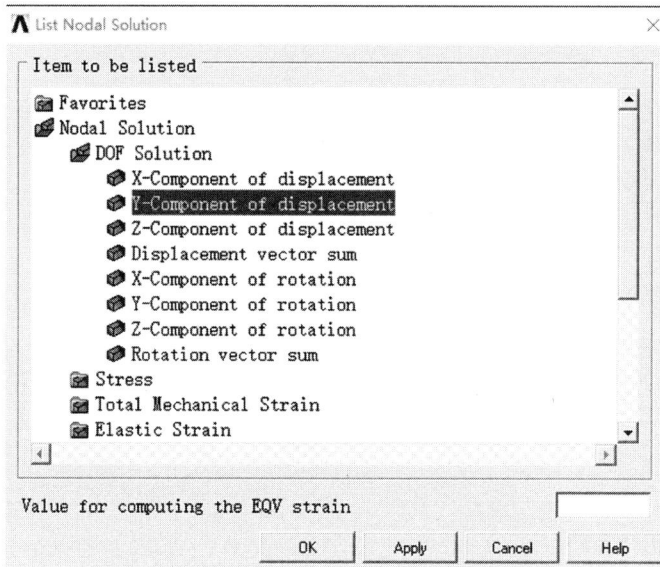

图 8-37　悬臂梁节点位移列表显示对话框

（11）列举各节点转角。点击主菜单中的"General Postproc> List Result > Nodal Solution"，弹出如图 8-39 所示对话框，在"DOF Solution"下，选中"Rotation Vector Sum"，点击"OK"按钮关闭对话框，并弹出一列表窗口，如图 8-40 所示，显示各节点的 X、Y、Z 方向上的转角。

（12）退出。点击应用菜单中的"Filex>Ext."，弹出保存对话框，选中"Save Everything"，点击"OK"按钮，即可退出 ANSYS。

```
PRINT U    NODAL SOLUTION PER NODE

***** POST1 NODAL DEGREE OF FREEDOM LISTING *****

LOAD STEP=    1  SUBSTEP=    1
 TIME=   1.0000    LOAD CASE=   0

THE FOLLOWING DEGREE OF FREEDOM RESULTS ARE IN THE GLOBAL COORDINATE SYSTEM

   NODE    UY
     1   0.0000
     2  -0.21323
     3  -0.78149E-03
     4  -0.30830E-02
     5  -0.68245E-02
     6  -0.11926E-01
     7  -0.18307E-01
     8  -0.25889E-01
     9  -0.34590E-01
    10  -0.44332E-01
    11  -0.55033E-01
    12  -0.66615E-01
    13  -0.78996E-01
    14  -0.92098E-01
    15  -0.10584
    16  -0.12014
    17  -0.13492
    18  -0.15010
    19  -0.16561
    20  -0.18135
    21  -0.19725

MAXIMUM ABSOLUTE VALUES
NODE           2
VALUE   -0.21323
```

图 8-38　悬臂梁节点位移列表显示

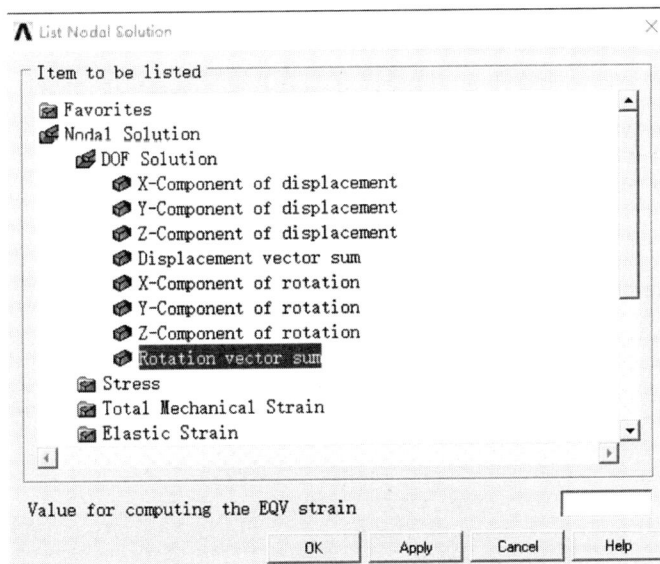

图 8-39　悬臂梁节点转角列表显示对话框

```
PRINT ROT  NODAL SOLUTION PER NODE

***** POST1 NODAL DEGREE OF FREEDOM LISTING *****

LOAD STEP=    1  SUBSTEP=    1
 TIME=    1.0000     LOAD CASE=   0

THE FOLLOWING DEGREE OF FREEDOM RESULTS ARE IN THE GLOBAL COORDINATE SYSTEM

    NODE     ROTX        ROTY        ROTZ        RSUM
     1     0.0000      0.0000      0.0000      0.0000
     2     0.0000      0.0000     -0.32000E-01 0.32000E-01
     3     0.0000      0.0000     -0.31200E-02 0.31200E-02
     4     0.0000      0.0000     -0.60800E-02 0.60800E-02
     5     0.0000      0.0000     -0.88800E-02 0.88800E-02
     6     0.0000      0.0000     -0.11520E-01 0.11520E-01
     7     0.0000      0.0000     -0.14000E-01 0.14000E-01
     8     0.0000      0.0000     -0.16320E-01 0.16320E-01
     9     0.0000      0.0000     -0.18480E-01 0.18480E-01
    10     0.0000      0.0000     -0.20480E-01 0.20480E-01
    11     0.0000      0.0000     -0.22320E-01 0.22320E-01
    12     0.0000      0.0000     -0.24000E-01 0.24000E-01
    13     0.0000      0.0000     -0.25520E-01 0.25520E-01
    14     0.0000      0.0000     -0.26880E-01 0.26880E-01
    15     0.0000      0.0000     -0.28080E-01 0.28080E-01
    16     0.0000      0.0000     -0.29120E-01 0.29120E-01
    17     0.0000      0.0000     -0.30000E-01 0.30000E-01
    18     0.0000      0.0000     -0.30720E-01 0.30720E-01
    19     0.0000      0.0000     -0.31280E-01 0.31280E-01
    20     0.0000      0.0000     -0.31680E-01 0.31680E-01
    21     0.0000      0.0000     -0.31920E-01 0.31920E-01

MAXIMUM ABSOLUTE VALUES
NODE        0          0           2           2
VALUE    0.0000      0.0000     -0.32000E-01 0.32000E-01
```

图 8-40 悬臂梁节点转角列表显示

8.4 案例：ANSYS 3D 实体单元分析

8.4.1 3D 实体单元

3D 实体单元用于模拟三维实体结构，此类单元每个节点均具有 3 个自由度，即 UX，UY，UZ 3 个平动自由度，各种单元的特性如表 8-3 所示。

表 8-3 3D 实体单元特性

单元名称	简称/3D	节点数/个	特性	完全/缩减积分	初应力	备注
SOLID45	实体元	8	EPCSDFGBA	Y/Y	Y	正交各向异性材料
SOLID46	分层实体元	8	EDG	Y/N	N	层数达 250 或更多
SOLID64	各向异体实体元	8	EDGBA	Y/N	N	各向异性材料

续表8-3

单元名称	简称/3D	节点数/个	特性	完全/缩减积分	初应力	备注
SOLID65	钢筋混凝土实体元	8	EPCDFGBA	Y/N	N	开裂、压碎、应力释放
SOLID92	四面体实体元	10	EPCSDFGBA	Y/N	Y	正交各向异性材料
SOLID95	实体单元	20	EPCSDFGBA	Y/Y	Y	是 SOLID45 的高阶元
SOLID147	砖形实体 P 元	20	E	Y/N	N	P 可设置 2~8 阶
SOLID148	四面体实体 P 元	10	E	Y/N	N	P 可设置 2~8 阶
SOLID185	实体单元	8	EPCDFGBA	Y/Y 等	Y	可模拟几乎不可压缩的弹塑和完全不可压缩的超弹
SOLID186	实体单元	20	EPCDFGBA	Y/Y	Y	层数≤100
SOLID187	四面体实体 P 元	10	EPCDFGBA	Y/N	Y	是 SOIID5 的高阶元
SOLID191	分层实体元	20	EGA	Y/N	N	P 可设置 2~8 阶

单元使用应注意的其他问题：

（1）关于 SOLID72/73 单元：SOLID72 是 4 节点四面实体单元，SOLID73 是 8 节点六面体实体单元，这两个单元每个节点均具有 6 个自由度，即 Ux，Uy，Uz，Rotx，Roty，Rotz，在较高版本中，ANSYS 已不再推荐使用，帮助文件中也不再介绍，但命令流仍然可用。其原因如下。

①新的求解器 PCC 和 SOLID92/95 可以较好地解决原有的求解问题；

②防止不同单元中"误用"转动自由度，如与 Beam 或 Shell 共同建模时误用转动自由度。

（2）其他特点：

①除 8 节点单元具有非协调单元选项外，其余均不支持。单元退化时均自动变为协调元。

②除 8 节点单元外，其余均适合曲边模型或不规则模型。

③除 10 节点单元不能退化外，其余单元皆可退化为校杆体或四面体单元，且 SOLID95/186 又可退化为金字塔（也称宝塔）单元。

（3）SOLID185 积分方式可选择完全积分的 $\bar{B}$ 方法、减缩积分、增强应变模式和简化的增强应变模式，且 SOLID185/186/187 单元均具有位移插值模式和混合插值模式（u-P 插值），以模拟几乎不可压缩的弹塑材料和完全不可压缩的超弹材料。

8.4.2　三维实体结构分析

长度 $L=0.254$ m 的正方形截面铝合金锥形杆件（图 8-41），上端为固定端约束，下端作用有集中力 $F=44483$ N。其中上截面正方形边长为 0.0508 m，弹性模量 $E=70.71$ GPa，泊松比为 0.3。试通过 ANSYS 数值方法分析最大轴向位移。

（1）定义单元类型。点击主菜单中的"Preference>Element Type>Add/Edit/Delete"，在弹出的对话框中点击"Add..."按钮，弹出如图 8-42 所示对话框，选中该对话框中的"Solid"和

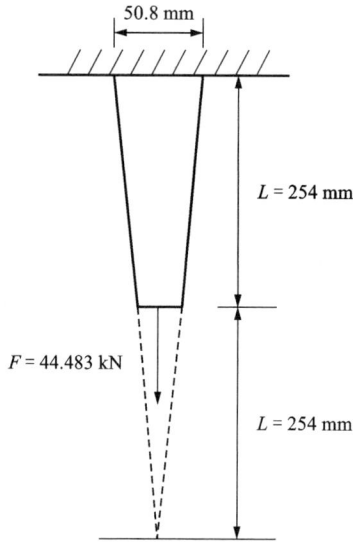

图 8-41　锥形变截面杆模型

"Brick 8 node 185" 选项，点击"OK"按钮，关闭图 8-42 所示对话框，返回至上一级对话框。此时，对话框中出现刚才选中的单元类型：SOLID185，如图 8-43 所示。点击"Close"按钮，关闭图 8-43 所示对话框。

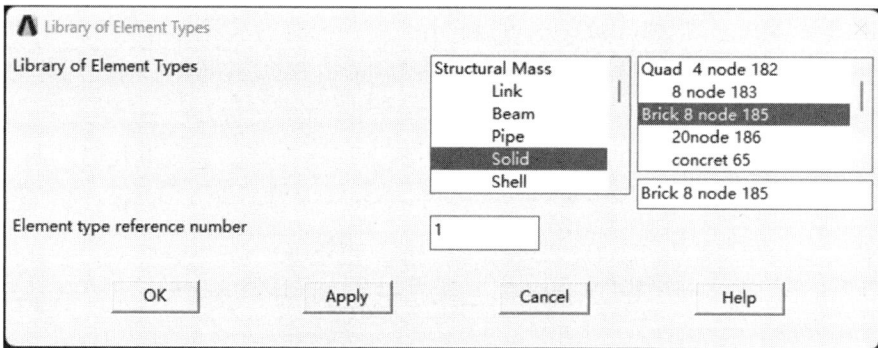

图 8-42　单元类型选择对话框

（2）定义材料特性。点击主菜单中的"Preprocessor> Material Props >Material Models"，弹出如图 8-44 所示对话框，逐级双击右框中"Structural，Linear，Elastic，Isotropic"选项前图标，弹出下级对话框，在弹性模量文本框中输入 70.71E9，在泊松比文本框中输入 0.3，如图 8-45 所示，点击"OK"按钮返回上一级对话框，并点击"关闭"按钮，关闭图 8-45 所示对话框。

（3）创建关键点。点击主菜单中的"Preprocessor>Modeling>Create>Keypoints>In Active CS"，弹出图 8-46 所示对话框，在"Keypoint number"栏中输入关键点号 1，在"XYZ Location"一栏中输入关键点 1 的坐标(-0.0254，0，-0.0254)，点击"Apply"按钮，在生成 1 关键点的

同时弹出与图 8-46 一样的对话框，同理将 2(0.0254, 0, -0.0254)、3(0.0254, 0, 0.0254)、4(-0.0254, 0, 0.0254)、5(-0.0127, -0.254, -0.0127)、6(0.0127, -0.254, -0.0127)、7(0.0127, 0.254, 0.0102)、8(-0.0127, -0.254, 0.0127)关键点的坐标输入相应栏中，点击"OK"按钮。

图 8-43　单元类型对话框

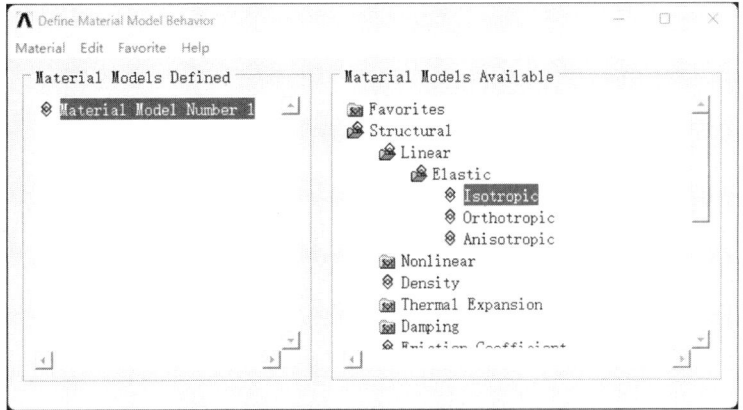

图 8-44　实常数设置对话框

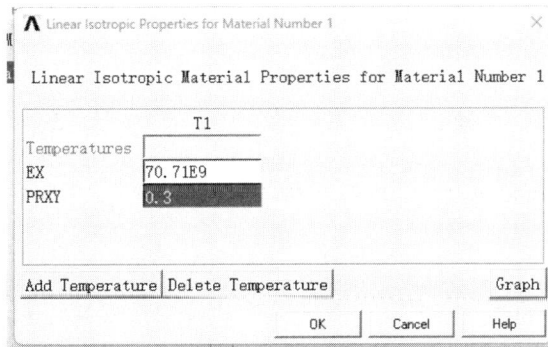

图 8-45　实常数对话框

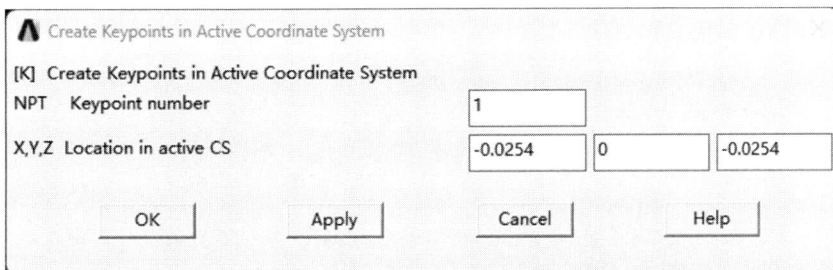

图 8-46　关键点 1 生成对话框

（4）创建体。点击主菜单中"Preprocessor>Modeling>Create> Volumes> Arbitrary>Through KPs"，弹出"关键点选择"对话框。拾取关键点 1、2、3、4、5、6、7、8，点击"OK"按钮，即可生成体，如图 8-47 所示。

（5）生成单元。点击主菜单中"Peprocesor/Meching/Size Cntrls/ Manual Size/Line/Picked Lines"，拾取该体长度方向上的 4 条线，见图 8-48。在图 8-49 NDIV 栏中输入 7，点击"OK"按钮。

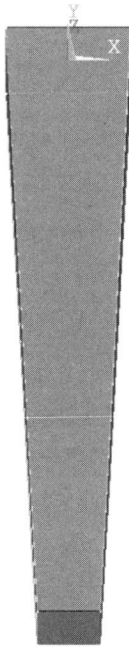

图 8-47　由关键点生成体　　　　　　　　　　图 8-48　拾取线

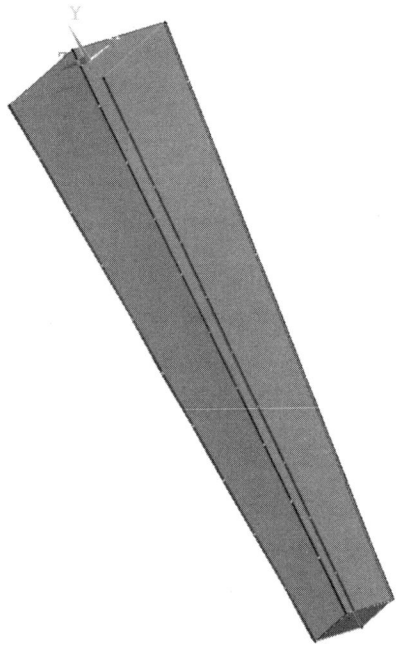

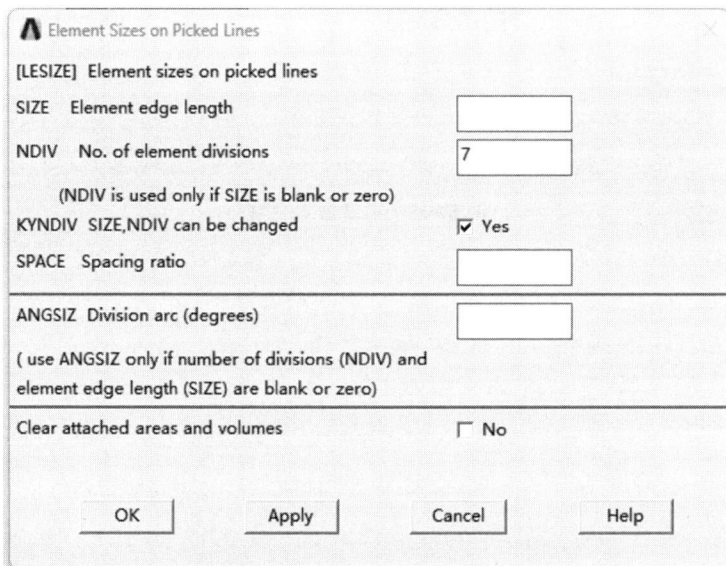

图 8-49　设置单元长度

点击主菜单"Preprocessor/ Meshing /Mesh Tool"，出现如图 8-50 所示对话框。点击"Mesh"，出现对话框。拾取体，点击"OK"按钮。生成网格如图 8-51 所示。

6.施加位移约束。点击主菜单中的" Preprocessor > Loads > Define loads > Apply > Structural > Dislacement > On Areas"，弹出"面选择"对话框，点选坐标原点处的固定端截面，然后点击"OK"按钮，弹出图 8-52 所示对话框，选择右上列表框中的"All DOF"，施加位移约束。

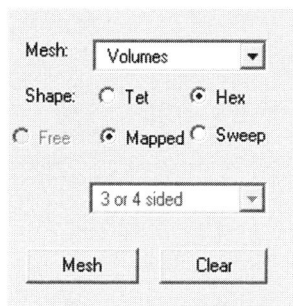

图 8-50 体网格划分

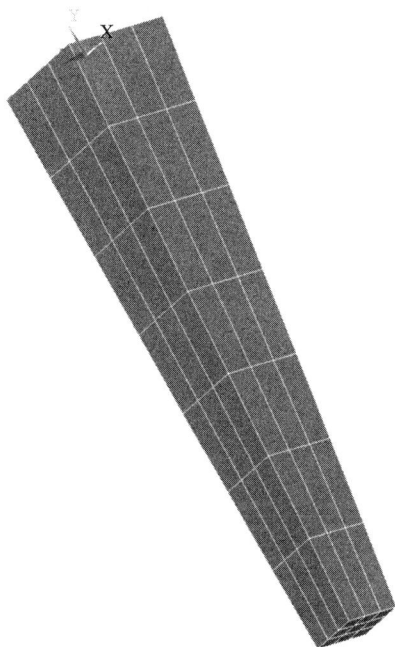

图 8-51 拾取体

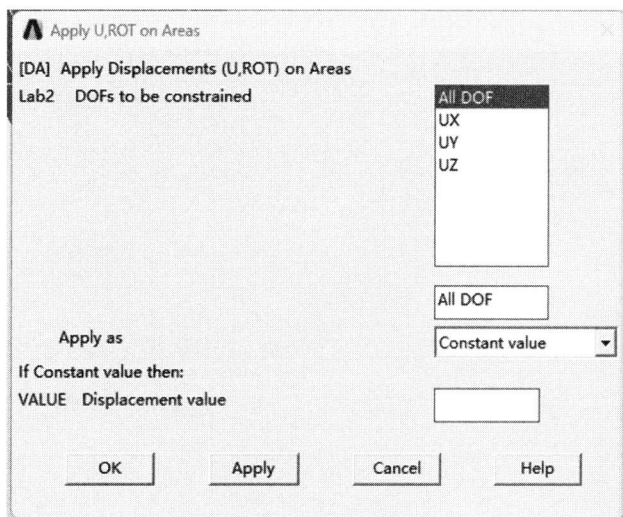

图 8-52 施加面约束

（7）施加均布荷载。点击主菜单中的"Preprocessor>Loads>Define Loads>Apply>Structural>Pressure>On Areas"，点击最下面的正方形截面，然后输入均布荷载值-686900，计算式为 $44483/0.0254^2 \approx 68949000$ Pa，如图 8-53 所示。

（8）点击主菜单中的"Solution>Solve>Current LS"，弹出对话框（图 8-54），点击"OK"按钮，开始进行分析求解。分析完成后，又弹出信息窗口（图 8-55）提示用户求解已完成，点击"Close"按钮关闭对话框即可。至于在求解时出现的"STATUS Command"窗口，点击"File>Close"关闭即可。

（9）显示变形图。点击主菜单中的"General Postpoe>Plot Results>Defomed Shape"，弹出如图 8-56 所示对话框，选中"Def+undeformed"选项，并点击"OK"按钮，即可显示本实训结构变形前后的结果，如图 8-57 所示。

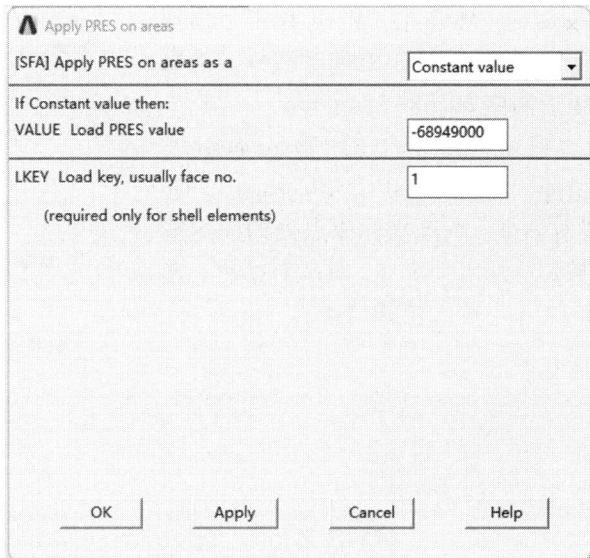

图 8-53　施加面荷载

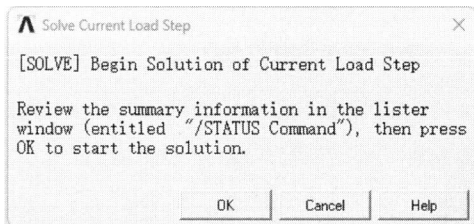

图 8-54　求解对话框

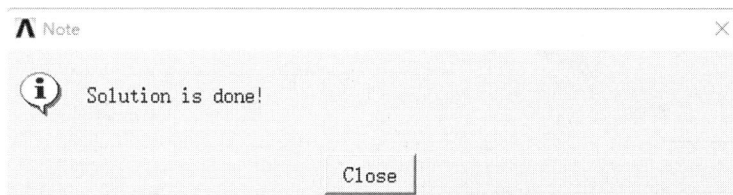

图 8-55　求解结束对话框

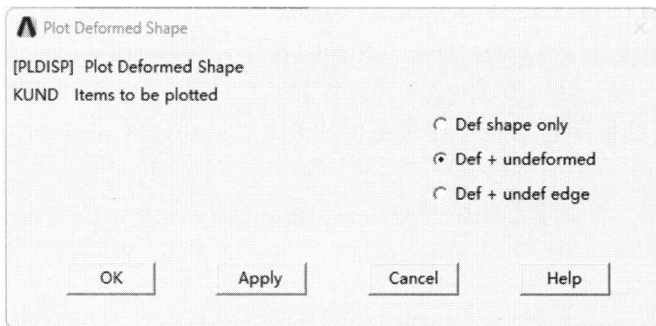

图 8-56　显示变形对话框

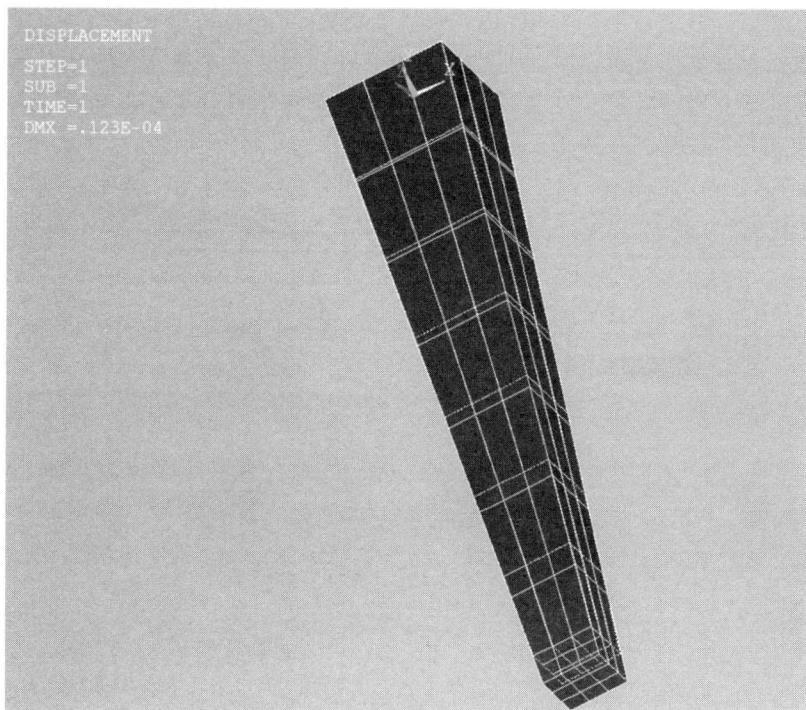

图 8-57　杆结构变形前后效果

本章习题

1. 试用 ANSYS 有限元软件建立有限元模型，指定属性并划分网格，模型几何形状和尺寸如图 8-58 所示。材料参数：弹性模量为 200 GPa，泊松比 0.30。

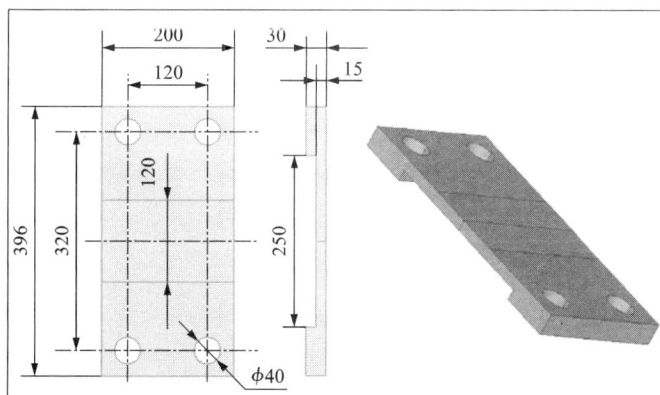

图 8-58　习题 1 图　实体模型（图中尺寸单位：mm）

2. 如图 8-50 所示，一空间块体右端部受两个集中力 F 作用，其中，参数为：$E=1\times 10^{10}$ Pa，$\mu=0.25$，$t=0.2$ m，$F=1\times10^5$ N。采用 ANSYS 平台作为前后处理器，并进行计算和分析各个节点位移、支座反力及单元的应力。要求：分别使用 4 节点四面体单元和 8 节点六面体单元两种单元计算，输出节点与单元的应力、应变和位移结果数据和节点与单元的应力和应变等值线图形。

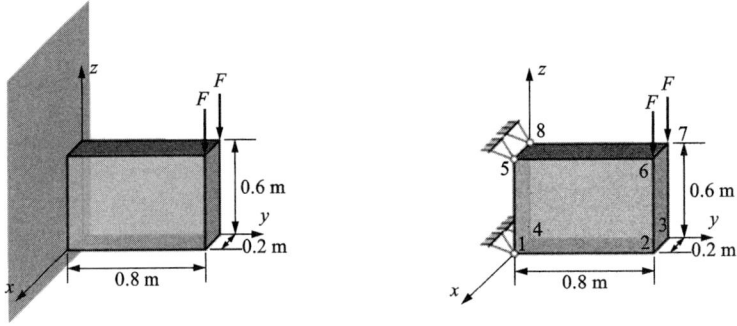

图 8-59　习题 2 图　空间块体模型

第9章　有限元软件：ABAQUS

9.1　ABAQUS 软件基本介绍

由达索 SIMULIA 公司(原 ABAQUS)开发、维护并提供售后服务的有限元分析软件 ABAQUS，是目前岩土工程中使用最为广泛的有限元软件之一，也被认为是功能全面的有限元软件之一。ABAQUS 可以分析复杂的固体力学和结构力学系统、模拟非常庞大复杂的模型和处理高度非线性问题，还能进行单一物理场和多物理场的力学分析。

扫码查看本章彩图

9.1.1　ABAQUS 软件的特点

ABAQUS 可处理岩土工程的大部分问题，在该领域具有良好的适用性，其特点如下。

(1)使用简便，易于为复杂问题建立模型。在非线性分析中，软件可以自动选择合适的荷载增量和收敛准则，并在分析过程中可不断地调整参数值以确保获得精确的解答，无须用户定义参数就能控制问题的数值求解过程。对于多部件问题，可以先单独对某个部件定义材料参数和划分网络，再将它们组成模型。

(2)ABAQUS 包括一个丰富的、可模拟多数几何形状的单元库。该单元库可以模拟多种典型工程材料的性能，包括实体单元、壳单元、薄膜单元、梁单元、杆单元、连接元以及无限元，还有特殊领域针对特殊问题的特种单元，如钢筋混凝土、地质材料(例如土体、岩石)、土体与管道相互作用的连接单元、铆接单元等。

(3)强大的接触面分析能力。岩土工程中经常涉及土与结构的相互作用问题，二者之间的接触特性需要得到正确的模拟。其强大的接触面处理能力可以模拟土与结构之间的脱开、滑移等现象。

(4)ABAQUS 具有定义复杂边界、荷载条件的能力。如 ABAQUS 具有单元生死功能，可以有效地模拟填土或开挖问题；ABAQUS 提供了无限元，可以模拟地基无限远处的边界条件；内置的加筋单元，可以方便地模拟加筋土边坡等问题。

(5)ABAQUS 可用于流固耦合渗流分析。土体是典型的三相体，普遍认为土体的强度和变形取决于有效应力，所以需要进行有效应力计算，ABAQUS 软件中的孔压单元可满足对饱和土和非饱和土的流固耦合渗流问题的模拟计算。

9.1.2　ABAQUS 内置的材料模型和分析类型

ABAQUS 具有真实反映岩土体性质的本构模型，主要分为弹性模型和塑性模型。前者包括线弹性模型、多孔介质弹性模型、线黏弹性模型，后者包括 Mohr-Coulomb 模型、扩展的

Drucker-Prager 弹塑性模型、修正的 Drucker-Prager 弹塑性帽盖模型、临界状态塑性模型(修正剑桥模型)、自定义材料子程序等本构模型。值得注意的是,大多数通用有限元软件中没有直接内置修正剑桥模型。另外,还可以通过二次开发接口,灵活地自定义材料特性。

ABAQUS 提供了丰富的分析过程,可用于分析多个领域的场景和问题,具体包括静态应力/位移分析、动态分析、稳态滚动分析、温度应力分析、流体渗流/应力耦合分析及海洋工程结构分析等。

9.1.3　ABAQUS 求解过程

ABAQUS 的求解过程分为 3 个部分:前处理阶段、分析计算阶段、后处理阶段,具体内容如下。

1. 前处理阶段

使用 ABAQUS/CAE 或其他前处理器完成该过程。在前处理阶段根据实际结构形状和实际工况条件建立有限元模型,ABAQUS/CAE 是完整的 ABAQUS 运行环境,可以生成 ABAQUS 模型、交互式地提交和监控分析工作,并显示分析结果。虽然该软件可以使用其他前处理器,但由于定义面、接触对和连接件等独特功能只能由 ABAQUS/CAE 完成,所以建议使用 ABAQUS/CAE。前处理阶段除了建立几何模型,还包括定义材料特性、处理结构形式、检查模型质量、设置分析步、施加荷载和边界条件以及划分网格等。

2. 分析计算阶段

使用 ABAQUS/Standard 或 ABAQUS/Explicit 完成分析计算。在该阶段,一般以后台的方式进行计算,完成一个求解过程所需要的时间取决于问题的复杂程度和计算机的运算能力,时间为几秒到几天不等。分析结果保存在二进制文件中,以便于后处理。

3. 后处理阶段

使用 ABAQUS/Viewer 进行后处理。ABAQUS/Viewer 可以读入分析结果数据,并以多种方式显示分析结果,包括彩色云纹图、动画、变形图和 XY 曲线图等。

9.1.4　软件界面和模块功能认识

上述 ABAQUS/CAE 中的 3 个求解过程是通过软件中的各功能模块来实现的。使用者可以在环境栏中 Module 右侧的下拉框中点击功能模块实现切换的目的,值得注意的是,下拉框中功能模块的前后顺序与用于模拟分析任务的逻辑顺序大体一致,为便于建模与分析,可根据其默认顺序来完成。

各模块的主要功能如下。

1. Part(部件)模块

该模块的功能主要是创建、编辑和管理部件。根据将要建立的几何模型的复杂程度,在 ABAQUS/CAE 中创建至少一个部件。在 ABAQUS/CAE 中,有下面几种方法来创建部件:

(1)使用部件模块中的可用工具部件。

(2)从第三方格式存储的几何体的文件中导入部件。

(3)从一个输出数据库中导入部件网格。

(4)从 ABAQUS 输入文件中导入网格化的零件。

(5)在装配(Assembly)模块中合并或切割部件实体。

（6）在 Mesh 模块中创建网格化部件。

使用部件模块工具创建的部件被称为几何部件（native part），并有一个基于特征的表征。特征能够捕捉使用者的设计意图，并包含几何信息及一组控制几何体行为的规则。例如，一个贯穿切口的圆是一个特征，ABAQUS/CAE 保存了切口的直径以及切口穿过部件的信息。如果增加部件的尺寸，ABAQUS/CAE 会认识到切口深度应该增加，以便切口继续穿过部件。ABAQUS/CAE 以特征的有序列表形式存储每个部件。每个特征的参数如挤压深度、孔径、扫描路径等结合起来定义部件的几何形状。

使用部件模块可以实现下列操作：

（1）创建可变形、离散刚体，分析刚体或欧拉部件。用户可以使用部件工具对定义在当前模型的已有部件进行编辑。

（2）创建特征，如实体、壳、线、切割和圆，它们定义了部件的几何参数。

（3）使用特征操作工具集来编辑、删除、抑制、恢复和重新生成部件特征。

（4）将参考点分配给一个刚性部件。

（5）使用草图器（Sketcher）来创建、编辑和管理形成部件特征剖面的二维草图。这些剖面可以是由挤压、旋转或扫掠创建的部件几何形状，也可以直接用来形成一个平面或轴对称的部件。

（6）使用设置工具集、切分工具集和基准工具集。

2. Property（性质）模块

单击 Module 列表中的 Property，便可进入到 Property 模块。它的主要功能如下。

（1）选择材料模型并设置对应的参数（如弹性模量、泊松比等）。

（2）定义截面（section）属性，并将其分配给对应区域从而实现材料分区。

（3）定义弹簧、阻尼器和实体表面壳等。

3. Assembly（装配）模块

在部件模块创建的是所建模型的某零件，还需用装配模块将他们组装起来。用户创建的部件存在于自己的坐标系中，与模型中的其他部件无关。使用装配模块来创建部件的实体（instance），并在全局坐标系中对这些实体进行相对定位，从而创建装配。用户可以通过连续应用位置约束来定位部件实体，这些位置约束将选定的面、边或顶点对齐，或者通过简单的平移和旋转来实现定位。

一个实体保持它与原始部件或模型的联系。如果部件或模型的几何形状发生变化，ABAQUS/CAE 将自动更新该部件或模型的全部实体来反映这些变化。用户不能直接编辑一个实体的几何形状。

主模型可包含许多部件和模型子装配，一个部件或模型可以在主模型装配中被多次实体化；然而，一个 ABAQUS 模型只包含一个装配件。荷载、边界条件、预定义场和网格都被应用于完整的装配。即使模型只由一个部件组成，仍必须创建一个由该部件的单一实体组成的装配。

4. Step（分析步）模块

分析步模块可以执行下列任务。

1）创建分析步骤

在一个模型中，用户可以定义一个或多个分析步序列。分析步序列可方便地捕捉模型中加载和边界条件的变化、模型各部分相互作用方式的变化、部件的移除或添加，以及分析过程中模型可能发生的其他变化。此外，分析步允许用户改变分析程序、数据输出和各种控制方式。用户也可使用分析步去定义关于非线性基态的线性扰动分析。

2）指定输出要求

ABAQUS 将分析后的输出写入输出数据库，用户也可以通过创建输出要求来指定输出。输出要求定义了哪些变量会在分析步骤中输出，它们将从模型的哪个区域输出以及以何种速度输出。例如，用户可以要求在一个步骤结束时输出整个模型的位移场，也可以要求在一个受限点上输出反作用力的历程。

3）指定自适应网格划分

用户可定义自适应网格划分区域并指定这些区域的自适应网格划分。

4）指定分析控制

用户可自定义通解控制和求解器控制。

5. Interaction（相互作用）模块

在该模块中，可以指定模型不同范围间的力学、热学相互作用。相互作用包含接触和各类型约束，如绑定约束（tie）、方程约束（equation）、刚体约束（rigid body）、调整点约束（adjust point）和耦合约束（coupling）等。另外单元的生死功能（移除和激活）以及计算模型的应力强度因子时预制裂纹的定义也可以在本模块中实现。

相互作用依赖于分析步的对象，因此在模型中定义相互作用时，必须指出它们在分析中的哪些步骤是有效的。另外，在相互作用模块中的 set 和 surface 工具集中，用户可以定义和命名应用交互和约束的模型区域，可以使用 amplitude 工具集来定义分析过程中一些相互作用属性的变化。

6. Load（荷载）模块

Load 模块主要用来指定荷载、位移边界条件，预定义场和荷载工况。

使用荷载、边界条件和预定义域管理器可查看和操作规定条件的步骤历程。使用位于上下文栏中的步骤列表可以指定新的荷载、边界条件和预定义字段在哪些步骤中默认为有效。

使用荷载模块中的振幅工具集可以指定复杂的时间或频率依赖关系，这些依赖关系可以应用于规定条件。荷载模块中的集和面工具集允许定义和命名将要应用规定条件的模型区域。利用分析字段工具集和离散字段工具集可创建字段，可以用于为选定的规定条件定义空间变化的参数。

7. Mesh（网格）模块

网格模块对应的网格划分功能是 ABAQUS 模拟中极为重要的一步，因为网格密度、网格数量、网格质量直接影响到模型运算时间和计算精度。网格模块提供了以下功能：在局部和全局水平规定网格密度的工具；模型着色，表示分配给模型中每个区域的网格划分技术；各类型的网格控制，如单元形状、网格划分技术、网格划分算法和自适应网格重划；检验网格划分质量；细化网格和提高网格质量。

8. Job（任务）模块

一旦完成了构建模型的所有任务（如定义模型的几何形状，分配截面属性和定义接触），就可以使用 Job 模块对模型进行计算分析。它允许用户创建任务、提交任务分析并监测其运算过程。如果需要，也可以创建多个模型和任务，并同时运行和监测。

9. Visualization 可视化模块

该模块从数值模拟计算输出的数据库（odb 文件）中得到模型计算结果的各项信息，能够通过等值线云图、网格变形图、XY 曲线图等多种后处理方式来展示计算结果，也可将数据进一步导出，采用其他软件进行数据处理。

10. Sketch（草图）模块

Sketch 模块用来创建和管理与特征不相关的二维轮廓线，这些二维轮廓线被称为独立草图。它可以合并到当前的草图中，并将覆盖任何现有的几何图形。草图可以直接用来定义一个二维部件，也可以通过将其拉伸、扫掠或者旋转定义一个三维部件。

经过前面的介绍，对 ABAQUS 软件有了一定的了解，接下来通过模拟局部荷载作用下地基中的竖向应力分布这一案例来熟悉并学习 ABAQUS 的操作和计算。

9.2 案例：模拟局部荷载作用下地基中的竖向应力分布

一均匀地基表面作用有 4 m×2 m 的局部均匀荷载，荷载大小为 100 kPa。假设地基土很厚，土的弹性模量 E 为 10 MPa，泊松比为 0.31，计算加载区域中心点以下的竖向应力分布。

本算例为三维问题，为减小模型边界对模拟结果的影响，模型研究区域应尽量大些。这里考虑的模拟范围为 100 m×100 m 的方形区域，考虑到模型的对称性，实际模型取 1/4 的区域进行，也就是本算例所建模型长/宽/高均为 50 m。

以下为具体的操作过程。

1. 创建部件

打开软件 ABAQUS/CAE 6.14，启动后界面如图 9-1 所示，选择并创建"With Standard/Explicit Model"。点击左上角菜单栏"File/Save"或者"File/Save as"命令，将模型保存并命名为"ex1.cae"。应该养成在建模之前先保存的习惯，以方便查找。

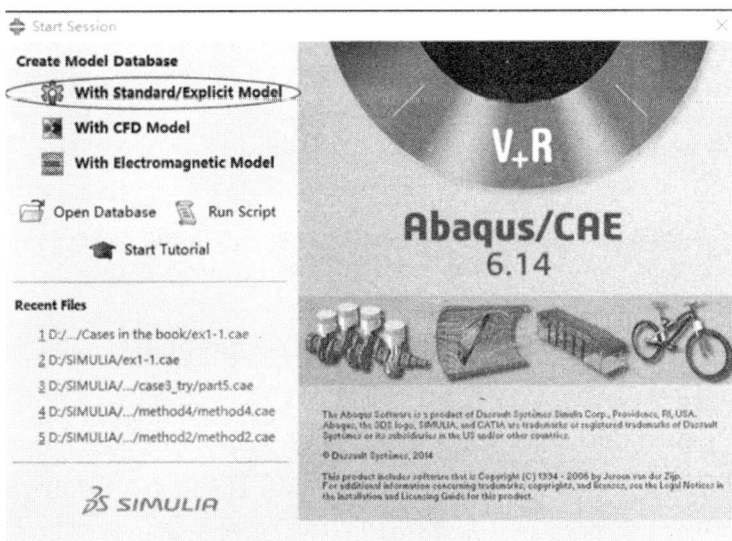

图 9-1 启动界面

在当前界面下，选择 Part(部件)功能模块，也是 ABAQUS/CAE 默认选择的模块，在工具箱区选择"Create Part"工具[图 9-2(a)]，弹出的对话框如图 9-2(b)所示，将名改为"Soil"，"Modeling Space"选为 3D，"Type"设为"Deformable"，"Base Feature"的 Shape 和 Type 分别设为"Solid"和"Extrusion"，即通过拉伸形成三维实体模型。点击"Continue"后进入草图(Sketch)绘制界面，如图 9-2(c)所示，窗口左侧出现绘图工具箱选项，屏幕上出现绘图栅格。值得注意的是，ABAQUS/CAE 创建部件时，二维轮廓线所在平面默认为 X-Y 平面，这时拉伸的方向只能是 Z 向。如图 9-2(d)所示，在左侧工具箱选择并单击"Create Lines：Rectangle(4 lines)"，按照窗口底部提示区的提醒"Pick a start corner for the rectangle --or enter X，Y："，在右侧文本框内输入 X，Y 坐标作为长方形的一个起始点，输入坐标(0，0)，然后按回车键或单击鼠标中键，提示区提醒变为"Pick the opposite corner for the rectangle --or enter X，Y"，输入坐标(50，50)作为矩形的另一个角点，然后单击鼠标中键结束绘制。单击提示区中"Done"按钮或单击鼠标中键，退出绘图界面，同时弹出如图 9-3(a)所示的编辑拉伸对话框。将拉伸长度(Depth)设为 50，确认后即生成部件，如图 9-3(b)所示。

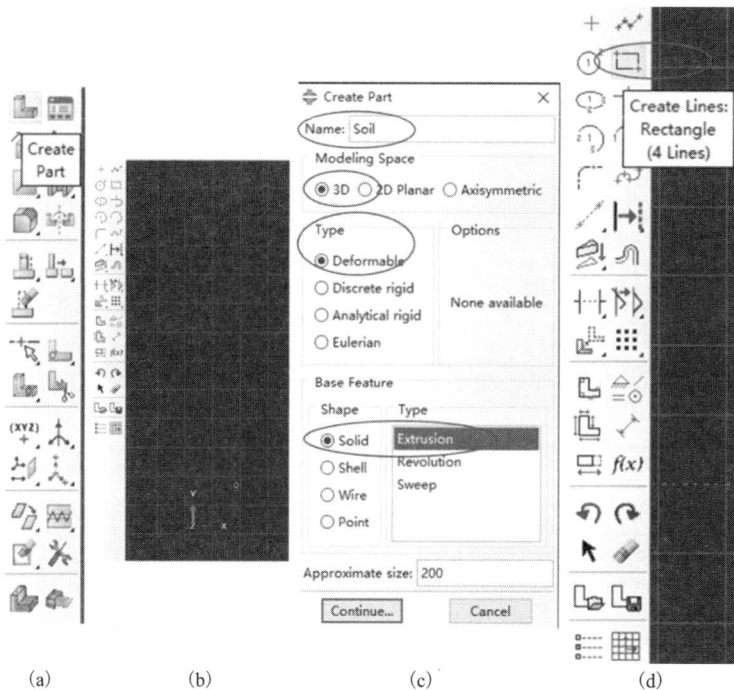

图 9-2 绘图过程

为了在一定范围内施加表面局部荷载，先将土层表面相应区域与周围没有作用荷载的区域分隔开来。如图 9-4(a)所示，这是当前部件与坐标系的对应关系。在图 9-4(b)中单击"Partition Face：Sketch"，窗口底部提示区出现提醒"Select the faces to partition Sketch Origin："后面下拉框里有两个选项分别为：Auto-Calculate(默认)和 Specify。Auto-Calculate 是自动将面的形心作为绘图坐标系原点，为了方便操作这里选为"Specify"，如图 9-4(c)所示。选择土层上表面也就是 Z=50 m 对应的面，如图 9-4(d)所示。点击"Done"按钮确认后，输入原

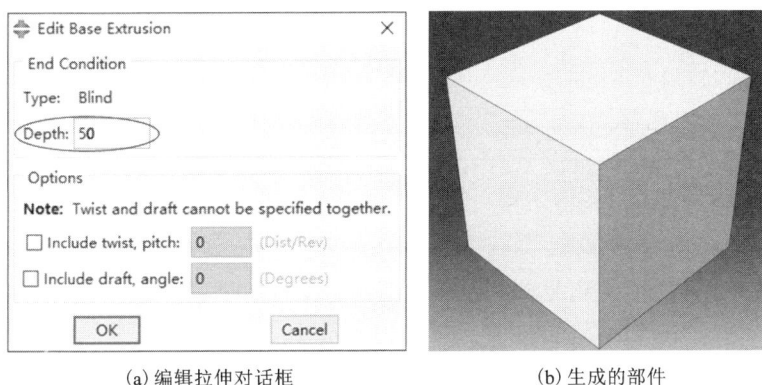

(a) 编辑拉伸对话框　　　　　　　　(b) 生成的部件

图 9-3　编辑拉伸对话框和所生成的部件

点坐标(0, 0, 0)，如图9-4(e)所示。出于绘图的需要，ABAQUS需要将平面定位，其提供了4种选项，如图 9-4(f) 所示，即将一根边或轴放在上、下、左、右方，这里放在右边 [图 9-4(g)]。选择并确认后进入草图界面，如图 9-4(h) 所示，然后在左侧工具箱选择"Create Lines：Connected"，如图 9-4(i) 所示，依次输入坐标(0, 1)，(2, 1)，(2, 0)绘制出加载区域边界，点击鼠标中键，而后点击提示区的"Done"按钮，确认后退出分隔操作。

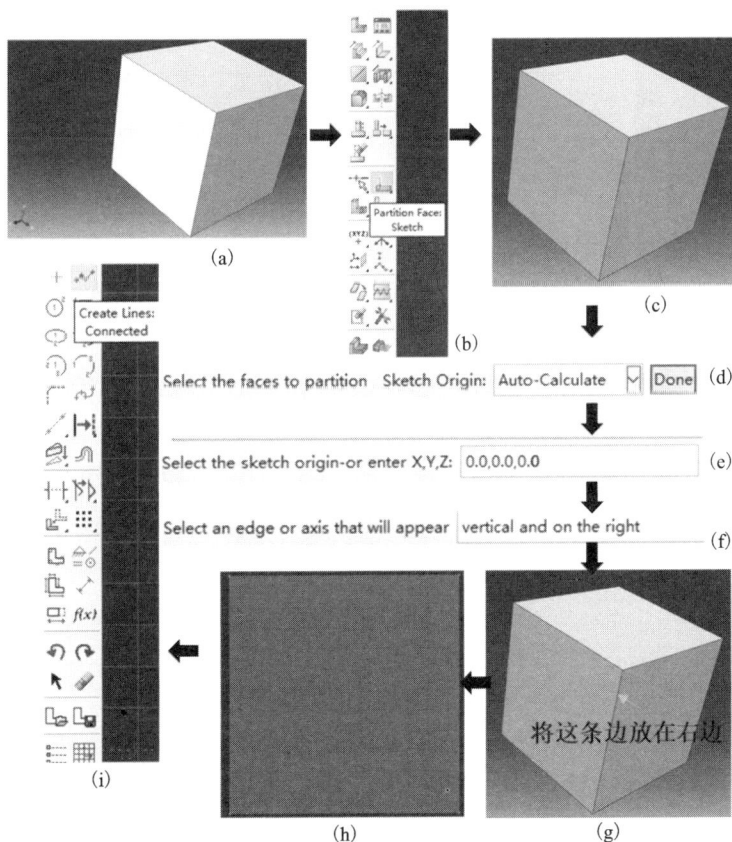

图 9-4　分割操作过程

2. 创建属性

在 Module 右边模块下拉框选择并点击"Property"进入该模块，创建材料，在工具箱选择"Create material"，如图 9-5(a)所示。弹出提示编辑材料参数的对话框，将材料名改为 Soil，通过点击对话框中的"Mechanical"选项/"Elasticity/Elastic"命令，选择材料为各向同性弹性材料，并在相应区域设置材料参数，杨氏模量为 10 MPa，泊松比为 0.31(这里应力和模量的单位取为 kPa)，如图 9-5(b)所示。

创建截面属性。如图 9-5(c)所示，选择并点击左侧工具箱中的"Create Section"按钮，如图 9-5(d)所示，在弹出的创建截面对话框中将名称设为 Soil，Category 设为 Solid，Type 设为 Homogeneous，单击"Continue"按钮在编辑截面属性对话框中将材料选为之前定义的 Soil，如图 9-5(e)所示。

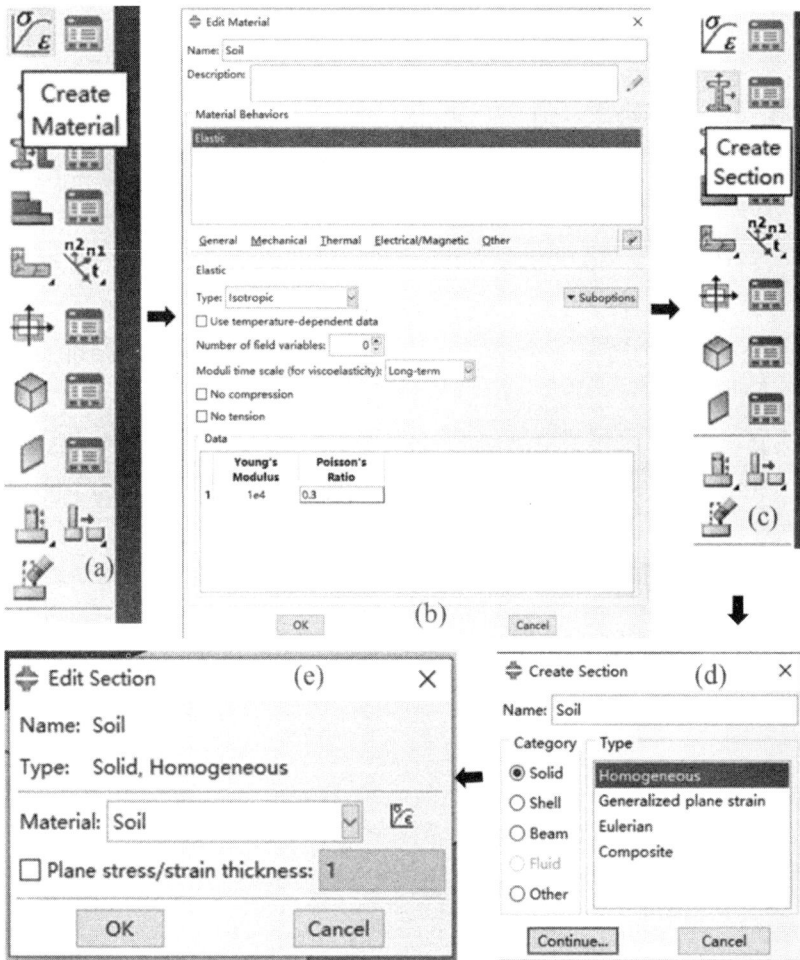

图 9-5　创建截面操作过程

给部件赋予截面特性。如图 9-6(a)所示，选择并单击左侧工具箱区中的按钮，选择整个部件赋予截面特性的区域，ABAQUS/CAE 中红色高亮显示被选中的实体边界，按鼠标中键或单击提示区中的"Done"按钮，弹出"Edit Section Assignment"对话框，如图 9-6(b)所示，确认 Section 为之前定义的 Soil，单击"OK"按钮，完成对截面属性分配的操作，这时模型变成浅绿色，如图 9-6(c)所示。

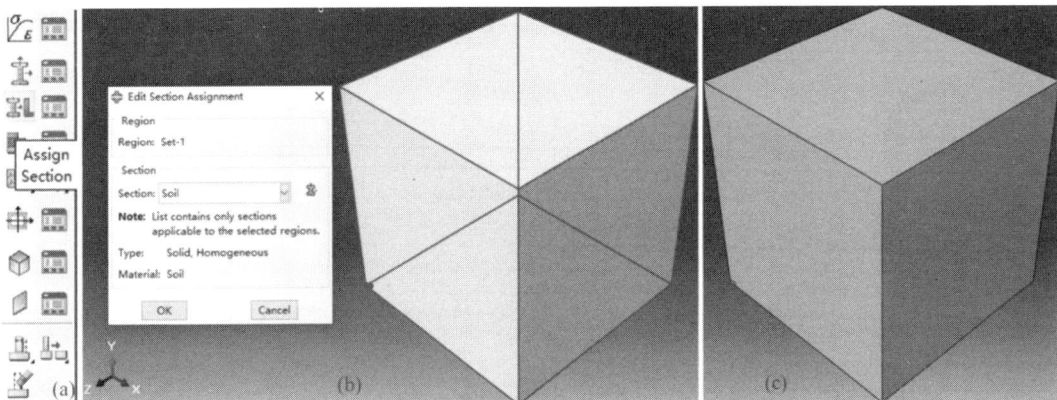

图 9-6 给部件赋予截面特性(扫章首码查看彩图)

3. 装配部件

整个分析模型是一个装配件，而每一个部件都是面向它自己的坐标系的，是相互独立的。Part 模块中创建的各个 Part 需要在 Assembly 模块中装配起来。其方式是先生成部件的实体(Instance)副本，然后在整体坐标系里对实体相互定位。一个模型可能有许多部件，但装配件只有一个。

在本模型中只需生成一个土体实体，具体操作方法如下。

选择环境栏 Module 右侧下拉列表中的"Assembly"，如图 9-7(a)所示，点击进入 Assembly 模块。单击左侧工具箱区中的"Create instance"按钮，出现如图 9-7(b)所示对话框，在弹出的创建实体对话框中，由于只有一个部件 Soil，自动被选中，保留默认参数"Instance Type"为"Dependent (mesh on part)"，单击"OK"按钮，生成土层实体模型。

4. 创建分析步

选择环境栏 Module 右侧下拉列表中的"Step"，点击并进入 Step 模块。

创建分析步。如图 9-8(a)所示，单击工具箱区中的"Create Step"按钮，弹出"Create Step"对话框，如图 9-8(b)所示，

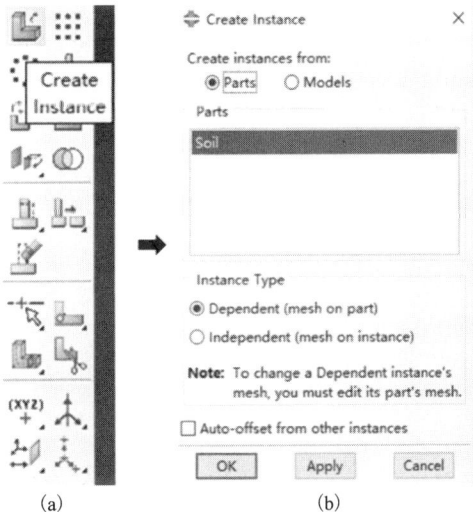

图 9-7 装配部件过程

把分析步名改为"Load"，由于本例为静力分析，且未考虑固结，故选择"Static, General"(通用静力分析步)。单击"Continue"按钮弹出"Edit Step"对话框，由于本例中分析步的时间并无实际物理意义，只反映了加载顺序，故将分析步时间设置为 1(默认值)，接受所有默认选项，

如图9-8(c)所示,单击"OK"按钮确认退出。

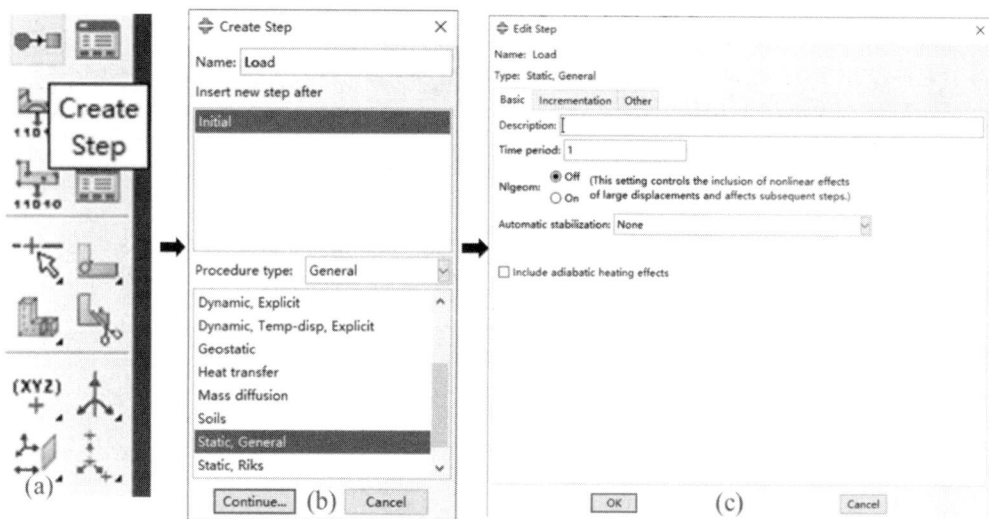

图9-8 创建分析步过程图解

5.定义荷载、边界条件

选择环境栏 Module 下拉列表中的"Load",单击进入 Load 模块。

为选定的区域施加荷载。如图9-9(a)所示选择并单击工具箱区中的"Create Load"按钮,在弹出的"Create Load"对话框中[图9-9(b)],选择分析步"Load"作为荷载施加步,"Category"选为"Mechanical",右侧的荷载类型选为"Pressure",单击"Continue"按钮,如图9-9(c)所示,此时窗口底部的提示区信息变为"Select surfaces for the load",根据这一提示在模型中选出分隔后的加载区域,也就是划定的小矩形区域。如图9-9(d)所示,ABAQUS/CAE 以红色高亮显示,确认后点击右侧的"Done"按钮,弹出如图9-9(e)所示编辑荷载对话框,在"Magnitude"(数值大小)数值框中填入100(压力荷载),确认后退出。

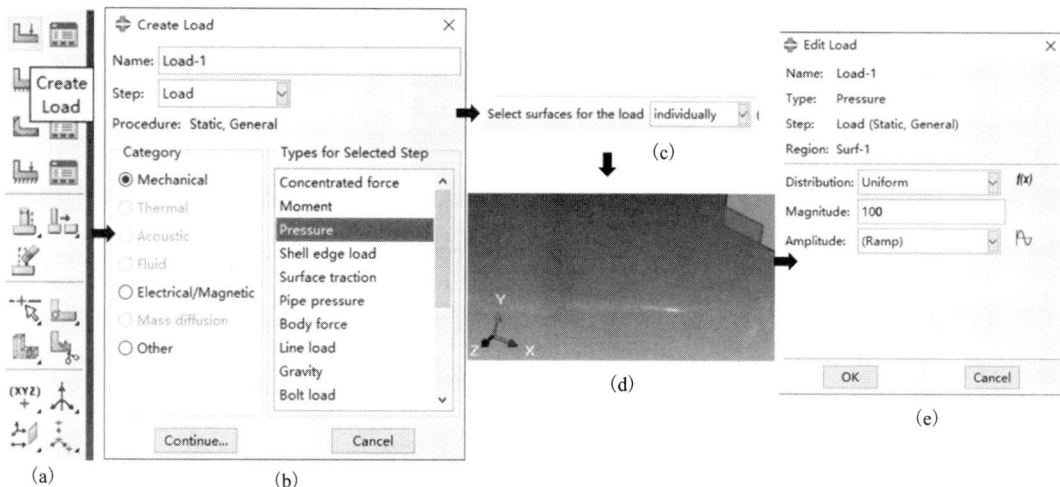

图9-9 施加荷载过程图解(扫章首码查看彩图)

　　为土体模型定义边界条件。如图 9-10(a)所示，选择并单击工具箱区中的"Create Boundary Condition"按钮，弹出如图 9-10(b)所示的创建边界条件对话框，将对话框中名称"Name"栏输入"Bottom"，将"Step"设为"Load"，接受"Category"表中的默认选项"Mechanical"，在"Types for Selected Step"列表框中选"Displacemen/Rotation"，单击"Continue"按钮。此时窗口底部的提示信息变为"Select regions for the boundary condition"，选择土层底部面(Z=0 m)作为边界条件施加区域。按鼠标中键或单击提示区中的"Done"按钮，表示完成了选择。在如图 9-10(c)所示的"Edit Boundary Condition"对话框中，选中 U1、U2 和 U3，表明施加 3 个方向的位移约束，确认后退出。

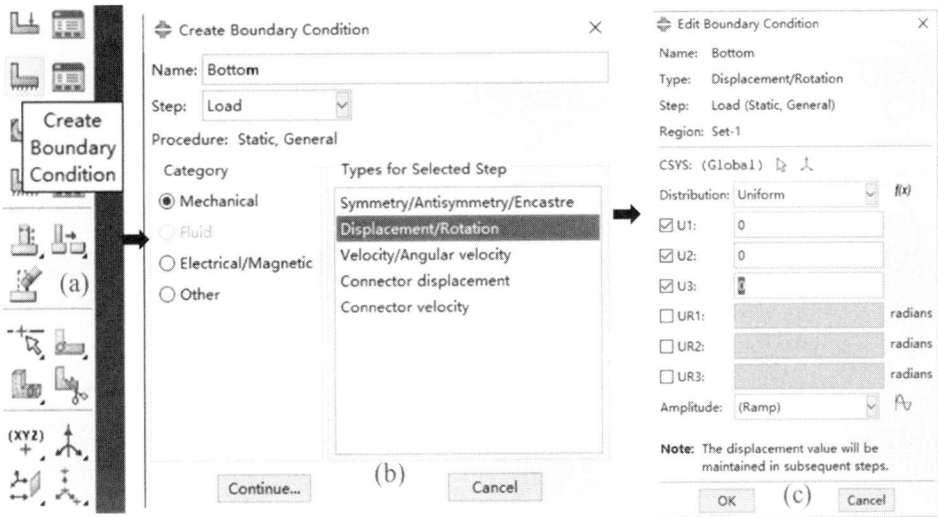

图 9-10　施加边界条件图解

　　然后在 X=0 m 的面上约束 X 向位移，在 Y=0 m 的面上约束 Y 向位移，模拟对称条件。其中，X=0 m 的面上施加约束 X 向位移的图解过程见图 9-11，Y=0 m 的面上施加约束 Y 向位移的过程不再赘述。

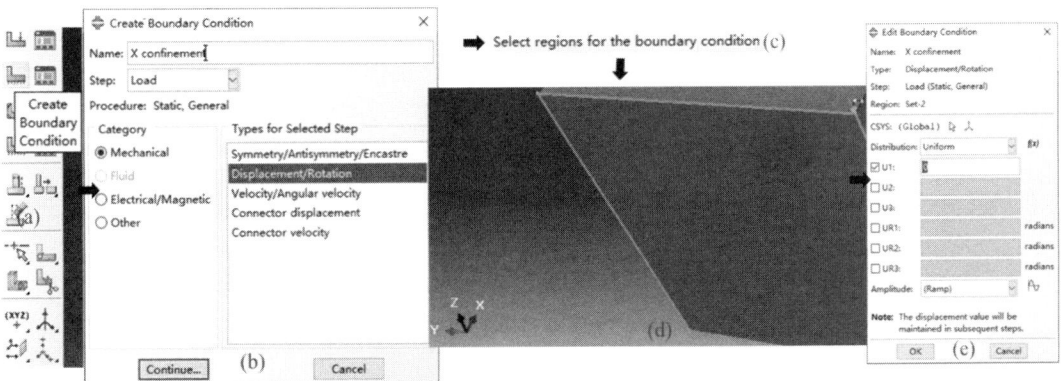

图 9-11　施加约束 X 向位移图解

6.划分网格

在环境栏的"Module"下拉列表中选择"Mesh",单击进入 Mesh 模块,并且将 Object 由 Assembly 选为 Part,表示网格的划分是基于 Part 的层面上进行的。

如图 9-12(a)所示,在工具箱区选择并单击"Assign Mesh Controls"按钮,弹出网格控制对话框。如图 9-12(b)所示,选择"Element Shape"为"Hex"(六面体)。由于土层表面分隔了加载区域,无法采用结构化网格技术,ABAQUS 自动设置为 Sweep(扫掠划分),将 Sweep 算法设置为 Medial axis(中性轴)算法。

如图 9-12(c)所示,在工具箱区选择并单击"Assign Element Type"按钮,提示区提醒 "Select the regions to be assigned element types",选中整个模型,再点击提示区的"Done"按钮,弹出"Element Type"对话框,如图 9-12(d)所示。选择"Element Library"为"Standard" "Geometrie Order"为"Quadratic"(二次),"Family"为"3Dstress",不选择"Reduced integration",将单元类型选择为"C3D20"(三维 20 节点六面体单元),确认后退出。

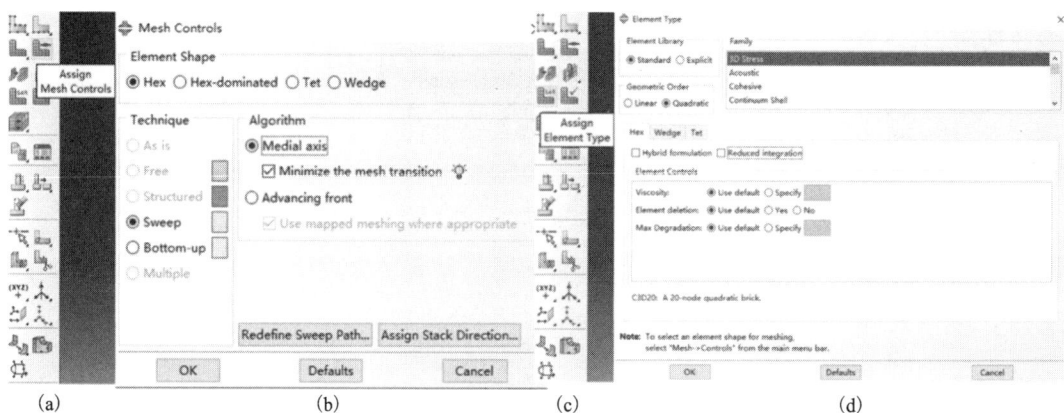

图 9-12 网格控制设置

如图 9-13(a)所示,在工具箱区选择并单击"Seed Part"按钮,弹出"Global Seeds"对话框,如图 9-13(b)所示。接受"Approximate global size"的默认选项为 2.5,其他参数不变,单击"OK"按钮,完成种子数的布置。

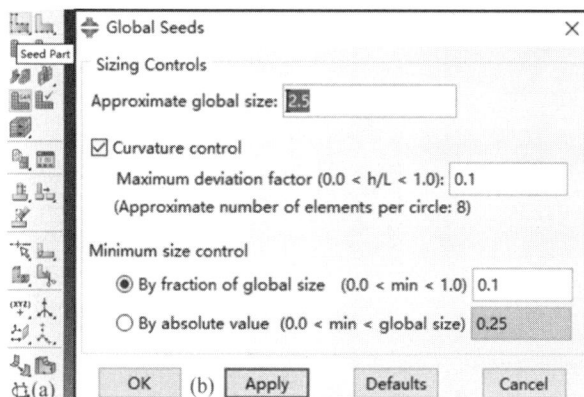

图 9-13 全局网格的划分

为了提高计算精度，重点关注加载区域，准备加密加载区域的网格。如图9-14(a)所示，在工具箱区选择并单击"Seed Edges"按钮，在弹出的对话框中指定单元的尺寸为"0.5"，确认后退出，如图9-14(b)所示。考虑距离加载面越远，竖向附加应力越小，网格尺寸可以变大，通过边上种子定义中的偏置功能，将竖直方向上最小单元尺寸设为"0.5"，最大单元尺寸设为"2.5"，通过"Flip"按钮调整方向，确认后的效果如图9-14(c)所示。

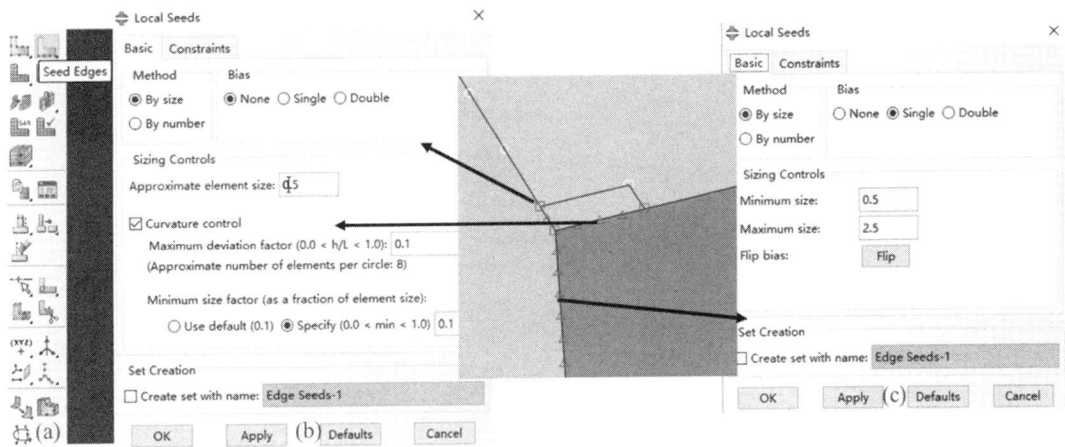

图9-14　施加荷载的区域网格加密

如图9-15(a)所示，选择并点击工具箱区中的"Mesh Part"按钮，窗口底部提示："OK to mesh the part?"，单击"Yes"按钮，如图9-15(b)所示为完成的网格划分。

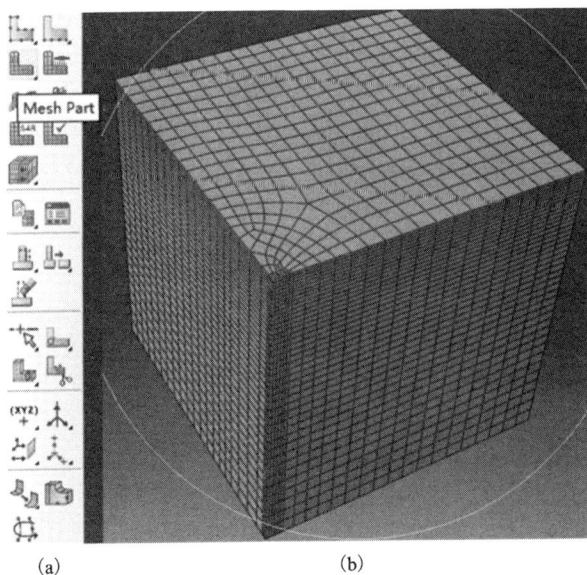

(a)　　　　　　　　　　　　(b)

图9-15　网格划分过程

7. 提交计算

在环境栏的 Module 下拉列表中选择 Job 项，点击进入 Job 模块。

创建分析作业。如图 9-16(a)所示，单击工具箱区中的"Create Job"按钮，弹出"Create Job"对话框，如图 9-16(b)所示。在"Name"栏输入任务名"ex1"，单击"Continue"按钮，弹出"Edit Job"任务对话框，如图 9-16(c)所示，接受所有默认选项，单击"OK"按钮确认退出。

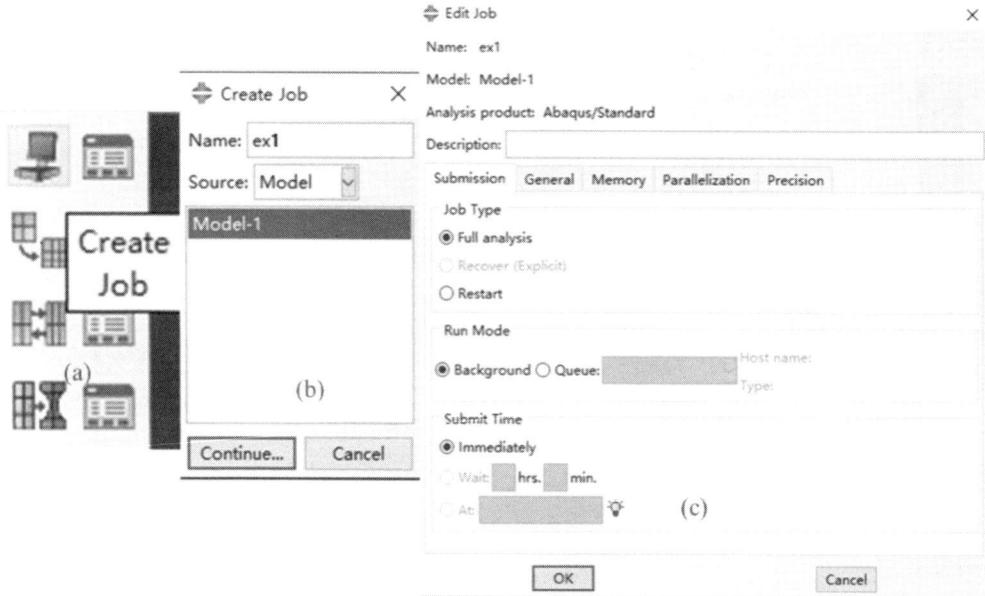

图 9-16　创建分析作业图解

8. 提交分析

如图 9-17(a)所示，单击工具箱区中的 Job Manager 按钮，弹出"Job Manager"对话框。在任务管理对话框中单击 Submit 按钮提交分析，如图 9-17(b)所示对话框中的 Status(状态)提示会依次变为 Submitted、Running 和 Completed，最终表示计算已经成功完成。单击对话框中的 Results 按钮，进入 Visualization 后处理模块并打开结果数据库。

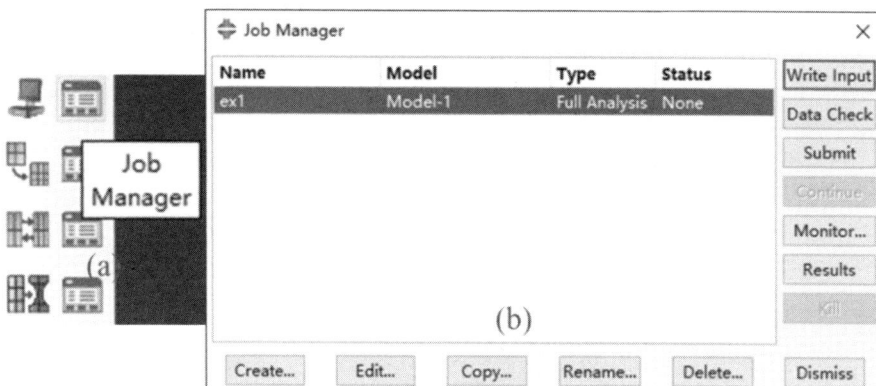

图 9-17　提交分析

9. 后处理

绘制等值线云图。点击执行菜单栏中 Result/Field out 命令，在弹出的图 9-18 所示的场
输出对话框中选择 Step/Frame 为计算终止时的帧（本例中 Step：1，Frame：1），在 Primary
Variables 选项卡中选择 S（应力输出结果），在 Component 中选择 S33（竖向应力）。

图 9-18 选择等值线云图显示变量

点击执行菜单栏中 Plot/Contours/On Undeformed Shape 命令，绘出竖向附加应力分布图，
如图 9-19 所示。由于 ABAQUS 以拉压为正，图 9-19 中的应力符号为负。由图 9-19 可知，
矩形局部荷载作用下的竖向应力呈现出典型的应力泡分布规律，即围着作用面向远处扩散，
即距离荷载作用面越远，附加应力越小。计算结果同时表明，分析区域取得足够大时，边界
条件对结果的影响则较小。同时也意味着距离荷载作用面水平距离较远的地方也可以用较粗
的网格，也可尝试利用边上种子偏置功能进行调整。可按照上述步骤，对位移等其他变量的
分布进行查看。

创建路径。为了绘制荷载作用范围中心线下竖向附加应力沿深度的分布图，首先需要创
建一条用于结果提取的路径。选择执行菜单栏 Tools/Path/Create 命令，弹出如图 9-20（a）所
示的创建路径对话框，选择路径类型为 Node list（根据网格节点创建），单击 Continue 按钮后

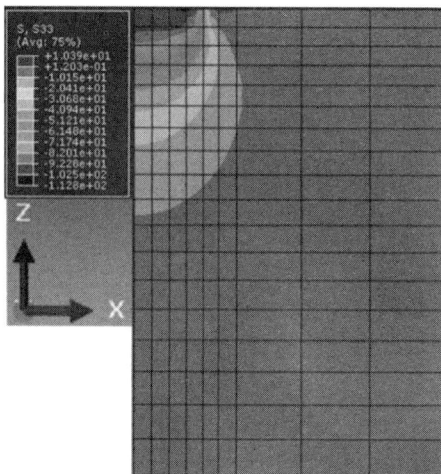

图 9-19　竖向附加应力分布图(扫章首码查看彩图)

弹出编辑节点列表对话框,如图 9-20(b)所示,单击 Add Before 按钮,在屏幕上依次选择土层表面和土层底部的点,如图 9-20(c)所示,确认选择后单击对话框中的"OK"按钮退出。

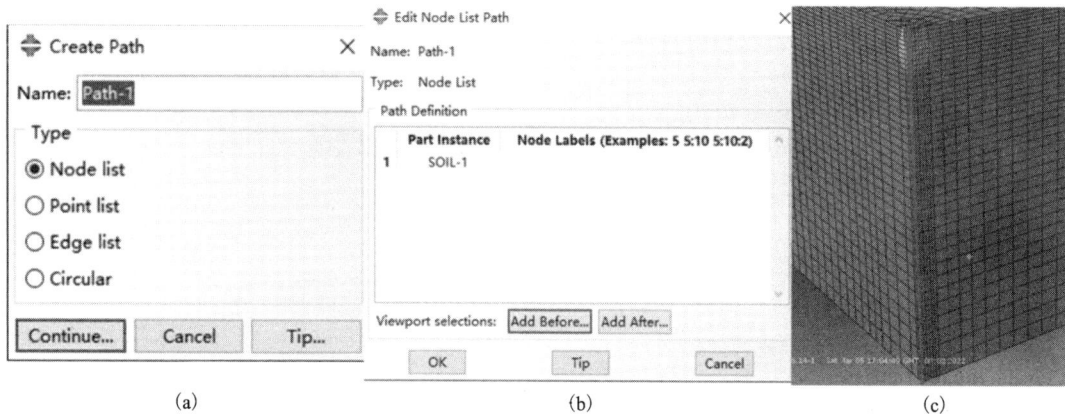

(a)　　　　　　　　　　　　(b)　　　　　　　　　　　　(c)

图 9-20　创建路径图解

　　基于 Path 创建 XY 数据。选择执行菜单栏 Tools/XY Data/Create 命令,或单击工具箱区中的按钮,弹出图 9-21(a)所示的创建 XY 数据对话框,选择 Source(数据源)为 Path,单击 Continue 按钮后在 XY Data from Path 对话框中将 Model shape 改为 Undeformed(基于未变形形状),选中 Point Locations 下的 Include interactions(包含路径上的所有节点),如图 9-21(b)所示,按需要设置分析步和提取变量。单击 Save As 按钮可保存数据曲线,单击 Plot 按钮可在屏幕上绘制曲线,如图 9-21(c)所示。XY 数据曲线的图例格式、坐标轴格式可通过 Options/XY Options 自定义。在相应位置双击,也能快速打开格式编辑选项。结果表明,数值结果值能够体现竖向应力沿深度的衰减特性。

(a)

(b)

(c)

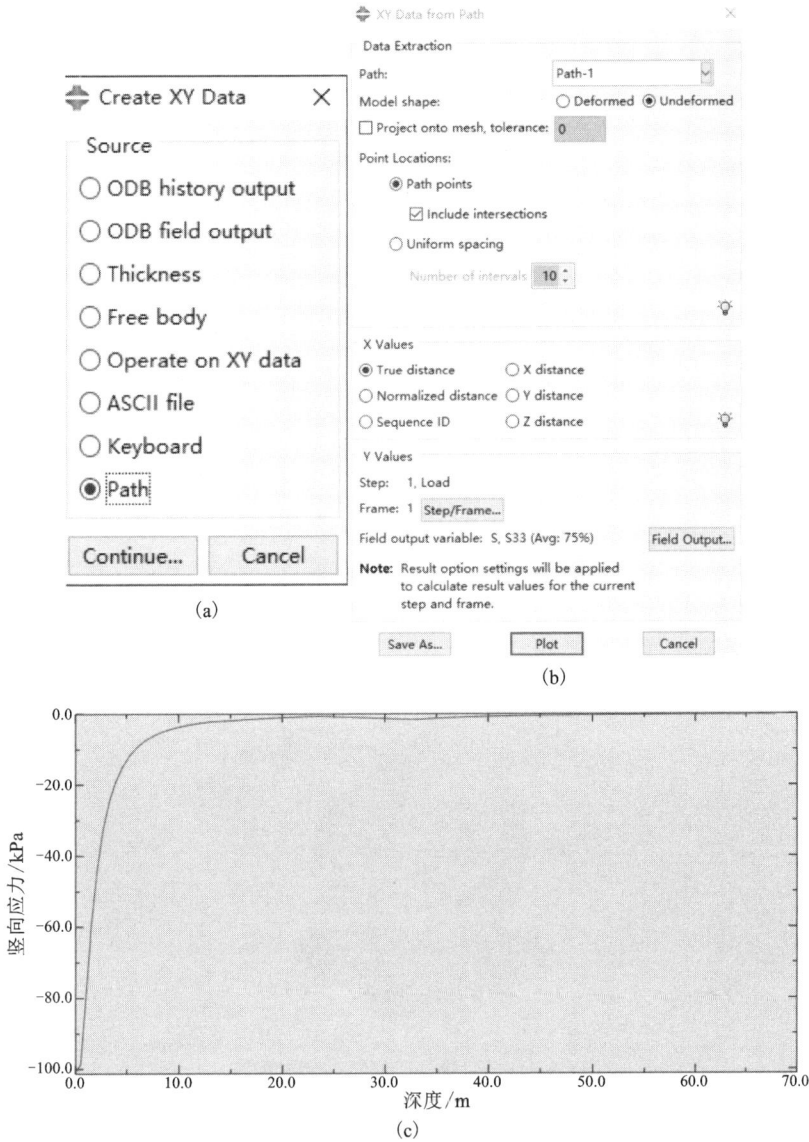

图 9-21 基于路径创建的 XY 数据和竖向应力沿深度的分布

本章习题

1. 假设一个土体圆形盾构隧道(图 9-22),直径为 6.3 m,埋深 50 m,土体弹性模量为 76 MPa,泊松比为 0.35,土体容重为 19.5 kN/m³,黏聚力 $c = 32.2$ kPa,摩擦角 $\varphi = 16.8°$。衬砌的弹性模量为 34.1 MPa,容重为 25.2 kN/m³,泊松比为 0.21。在考虑边界效应的前提下,假如开挖后马上进行支护,请模拟支护与不支护两种情况下的围岩变形(位移)与应力变化特征。

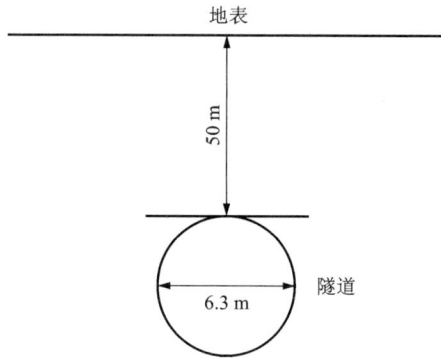

图 9-22　习题 1 模型简图

2. 岩石巴西劈裂实验是岩石力学中重要的基础参数测试方法之一，通过数值模拟可以方便地得到其应力分布和位移变化数据。假设一红砂岩的弹性模量为 13.03 GPa，泊松比为 0.3，加载板考虑为刚性体，其弹性模量为 233 GPa，泊松比为 0.22，巴西圆盘试样的直径为 50 mm，厚度为 25 mm（图 9-23），请用 ABAQUS 软件模拟该条件下圆盘的应力分布和位移变化。

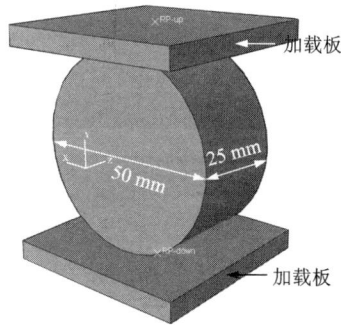

图 9-23　习题 2 巴西劈裂测试模型

第 10 章　有限元软件：PLAXIS

10.1　PLAXIS 软件基本介绍

由荷兰 PLAXIS BV 公司研发的 PLAXIS 是为分析岩土工程中的变形、稳定性和地下水流动而开发的有限元软件。本书重点介绍了一维有限元和二维有限元问题，本章主要以 PLAXIS 2D 为例进行介绍。PLAXIS 2D 作为一款优秀的二维岩土有限元软件，已广泛应用于各种复杂岩土工程项目的有限元分析中，如：大型基坑与周边环境相互影响、盾构隧道施工与周边既有建筑物相互作用、大型桩筏基础(桥桩基础)与邻近基坑的相互影响、板桩码头应力变形分析、库水位骤升骤降对坝体稳定性的影响、软土地基固结排水分析、基坑降水渗流分析及完全流固耦合分析、建筑物自由振动及地震荷载作用下的动力分析、边坡开挖及加固后稳定性分析等。

扫码查看本章彩图

10.1.1　PLAXIS 软件的特点

总体来说，PLAXIS 2D 的特点主要包括以下几个方面。

1. 计算功能强大，适用范围广

PLAXIS 2D 共包括 4 个模块，即主模块、渗流模块、动力模块和热模块，可进行塑性、安全性、固结、渗流、动力、热、流固耦合、热流耦合等多种类型的分析。该软件可对常规岩土工程问题(变形、强度)如地基、基础、开挖、支护、加载等进行塑性分析，可对涉及超孔压增长与消散的问题进行固结分析，可对涉及水位变化的问题进行渗流(稳态、瞬态)计算以及完全流固耦合分析，可对涉及动力荷载、地震作用的问题进行动力分析，可对涉及稳定性(安全系数)的问题进行安全性分析，还可以对温度变化影响以及冻结法施工问题进行热分析。从工程类型角度来看，可对基坑、地基基础、边坡、隧道、码头、水库坝体等工程进行分析。另外，PLAXIS 2D 还有专门的子程序用于模拟常规土工试验并可进行模型参数优化(土工试验室程序)。

2. 运算稳定，结果可靠

PLAXIS 公司加入了 NAFEMS 组织(一个旨在促进各类工程问题的有限元方法应用的非营利性组织)，PLAXIS 研发团队始终与世界各地的岩土力学与数值方法研究人员保持密切联系，以使 PLAXIS 软件能够采用最先进的专业理论与技术，在业界保持高技术标准。众所周知，本构模型是岩土有限元软件的核心内容，PLAXIS 软件率先引入了土体硬化模型(HS)和小应变土体硬化模型(HSS)这两个高级本构模型，能够考虑土体刚度随应力状态的变化，其典型应用如基坑开挖支护模拟，对坑底回弹和地表沉降槽，以及支护结构的变形和内力等的计算结果，经过与众多工程实例监测数据的对比，已经得到世界范围内的广泛认可，成为开挖类有限元计算的首选本构模型，使得广大工程师摆脱了使用莫尔-库仑等初级本构模型难以考虑土体变形刚度特性、甚至得到基坑连同地表整体上抬的计算结果的困扰。

3. 界面友好，操作便捷

符合岩土工程习惯的工作流程，按照土体—结构—网格—渗流条件—分阶段计算逐一进行操作。PLAXIS 2D 程序具有交互式图形界面，其土层数据、结构、施工阶段、荷载和边界条件等都是在方便的类 CAD 绘图环境中输入，支持 DXF、DWG 图形文件的导入，有专门的隧道设计器可建立复杂形状的隧道结构，有多种工具可以进行修剪、延伸、平移、阵列、分类框选等操作以建立复杂几何模型。PLAXIS 2D 可以自动生成非结构化高精度有限元网络，其中土体采用 15 节点高阶三角形单元模拟，结构单元包括板、梁、锚杆、土木格栅及 PLAXIS 特有的 Embedded 桩单元。土与结构相互作用采用界面单元模拟，比如板单元与土体之间的相互作用，建立板之后，可通过右键菜单一键形成接触界面。在设置渗流边界条件时，可以指定常水头、时间函数水头，既可在模型中直接绘制水位面，也可以通过数据表格、水头变化函数等输入渗流边界条件。

10.1.2　PLAXIS 内置的材料模型和计算类型

岩土工程应用需要先进的本构模型来模拟土体和岩石的非线性和各向异性特性。PLAXIS 2D 程序中所包含的本构模型有线弹性模型、莫尔-库仑模型、土体硬化模型、小应变土体硬化模型、软土蠕变模型、软土模型、修正剑桥模型、霍克-布朗模型、节理岩体模型、NGI-ADP 模型、Sekiguchi-Ohta 模型、用户自定义本构模型。

PLAXIS 包含多种计算类型。计算初始应力时，包括 4 种方式：①K0 过程，可以直接生成初始有效应力、孔压力和状态参数，但不能保证平衡，一般在地表水平且土层及水位线均与地表平行的情况下使用；②场应力，可以直接生成初始有效应力、孔压力和状态参数，但不能保证平衡；③重力荷载，利用有限单元法计算初始化应力，一般用于计算非水平土层的情况；④仅渗流，没有有效应力计算，使用孔压计算类型来定义渗流计算。生成初始应力后，下一步计算类型包括 6 种：①塑性计算，用于进行弹塑性排水或不排水分析，不考虑固结，适用于大多数岩土工程问题；②固结计算，可以进行变形和超孔压的时间相关分析，需要输入土体的渗透率；③安全计算，用强度折减法计算总安全系数，在安全分析中网络将不被更新；④动力计算，在需要考虑土体中应力波和振动作用时使用；⑤流固耦合计算，可以进行变形和(总)孔压的时间相关分析，例如坝体后方库水位骤降；⑥动力固结计算，在时间域内进行动力排水分析。除此之外，还有水压力计算和温度计算的部分。

10.1.3　PLAXIS 2D 单元类型及网格划分

对于土体或其他实体类组(如填筑的路堤、大断面挡墙和抗滑桩等)，PLAXIS 2D 划分的单元有 15 节点和 6 节点两种三角形单元(图 10-1)，默认为 15 节点三角形单元。15 节点三角形单元采用四阶插值计算节点位移，每个单元包括 12 个高斯积分点即应力点。该单元的计算精度非常高，对于复杂问题也可以给出高精度的应力结果。在轴对称分析中使用 15 节点三角形单元这一高精度的多节点单元时，会占用更多的计算机内存，并降低计算速度，鉴于目前电脑软硬件发展水平很高，对于主流配置的电脑而言，采用 15 节点单元进行计算不会耗费过多时间。6 节点单元采用二阶插值计算节点位移，每个单元包括 3 个高斯积分点。

6 节点三角形单元的计算精度也比较高，但在轴对称分析或可能发生土体破坏，例如使用强度折减法计算安全系数时，采用 6 节点三角形单元计算得到的安全系数一般会偏高，所以建议使用 15 节点三角形单元。除此之外，软件具有专门用于模拟结构行为的特定结构单元，例如板单元、Embedded 桩单元、土工格栅单元及锚杆单元。模型中的结构单元和界面单元会自动与实体单元相协调。

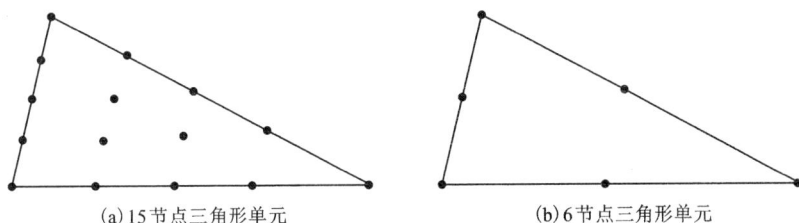

(a) 15 节点三角形单元　　　　　(b) 6 节点三角形单元

图 10-1　三角形单元节点

在"网格"模式中，点击侧边工具栏中的"创建网格"选项，弹出相应对话框，定义网格疏密度，网格疏密度有高粗糙度、粗糙、中等、细及超细 5 个等级，一般默认为中等粗糙度，其对应的粗糙因子为 1。设置完成后，点击确认按钮即可生成网格。在侧边工具栏中选择预览网格，弹出的 PLAXIS Output 程序可查看网格划分后的模型，可以随时修改，可修改至满意为止。

10.1.4　PLAXIS 求解过程

1. 前处理

(1) 创建或导入土层；

(2) 设置结构；

(3) 输入材料参数并赋予单元；

(4) 施加荷载；

(5) 设定(塑性、渗流、动力、热力)边界条件；

(6) 划分网格；

(7) 定义施工阶段。

2. 计算求解

(1) 定义计算类型及计算控制系数；

(2) 求解。

3. 后处理

(1) 绘制结构变形图；

(2) 绘制位移/应变/应力等云图；

(3) 显示最大值、最小值的位置及大小；

(4) 列表输出单元或节点结果；

(5) 绘制监测点变化曲线。

10.2　案例：公路边坡支护与稳定性分析

近年来，我国高速公路建设飞速发展，高速公路的修筑也逐步由东部转向西部，由平原地区转向山区，不可避免地会碰到一些深挖、高填等形式的半填半挖路堤。由于开挖、回填均改变了原边坡的坡率，路堤施工后的边坡稳定性状况发生较大变化；雨季持续的强降雨会导致山体水位抬升，也会较大程度地影响路堤边坡稳定性。本案例对比分析了在旱季低水位、雨季强降雨高水位两种不同工况下，公路边坡下的潜在滑移面位置、边坡安全系数，并且采用三排土钉支护的方式来增强路堤边坡稳定性。以公路边坡支护为例，简单介绍应用PLAXIS 软件有限元强度折减法求解公路边坡安全系数的过程。

10.2.1　模型建立及计算

分析计算步骤如下。

（1）创建一个项目并定义边界。在工程属性窗口内输入一个标题"公路边坡支护稳定性分析"，在几何形状设定框中土层模型尺寸可以采用默认值。

（2）创建几何模型。模型的坐标如图 10-2 所示。PLAXIS 软件支持由 AUTOCAD 图形导入的几何模型，方便快捷，如图 10-3 所示。导入生成的模型如图 10-4 所示。开挖填充前后的模型边界均要描绘出来，开挖后将已开挖的区域进行冻结，回填的区域进行土体激活即可。需要注意的是，CAD 的文件格式为.dxf 格式。

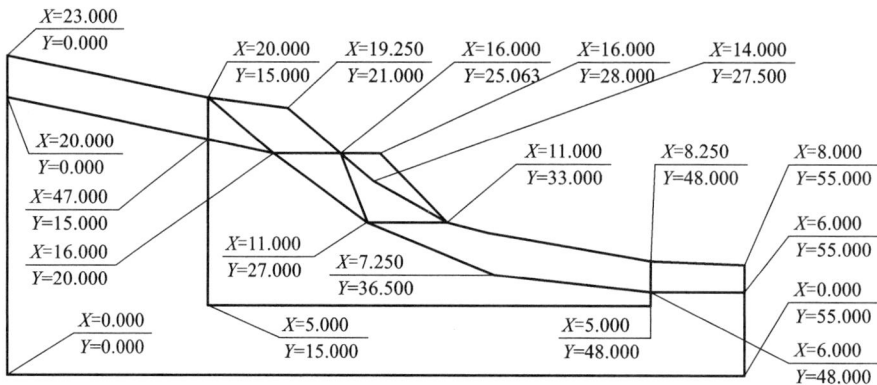

图 10-2　模型坐标

（3）在结构模式中使用钻孔工具创建土层。可以通过定义"钻孔"在 PLAXIS 中创建土多边形生成模型，由 CAD 直接导入的模型无须钻孔建立模型。

（4）输入不同材料参数。模型一共有 3 种材料，分别是岩土体、路面和土钉。路面用板材料进行模拟，岩土体材料使用的是莫尔-库仑模型，路面使用的是各向同性的弹性材料，土钉使用 PLAXIS 独有的 Embedded 桩材料模型。定义的材料参数参见表 10-1、表 10-2、表 10-3。

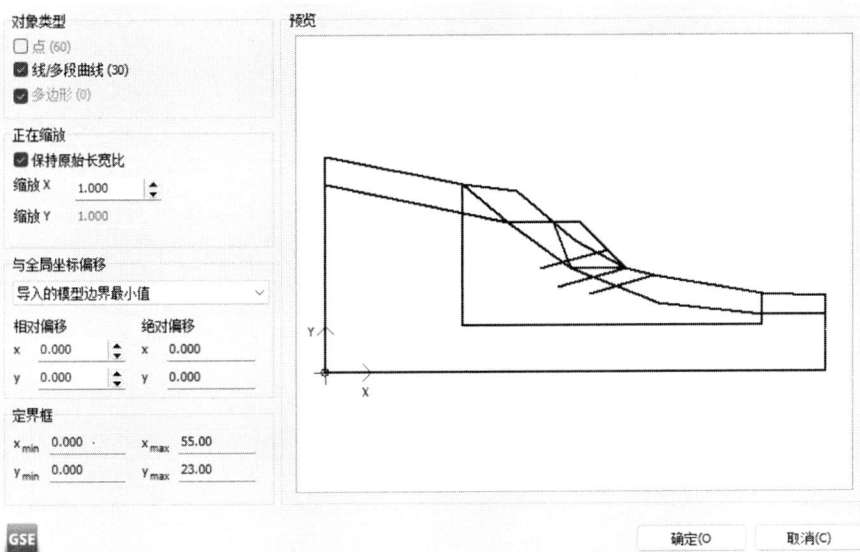

图 10-3 导入几何形状

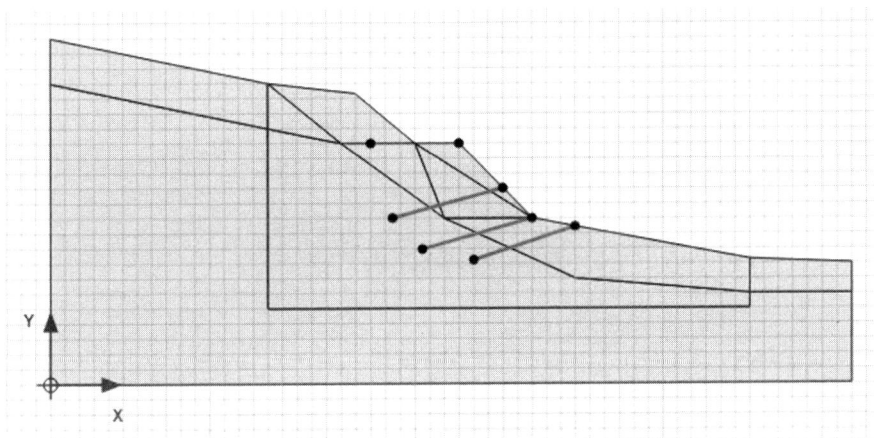

图 10-4 生成的几何模型

表 10-1 土层材料参数

材料参数		中风化岩	强风化岩	填料
一般 参数	材料模型	莫尔-库仑	莫尔-库仑	莫尔-库仑
	材料类型	排水	排水	排水
	水位以上土体容重 $\gamma_{unsat}/(kN \cdot m^{-3})$	16	16	19
	水位以下土体容重 $\gamma_{sat}/(kN \cdot m^{-3})$	17	17	21
	初始孔隙比 e_{int}	0.5	0.5	0.5

续表10-1

	材料参数	中风化岩	强风化岩	填料
力学参数	参考弹性模量 $E'/(kN \cdot m^{-2})$	12.00E3	12.00E3	20.00E3
	泊松比 V'	0.3000	0.3000	0.3000
	黏聚力 $c/(kN \cdot m^{-2})$	8.000	8.000	8.000
	内摩擦角 $\varphi'/(°)$	35.00	19.00	30.00
	剪胀角 $\psi/(°)$	0.000	0.000	0.000
流动参数	数据组	标准	标准	标准
	土类别	粗	粗	粗
	<2 μm/%	10	10	10
	2~50 μm/%	13	13	13
	50 μm~2 mm/%	77	77	77
	默认参数	否	否	否
	水平渗透系数 $k_x/(m \cdot d^{-1})$	0.001	0.01	0.1
	竖向渗透系数 $k_y/(m \cdot d^{-1})$	0.001	0.01	0.1
	渗透率变化 c_k	1E15	1E15	1E15
界面参数	界面强度折减因子 R_{inter}	1	1	1
初始参数	K_0	自动	自动	自动

表10-2　路面材料参数

参数	参数值
材料类型	弹性；各向同性
轴向刚度 $EA/(kN \cdot m^{-1})$	250.0E3
抗弯刚度 $EI/(kN \cdot m^2)$	500.0
重度 $\omega/(N \cdot m^{-3})$	3
泊松比 ν	0.2

表10-3　土钉参数

参数	参数值
刚度 $E/(kN \cdot m^{-2})$	1E7
单位重度 $\gamma/(kN \cdot m^{-3})$	4
梁类型预定义	大直径圆弧梁

续表10-3

参数		参数值
直径 D/m		0.042
水平间距 L/m		2.500
侧摩阻力	$T_{skin, start, max}/(kN \cdot m^{-1})$	40.00
	$T_{skin, end, max}/(kN \cdot m^{-1})$	40.00
桩端反力 F_{max}/kN		0

(5)赋予材料属性。一是可以通过拖选的方式对不同区域赋予相应的材料属性，二是可以通过选中模型部分区域，在选择浏览器中材料一栏下拉列表中，选择提前输入的材料名称，三是可以使用鼠标右击选中区域，选择土体/Embedded桩/板，设置材料，点击选中的材料即可。板的端点坐标为(22, 16)、(28, 16)。

(6)创建荷载。为了模拟路面交通荷载，在板上创建荷载，选中板右键选择创建线荷载，荷载大小：-10 kN/m/m。创建完成的分析模型如图10-5所示。

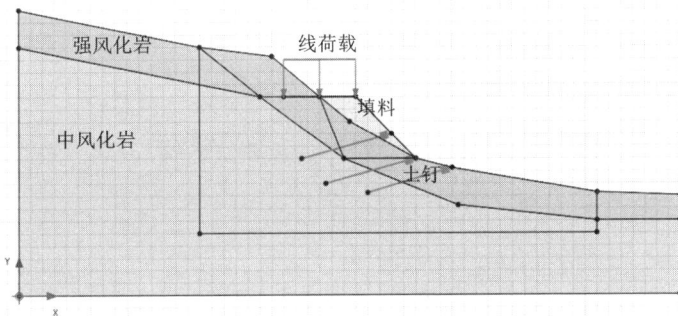

图10-5 分析模型

(7)生成并划分网格。为了将重点影响区域的结构单元网格进行加密，在模型中添加了区域线划分范围。程序已自动将结构单元(路面，土钉)网格进行加密，以绿色显示，其余部分未加密，以灰色显示。为了更准确地分析路堤周围土层的变形，将路堤附近土层进行网格加密，选中这些土层类组，在选择浏览器中将粗糙系数修改为0.5。预览生成的网格，见图10-6。

(8)定义不同的计算阶段。

施工过程包括初始阶段即原始边坡状态、路堤施工(包括挖方、回填、建立路堤以及施加交通荷载)过程，又因降水对边坡的稳定性影响很大，所以又加入了强降雨条件下的边坡稳定性分析，最后对边坡进行支护以后的稳定性计算。

①初始阶段：原始边坡状态。

切换到渗流模式，点击创建水位线定义原始水位线：user waterlevel_1 (-1, 10) (56, 10)。

由于土体的表面非水平，所以放弃使用K0过程计算，采用重力荷载的计算类型，从有限

图 10-6 生成的网络(扫章首码查看彩图)

元单元计算初始应力。边坡原始状态冻结所有结构单元以及填料，激活原始边坡土体，定义完成后模型见图 10-7。

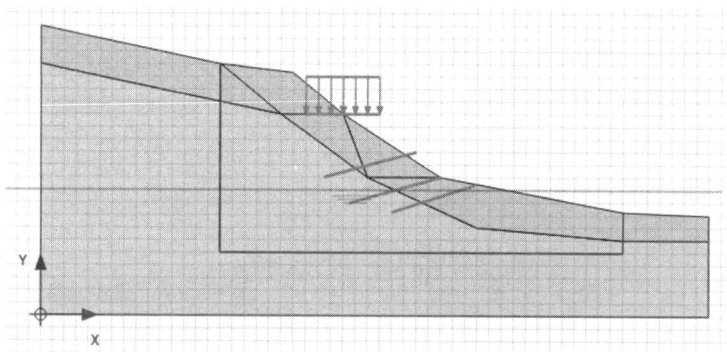

图 10-7 原始边坡模型

②原山坡安全系数。

PLAXIS 软件通过程序内置的强度折减法自动对安全系数进行求解。强度折减法即不断将强度参数黏聚力 c 和内摩擦角 φ 的正切值($\tan \varphi$)进行折减，折减后的参数不断代入模型进行重复计算，直到模型达到极限发生破坏，发生破坏前的折减系数即边坡的安全系数 ΣM_{sf}。

$$\Sigma M_{sf} = \frac{\tan \varphi_{input}}{\tan \varphi_{reduced}} = \frac{C_{input}}{C_{reduced}}$$

式中：φ_{input}、C_{input} 为在定义材料属性时输入的强度参数值；$\varphi_{reduced}$、$C_{reduced}$ 为在分析过程中用到的经过强度折减后的强度参数值。

具体操作为添加一个新的阶段，计算类型选择安全，勾选将位移重置为零，操作面板见图 10-8。

③路堤施工。

添加一个新的阶段，选择塑性计算的计算类型，勾选将位移重置为零。第一步选中并冻结设计路面上方的危险坡体，第二步激活设计的路面下方的新填筑区域，将材料设置为填料，同时替换路面下部相应区域强风化土层为填料，第三步激活代表路面的板单元，最后激

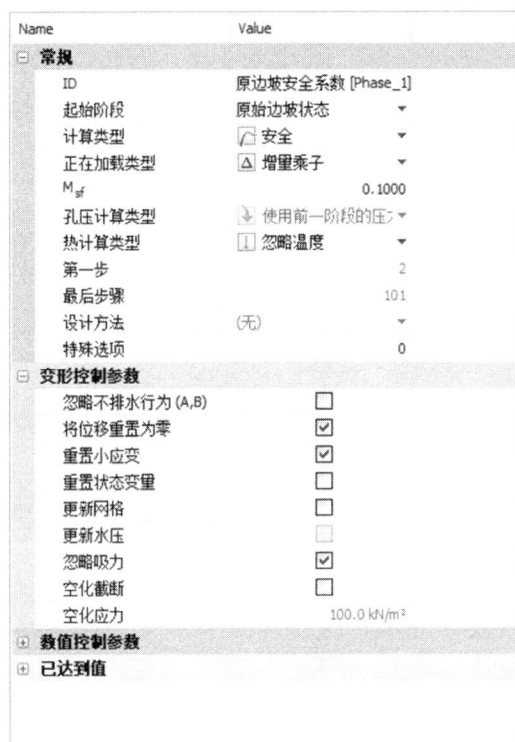

图 10-8　原始边坡安全分析

活荷载并设置其大小。路堤施工完成后的模型如图 10-9 所示。

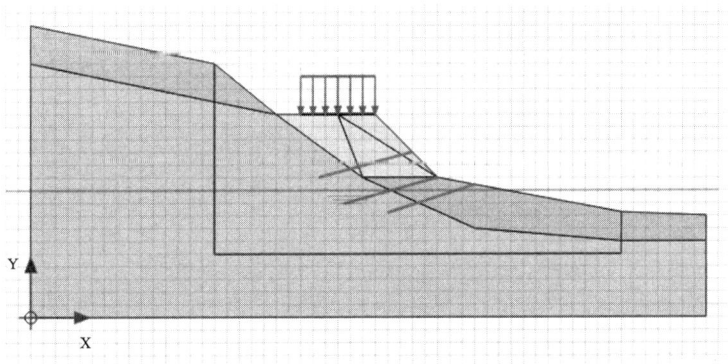

图 10-9　施工路堤完成模型

④无降雨安全系数。

其操作方式同②。

⑤强降雨水位抬升。

阶段窗口中的起始阶段选择为路堤施工 phase2；计算类型选择塑性计算；选择孔压计算

类型为稳态地下水渗流。原始边坡水位为水平水位，在雨期的强降雨以后，不同区域的地下水位有了一定的抬升。具体操作为切换至渗流条件面板，点击创建水位，定义强降雨水位线：user waterlevel_2（-1，20）（5，20）（20，10）（56，10），并选中该水位线 user waterlevel_2 设置为全局水位，如图 10-10 所示。

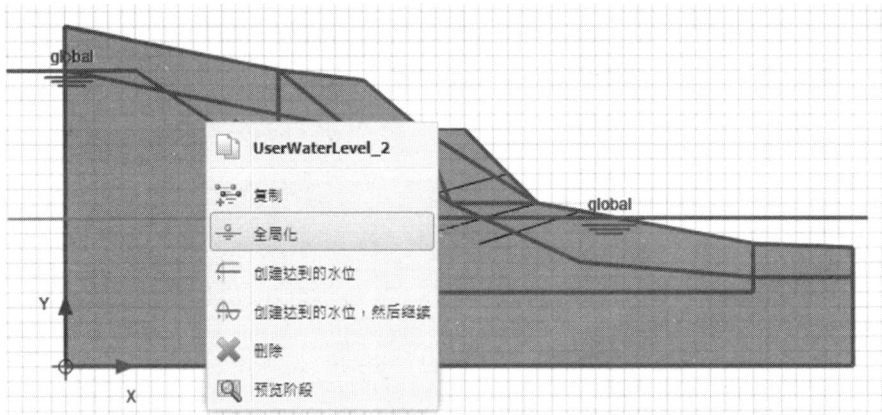

图 10-10 水位抬升后改变全局水位

该阶段为塑性计算，孔压计算类型为稳态地下水渗流，如图 10-11 所示。

图 10-11 强降雨阶段计算设置

⑥强降雨安全系数。

其操作方式同②。

⑦打设三排土钉。

通过鼠标右键选择激活三排土钉，如图 10-12 所示。添加一个新的阶段，选择塑性计算类型。

⑧支护后安全系数。

其操作方式同②。

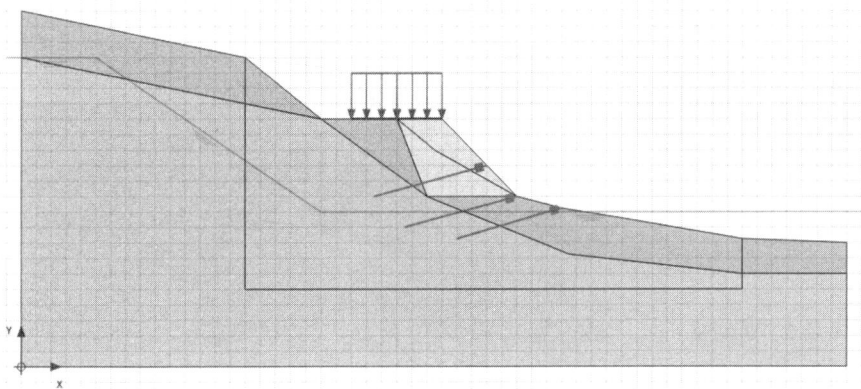

图 10-12　强降雨条件下山坡水位

以上所有的计算阶段总览见图 10-13。

图 10-13　分步施工工况

(9)选择生成曲线所需要的节点并生成曲线。

选择需要监测的点，点击更新，保存所选中的节点。4 个监测节点坐标为(15, 20)，(25, 16)，(28, 16)，(33, 11)，如图 10-14 所示。

(10)进行计算并分析计算结果。

软件计算过程如图 10-15 所示。

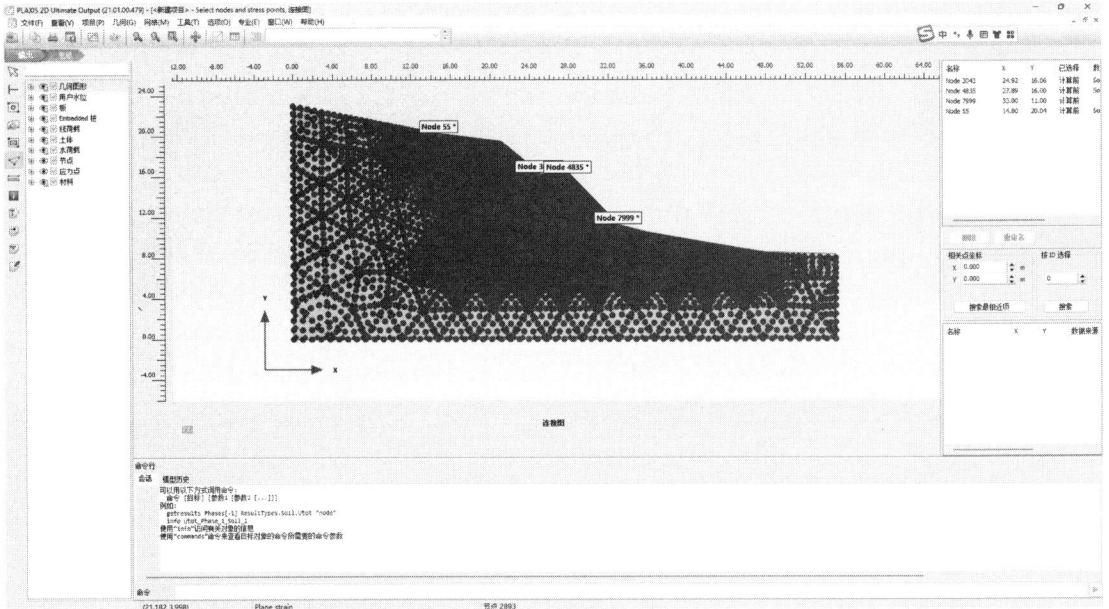

图 10-14　选择生成曲线所需的点

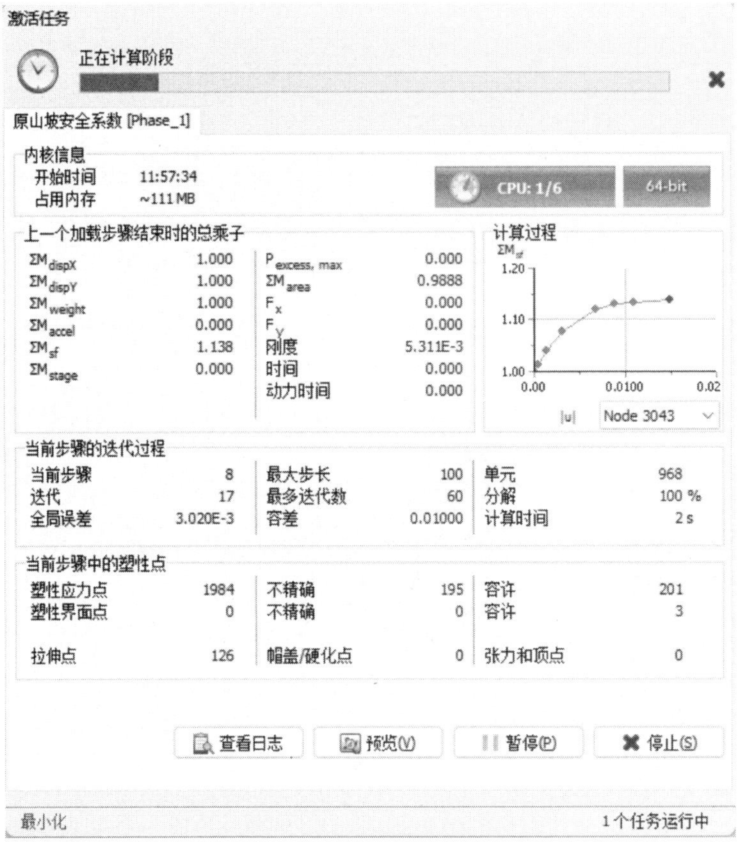

图 10-15　计算过程面板

10.2.2　计算结果分析

计算成功后, 在后处理程序中可以查看计算结果。通过查看安全性分析阶段的增量位移, 可以看出路堤边坡潜在滑移面的位置。最后, 对比和分析图 10-16~图 10-19 中四个不同施工阶段的增量位移。

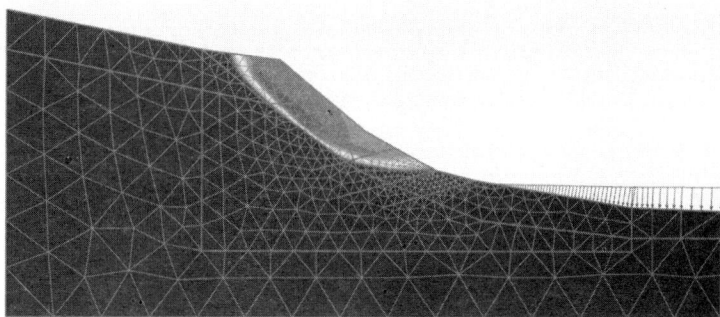

图 10-16　原始边坡潜在滑移面(扫章首码查看彩图)

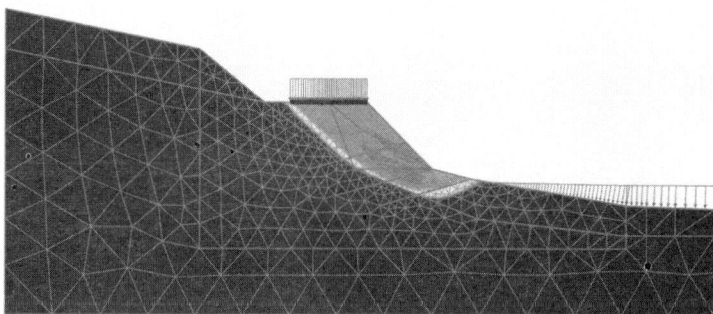

图 10-17　无降雨时边坡潜在滑移面(扫章首码查看彩图)

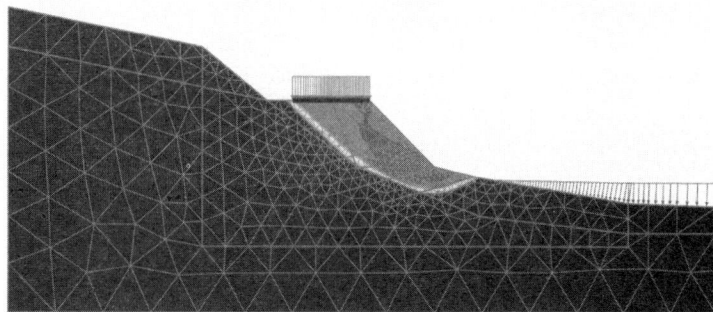

图 10-18　强降雨时边坡潜在滑移面(扫章首码查看彩图)

图 10-19 打设三排土钉时边坡潜在滑移面(扫章首码查看彩图)

通过观察 4 个阶段的增量位移图判断边坡潜在滑移面的位置，可以发现无降雨和强降雨条件下路堤边坡潜在滑移面位置未发生明显变化，这是由于水位变化影响范围处于潜在滑移面以下，对于边坡的破坏影响较小。

安全系数是评价边坡稳定性的重要参数。以节点 $B(25,16)$ 为例对总位移-安全系数进行分析。在后处理程序中点击曲线管理器，新建曲线，X 轴选择某节点，窗口内将变形展开选择总位移$|u|$，Y 轴选择项目，窗口内将乘子展开选择 ΣMsf。点击鼠标右键选择设置，如图 10-20 所示将标题改为原始边坡，点击"阶段"，弹出"选择阶段"窗口，如图 10-21 所示，表示选择生成曲线的阶段，仅勾选 Phase_1。用鼠标右键点击任意位置，选择从当前项目添

图 10-20 曲线设置窗口

加曲线，弹出曲线生成窗口，如图 10-22 所示，点击确认。修改曲线标题为无降雨，点击"阶段"，仅勾选 Phase_3。完成对无降雨安全系数阶段的曲线添加。重复上述操作，完成强降雨（Phase_5）及打设三排土钉（Phase_7）的位移-安全系数曲线添加。若发现横坐标过大，无法查看清楚，可在图表菜单设置曲线显示比例、名称：X 轴缩放更改为手动，最大化为 0.00，最大 1.0；Y 轴缩放改为手动，最大化为 1.00，最大 1.70；图标名称设置为位移-安全系数。

图 10-21　选择生成曲线的阶段

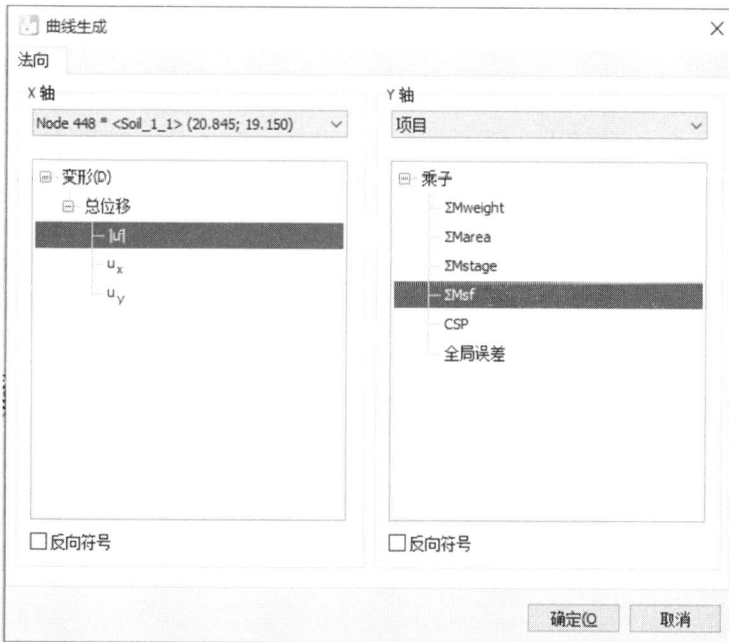

图 10-22　曲线生成

在后处理程序内可查看计算信息，并和位移-安全系数曲线一样均可查看计算的安全系数。原始状态下的边坡安全系数为1.127，处于基本稳定状态，路堤施工后无降雨时安全系数为1.268，边坡稳定性有所增强。强降雨水位抬升后的边坡安全系数将为1.248，说明强降雨条件下边坡稳定性有所削弱。土钉支护加固后的边坡安全系数为1.656，边坡稳定性大大提高。生成的位移-安全系数曲线见图10-23。

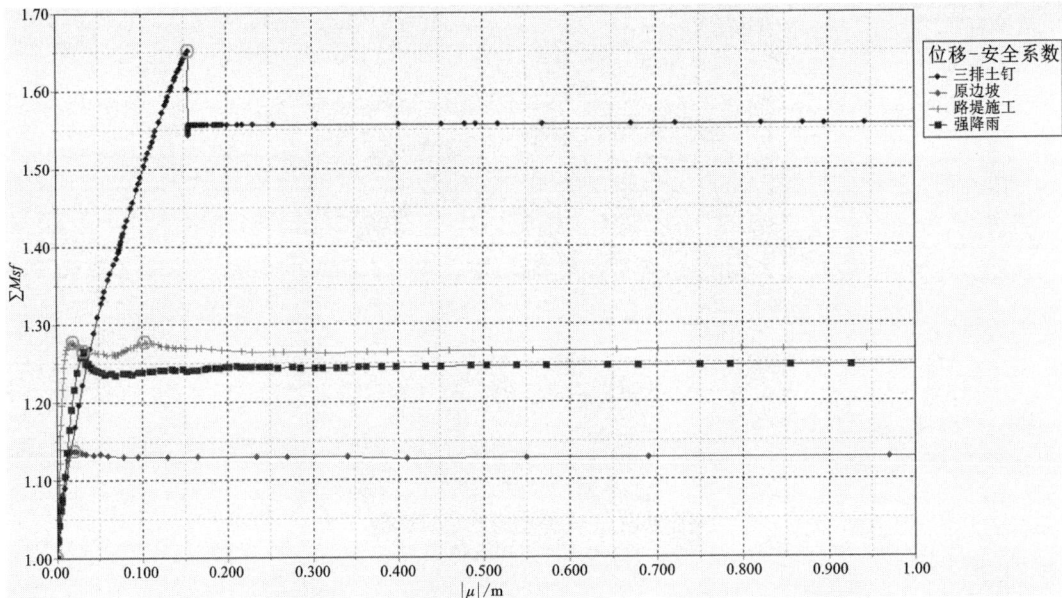

图10-23　生成的位移-安全系数曲线(扫章首码查看彩图)

10.3　案例：新奥法隧道施工过程模拟分析

新奥法(NATM)是一种常用的隧道施工方法，它的主要思想是利用围岩的自承能力，并结合锚杆和喷射混凝土来维护隧道开挖后的围岩整体稳定性。该施工方法具有诸多优点，广泛应用于隧道施工现场。接下来通过一个简单的新奥法隧道施工过程的模拟分析案例来加深对软件应用的了解。

10.3.1　模型建立与计算

分析计算步骤如下。

(1)创建一个项目并定义边界。启动新项目，给项目命名为"新奥法隧道施工过程模拟分析"，在项目属性对话框定义模型边界 $x_{min} = -50$ m，$x_{max} = 50$ m，$y_{min} = 0$ m，$y_{max} = 35$ m，其他选项保持默认。

(2)定义土层。利用钻孔生成土层，模型中考虑以11 m厚的泥灰岩的底部 $y_{min} = 0$ 作为参考点，按照图10-24定义的数据创建的土体如图10-25所示。

(3)输入不同材料参数并分别指定给相应土层。土体模型中的材料类型包括表层土、黏

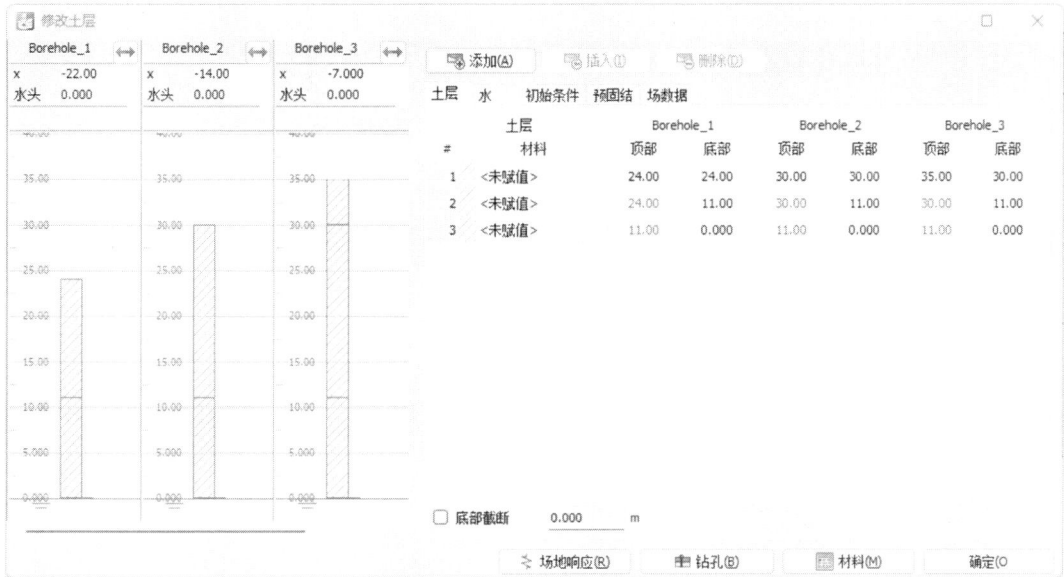

图 10-24　土层定义数据

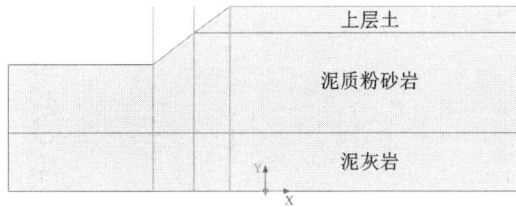

图 10-25　土层模型

土-粉砂岩、黏土-石灰岩。隧道井挖衬砌通过板材料进行模拟，表层土选择土体硬化本构模型，黏土-粉砂岩及黏土-石灰岩选择霍克-布朗本构模型。土体材料模型数据见表 10-4，衬砌材料数据见表 10-5。

表 10-4　土体材料参数

材料参数		表层土	黏土-粉砂岩	黏土-石灰岩
一般参数	材料模型	土体硬化	霍克-布朗	霍克-布朗
	材料类型	排水	排水	排水
	水位以上土体容重 $\gamma_{unsat}/(kN \cdot m^{-3})$	20	25	24
	水位以下土体容重 $\gamma_{sat}/(kN \cdot m^{-3})$	22	25	24
	初始孔隙比 e_{int}	0.5	0.5	0.5

续表10-4

材料参数		表层土	黏土-粉砂岩	黏土-石灰岩
参数	变形模量 $E_{50}^{ref}/(kN \cdot m^{-2})$	4E4	—	—
	压缩模量 $E_{oed}^{ref}/(kN \cdot m^{-2})$	4E4	—	—
	卸载模量 $E_{ur}^{ref}/(kN \cdot m^{-2})$	1.2E5	—	—
	与刚度应力水平相关的幂指数 m	0.5	—	—
	弹性模量 $E_{rm}'/(kN \cdot m^{-2})$	—	1.0E6	2.5E6
	卸载泊松比 ν'	0.2	0.25	0.25
	单轴压缩强度 $\sigma_{ci}/(kN \cdot m^{-2})$	—	2.5E4	5E4
	完整岩石材料常数 m_i	—	4.0	10.0
	地质强度参数 GSI	—	40.0	55.0
	扰动因子 D	—	0.2	0.0
	黏聚力 $c/(kN \cdot m^{-2})$	10	—	—
	摩擦角 $\varphi'/(°)$	30	—	—
	剪胀角 $\psi_{max}/(°)$	—	30	35
	剪胀参数 $\sigma_\psi/(kN \cdot m^{-2})$	—	400	1000
界面	界面强度	刚性	手动	刚性
	界面强度折减因子 R_{inter}	1.0	0.5	1.0

表 10-5 衬砌材料参数

参数	参数值
材料类型	弹性；各向同性
轴向刚度 $EA/(kN \cdot m^{-1})$	6.0E5
抗弯刚度 $EI/(kN \cdot m^2)$	2.0E4
重度 $\omega/(N \cdot m^{-3})$	5.0
泊松比 ν	0.15

(4)定义隧道。根据隧道尺寸在结构模式中的隧道设计器中定义隧道形状，隧道形状数据见表10-6。首先，在绘图区单击(0, 16)指定隧道位置。在进入横截面中的线段内容绘制表10-6中所示的3条弧线。接着，点击"延伸至对称轴"，最后点击"对称闭合"。切换分段标签，分别修改以下值：偏移2 m改为3 m，线段类型改为弧，半径改为11 m，线段角度改为360°。全选已经创建好的线段，点击"相交工具"(或者右键选择"intersect segment")，选中不需要的线段，选择删除工具(或者右键选择删除)。切换到属性标签，全选已经创建好的线段，右键选择创建板选项以模拟隧道衬砌。此外，除了临时仰拱开挖线外，为隧道衬砌创建负向界面，最终生成如图10-26所示的隧道。

表 10-6　隧道形状数据

线段类型	半径/m	角度/(°)
弧	10. 4	22
弧	2. 4	47
弧	5. 8	50

（5）生成并划分网格。通过点击生成网络选项，选择全局疏密度，共有高粗糙度、粗糙、中等、细、超细 5 个水平，默认为中等水平。将隧道周边的衬砌及黏土-粉砂岩进行局部加密，设置粗糙因数为 0.7。点击"网格生成"，形成网格划分模型后可在 PLAXIS Output 程序中查看，可以随时修改，直至满意为止。预览生成的网格，如图 10-27 所示。

（6）定义渗流条件。本例中不考虑地下水。水位线在模型底部，渗流条件下的模型如图 10-28 所示。

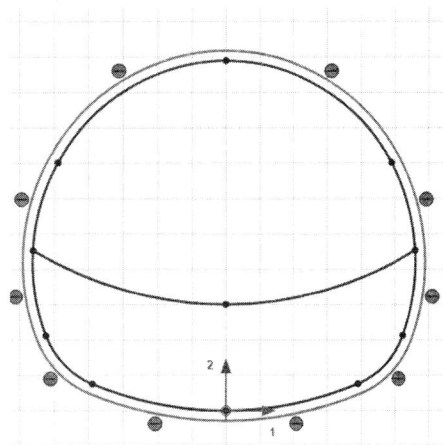

图 10-26　隧道形状

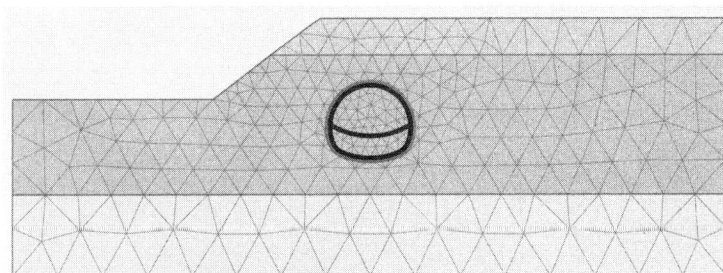

图 10-27　网格划分预览

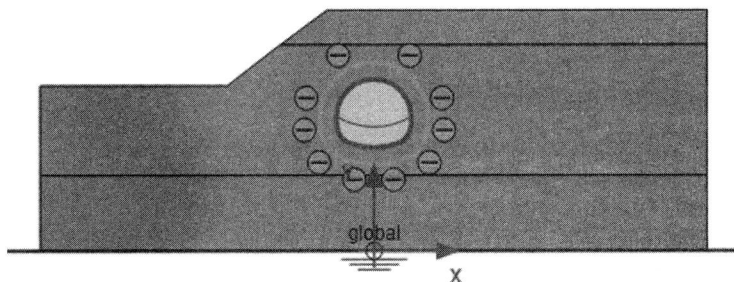

图 10-28　模型水位

(7)定义不同计算阶段。隧道是分步开挖的，因此要分步施工计算。冻结隧道内部的土层仅仅影响土的刚度、强度和有效应力。计算阶段选择"塑性计算"，分步施工。使用所谓的 β-法模拟隧道开挖产生的三维自然拱效应。β-法的思想是：假定作用在隧道上的初始应力为 pk，隧道分两部分开挖，隧道开挖未支护时作用为 $(1-\beta)_{pk}$，支护时作用为 β_{pk}，隧道开挖时，只有 $(1-\beta)_{pk}$ 的初始应力作用于隧道。下一个阶段支护作用激活后，所有应力才被激活，此时开挖产生的应力全部施加在隧道。在 PLAXIS 中实现该方法，是通过使用分步施工选项和减小的 ΣMst 值来控制。隧道开挖分为 5 个阶段，分别为初始阶段、上导坑开挖、上导坑支护、下导坑开挖及下导坑支护，如图 10-29 所示。

①阶段 1：初始阶段。

土层表面不是水平的，不能使用"K0 过程"生成初始应力，所以选择"重力荷载"选项。不考虑水的作用，孔压计算类型选择"潜水位"。ΣMweight 保持默认值为 1.0。初始阶段的变形控制参数和数值控制参数使用默认值。

②阶段 2：上导坑开挖[图 10-29(a)]。

添加一个新的阶段，在"阶段"窗口的"一般"子目录下将 ΣMst 的值设置为 0.6，则意味着对应的 β 值为 1-ΣMstage=0.4。在"分阶段施工"模式下，冻结隧道内部的上导坑土体，但不激活隧道衬砌。

③阶段 3：上导坑支护[图 10-29(b)]。

添加一个新的阶段，在"分阶段施工"模式下，将隧道上导坑部分的衬砌及界面激活。此时 ΣMstage 的值将重置为 1。

④阶段 4：下导坑开挖[图 10-29(c)]。

添加一个新的阶段，将衬砌及隧道下导坑部分土体停用。在"阶段"窗口的"一般"子目录下将 ΣMstage 的值设置为 0.6，则意味着对应的 β 值为 1-ΣMst=0.4。

⑤阶段 5：下导坑支护[图 10-29(d)]。

添加一个新的阶段，在"分阶段施工"模式下，激活隧道下台阶周边的衬砌和界面，此时隧道周边所有衬砌和界面均处于激活状态。此时 ΣMstage 的值将重置为 1。

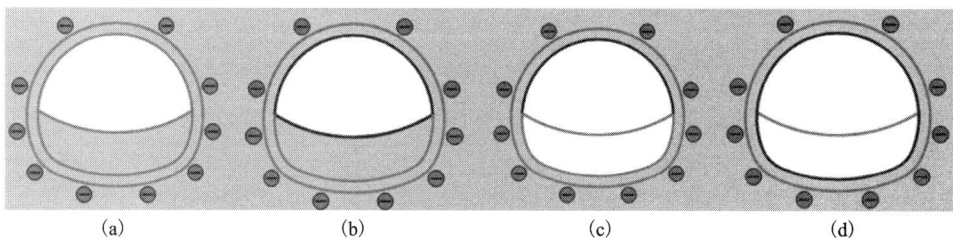

图 10-29　分阶段施工示意图

(8)选择生成曲线所需的节点并生成曲线。

施工阶段定义完成后，选择合适的位置作为监测点(例如隧道周边、坡顶坡底等位置)，用于观察隧道施工过程中的变形情况，也可以在后续中选择节点生产曲线。

(9)进行计算并分析计算结果。

在计算完成后，主要分析隧道衬砌的变形和受力情况，选择最后一个施工阶段，点击"查看计算结果"按钮，自动输出的 Output 程序中显示该计算阶段末的变形网络，变形网络如图 10-30 所示。

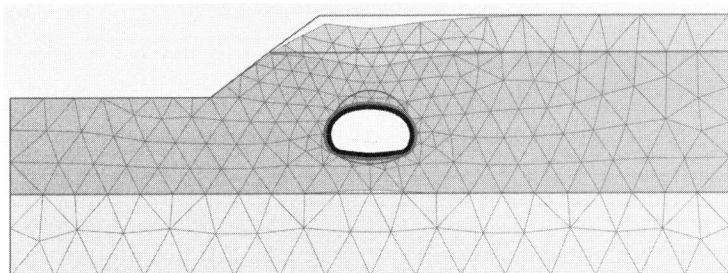

图 10-30 最后一个阶段的变形网络(扫章首码查看彩图)

通过点击侧面工具栏中的"拖拽窗口已选择结构"，框选整个隧道后，在弹出的"选择结构"窗口中选择"板"选项，双击选中的板结构后，程序将会自动打开一个新的结构视窗显示衬砌结果。点击菜单栏中的"内力"子菜单中的"弯矩"选项，显示衬砌的弯矩分布，得到的衬砌弯矩图如图 10-31 所示。

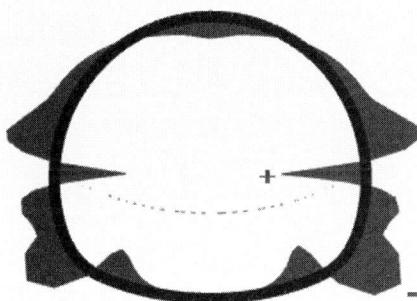

弯矩 M(放大0.500倍)
最大值=6.173 kN m/m(单元11在节点2508)
最小值=-4.363 kN m/m(单元28在节点2586)

图 10-31 衬砌弯矩图(扫章首码查看彩图)

10.3.2 计算结果分析

由图 10-31 可知，隧道内部弯矩为正值，隧道外部弯矩为负值，正值为受压，负值为受拉。除此之外，可以观察到弯矩值最大值和最小值的位置，弯矩值最大值出现在隧道上导坑和下导坑交界处的位置上，弯矩最小值出现在隧道的左下角和右下角位置上。由此为工程设计提供重要参考。

本章习题

1. 随着城市化进程的加快，城市地下空间开发带来的环境效应越来越严峻，特别是基坑开挖、隧道掘进导致的既有工程桩破坏现象频发。基坑开挖或隧道掘进会诱发周边土体产生应力释放和位移，进而在邻近桩体内部产生附加应力和变形，削弱桩基的正常服役能力。地下工程开挖卸荷既有的桩基承载响应问题是一个复杂的桩-土-卸荷体相互作用问题，主要集中在以下几个方面：针对土体开挖卸荷特性研究，开挖引起的地层变形影响，基坑开挖对邻近桩基的影响，隧道开挖对邻近桩基影响和基坑开挖坑内工程桩竖向承载特性研究。

基于地下工程中此热点和难点，设计本题目以考查学生在砂土地基上圆形基础沉降分析、盾构隧道施工及其对桩基的影响和基坑开挖对邻近隧道的影响三种工况下，使用有限元软件计算和对实际问题分析的能力。施工步骤简单概述为：第一步，修建基础并在其上施加荷载；第二步，开挖隧道并施加衬砌；第三步，开挖基坑并进行支护。

工程各部分的情况如下：

地层结构：地基土层主要有4层，地下水埋深7 m。黏土1厚15 m；砂土2厚2 m；黏土2厚5 m；最底层为深层砂土厚2 m。

隧道：埋深20 m(隧道中心位置)；直径6 m；盾构法施工，管片厚度350 mm。

基础类型自选。

建筑基坑：总宽度30 m，总开挖深度12 m；分三层开挖，各层开挖深度分别为3 m，4 m，5 m。

支护结构：钢筋混凝土地连墙和内支撑，墙厚1200 mm，墙深22 m，设置3层内支撑，间距5 m。

基础位于既有隧道左侧附近，二者净距约10 m，基坑位于既有隧道右侧附近，二者净距约10 m。土层具体参数可根据PLAXIS软件手册案例进行选择。

要求建立一个如上所述的几何模型并给出合理的加载边界条件，划分合理的有限元网格，结果主要输出内容分为三部分：①基础沉降分析；②盾构隧道开挖对基础的影响分析；③基坑开挖对周边隧道的影响分析。

2. 模拟深部1000 m处某巷道开挖后的围岩应力分布情况。巷道形状为矩形半圆拱结构，底宽2.0 m，矩形面高2.0 m，矢高1.0 m。假设围岩为花岗岩，容重为2700 kN/m³，岩体材料采用莫尔-库仑准则：$E = 40$ GPa，$u = 0.3$，黏聚力 $c = 30$ MPa，内摩擦角 $\varphi = 32°$，膨胀角 $\psi = 5°$。要求给出合理的几何模型和加载边界条件，划分合理的有限元网格，输出巷道围岩的应力和应变分布情况。

3. 本题分析水位不同下降方式对库坝稳定性影响。库水位的快速下降，会对库坝内部土体产生超孔隙水压力，进而导致库坝的不稳定。因此有必要利用有限元方法，分析地下水瞬态流动对库坝稳定性影响。由于地下水流动土体内部生成超孔隙水压力，孔隙水压力会转换到变形分析和稳定性分析中。本例将展示在PLAXIS 2D中如何交互执行变形分析、瞬态地下水流动和稳定性分析。

大坝高30 m，底部宽度为172.5 m，顶部宽5 m。大坝由黏土核心层及两边级配良好的填土组成。大坝的几何尺寸如图10-32所示。大坝后正常水位为25 m高。考虑水位下降

20 m 的情况。大坝右边的正常水位是地表下 10 m。

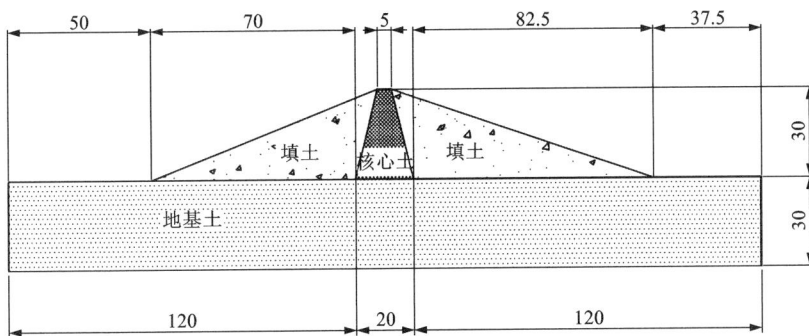

图 10-32　大坝几何尺寸(单位: m)

第 11 章　有限元软件：MIDAS GTS NX

11.1　MIDAS GTS NX 软件基本介绍

由韩国 MIDAS IT 公司开发的 MIDAS GTS NX(new experience of Geo-technical analysis system)是一款针对岩土领域研发的通用有限元分析软件，支持静力分析、动力分析、渗流分析、应力-渗流耦合分析、固结分析、施工阶段分析、边坡稳定分析等多种分析类型，适用于地铁、隧道、边坡、基坑、桩基、水工、矿山等各种实际工程的准确建模与分析，并提供了多种专业化建模助手和数据库。

扫码查看本章彩图

11.1.1　MIDAS GTS NX 软件的特点

1.分析方法多样

MIDAS GTS NX(下文称 GTS NX)考虑了岩土分析中最重要的材料非线性以及岩土的初始应力状态，最大程度地反映实际现场情况。在不同的荷载和边界条件下，可进行静力分析、渗流分析、应力-渗流耦合分析、固结分析、施工阶段分析、动力分析、边坡稳定分析等多种分析类型(图 11-1)，特别是在动力分析中，可以考虑水位和自重进行非线性时程分析。

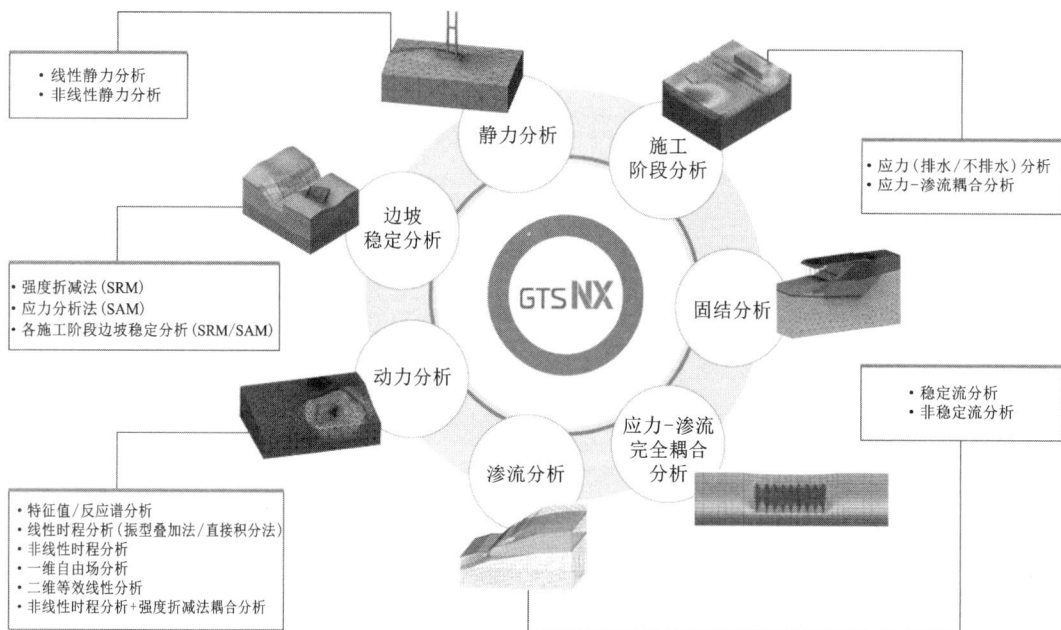

图 11-1　MIDAS GTS NX 分析方法

通过渗流–应力完全耦合分析，可以一次性模拟与水位条件相关的岩土问题（渗流/应力/固结）。GTS NX 搭载有限元集成求解器，为复杂的工程分析和设计提供更加可靠的结果。

2. 以用户为中心，提供直观的界面

GTS NX 搭载最新的图形处理引擎，提供全新理念的操作环境。拥有着便利的多窗口操作环境及直观的面板菜单。

3. 强大的几何建模能力

GTS NX 提供 CAD 水平的多样化几何建模功能，便于实际工程的二维和三维模拟。同时，GTS NX 还提供了基于勘探资料的地形、地层模型自动生成功能。此外，GTS NX 提供几何形状的自动耦合功能，对于复杂的几何模型，具有自动生成实体间共用面的功能和自动印刻功能，从而缩短建模时间和减少建模失误。

11.1.2　MIDAS GTS NX 内置的材料模型和分析类型

MIDAS GTS NX 所包含的本构模型有线弹性模型、莫尔–库仑模型、霍克–布朗模型、双曲线模型、应变软化模型、修正剑桥黏土模型、Jardine 模型、修正莫尔–库仑模型、广义霍克–布朗模型、软土蠕变模型、特雷斯卡模型、范梅塞斯模型以及用户自定义模型。

11.1.3　MIDAS GTS NX 功能模块

GTS NX 由基本版和 9 个功能模块构成。其中，基本版可以进行应力分析、施工阶段分析。9 个功能模块包括隧道建模助手、动力分析、地形生成器、固结分析、边坡稳定分析、渗流分析、衬砌设计、动力荷载生成器、64 位及 GPU 计算内核。

1. 隧道建模助手

该模块可用于常规隧道或地铁车站区间快速建模，并可直接进行计算，采用对话框式输入。

2. 动力分析

该模块可模拟岩土与结构在动荷载作用下的响应，如上部结构与卜部地基的协同抗震分析等。提供一维自由场分析、二维等效线性分析、特征值分析、反应谱分析、线性/非线性时程分析等。

3. 地形生成器

该模块可通过数字地图（DXF 格式），建立地层或地表面模型，从而对复杂地形进行快速建模。

4. 固结分析

该模块可模拟软土地基在荷载作用下超孔隙水压消散的过程，可进行二维、三维排水及非排水固结分析。

5. 边坡稳定分析

该模块可考虑天然、加固材料、施工过程中、降水等条件下的边坡稳定分析，提供强度折减法（SRM）与应力分析法（SAM）。

6. 渗流分析

该模块支持二维、三维非稳定及稳定渗流分析，可进行应力–渗流耦合分析。

7.衬砌设计

该模块程序中内嵌公路隧道与铁路隧道设计规范，通过 GTS NX 计算出支护结构内力，进行配筋，并自动生成计算书。

8.动力荷载生成器

该模块可自动生成爆破荷载、列车移动荷载等。

9.64 位及 GPU 计算内核

该模块可采用 64 位求解器以 GPU 并行计算内核，极大地提高了模型的分析速度。

11.1.4　MIDAS GTS NX 求解过程

1.几何建模阶段

该阶段主要使用几何功能区进行建模。在该阶段可根据实际结构形状和实际工况条件建立几何模型。在 MIDAS GTS NX 中，既可以利用软件自带 CAD 水平几何建模功能建立模型，也可以基于勘探资料的地形、地层模型自动生成模型。

2.定义材料属性及网格生成阶段

该阶段主要包括两部分。第一部分是定义单元类型及材料属性，MIDAS GTS NX 内置多种材料模型，可以模拟岩土体、金属、混凝土等多种材料。第二部分是生成网格，MIDAS GTS NX 网格划分方式包括四面体网格生成器及混合网格生成器等，并提供尺寸控制功能对特定区域进行网格控制。

3.设置分析模式阶段

MIDAS GTS NX 包括静力/边坡分析、渗流/固结分析、动力分析三类分析模式。此阶段可根据实际情况设置模型约束条件、边界条件及荷载条件等。对施工模拟，MIDAS GTS NX 还提供施工阶段助手，大幅度提升分析条件设置速度。

4.分析求解阶段

完成了以上设置后，便可进行分析求解。MIDAS GTS NX 采用 64 位求解器以 GPU 并行计算内核，极大地提高了模型的分析速度。

5.结果分析阶段

计算完成后，可进入结果分析阶段。此阶段可以读取分析数据并以多种方式显示分析结果，如位移云图、应力云图、动画、曲线图等方式。

11.2　案例：TBM 盾构掘进施工分析

隧道施工法大体上可分为基于爆破的开挖施工法及机械式的开挖施工法（TBM）。对于隧道开挖工程，随着城市道路交通网密集化，噪声/振动等污染的严重化，城市设施维修的建设位置的深层化，以及地下建筑物的延长化，在城市中心隧道工程中应用盾构及 TBM 施工法的工程逐渐增多，特别是在浅埋的城市中心隧道工程中，TBM 开挖隧道引起周边地表沉陷，对周边建筑及障碍物有一定的影响，因此必须在施工前对这种影响做出预估。

本例题模型是在岩土内建立盾构掘进模型。其中用板单元模拟盾壳和注浆，管片和岩土用实体单元建模。盾构掘进开挖时，假设 HP（掘进压力）、J（千斤顶推力）将在盾构掘进面上

产生作用，假设在围绕盾构的面上有 S（盾壳外压）及 E（管片外压）作用。

通过本例题可以学习如何在 MIDAS GTS NX 中建模、输入荷载、设置施工阶段以及分析结果。

11.2.1 模型建立及计算

1.设置分析条件

点击分析>分析工况>设置（Analysis>Analysis case>Setting）

设置模型类型、重力方向及初始参数，确认分析中使用的单位制。单位制可在建模过程及确定分析结果时修改，输入的参数将被自动换算成设置的单位制。本例题是以 Z 轴为重力方向的三维模型，单位制使用 SI 单位（kN，m）。如图 11-2 所示。

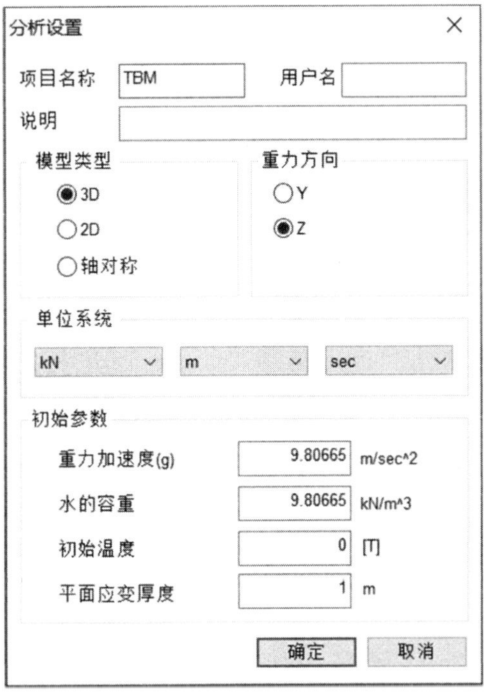

图 11-2 设置分析条件

2.定义材料及特性

1）点击网络-材料（Mesh-Material）

土层材料的模型类型选择莫尔-库仑（Mohr-Coulomb），结构材料选择不考虑材料非线性的弹性（elastic）模型，如图 11-3、图 11-4 所示。各地层和结构使用的材料如表 11-1、表 11-2 所示。

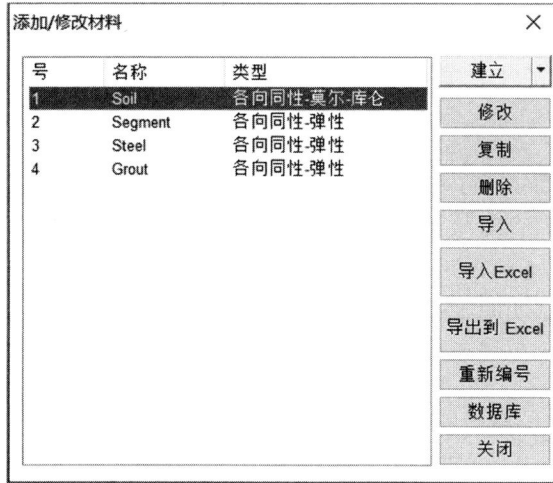

图 11-3　添加/修改材料

图 11-4　定义岩土材料参数

表 11-1　岩土材料参数表

参数	土	管片
模型类型	莫尔-库仑(Mohr-Coulomb)	弹性(elastic)模型
弹性模量(E)/kPa	1.3E+06	2.1E+07
泊松比(ν)	0.30	0.30
容重(r)/(kN·m^{-3})	19	24
K	0.5	1
单位重量(饱和)/(kN·m^{-3})	19	24
初始孔隙比(e_0)	0.5	0.5
排水参数	排水	排水
黏聚力(c)	15	—
摩擦角/(°)	30	—

表 11-2　结构材料参数

参数	盾壳	注浆
材料类型	各向同性	各向同性
模型类型	弹性(elastic)模型	弹性(elastic)模型
弹性模量(E)/kPa	2.5E+08	1.0E+07
泊松比(ν)	0.20	0.30
容重(r)/(kN·m^{-3})	78	22.5

2)点击网格-属性(Mesh-Property)

创建网格时,需要指定各网格组上分配的属性。在定义岩土和结构的属性时,首先需要选择材料,如图 11-5 所示。另外,在定义结构的属性时,需要定义结构构件类型、截面形状等参数。各岩土和结构材料的属性如表 11-3 所示。

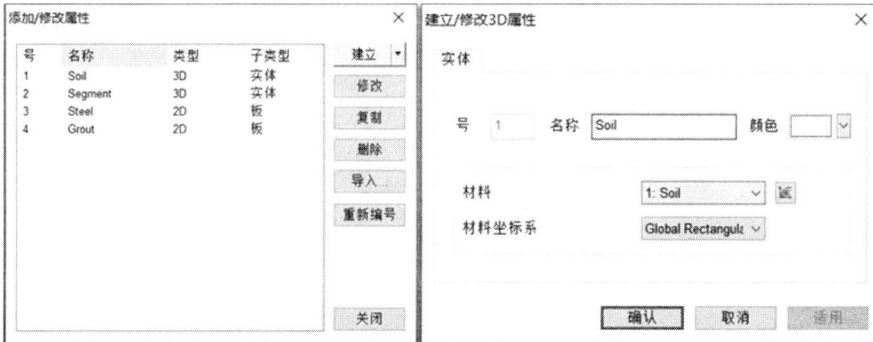

图 11-5　添加及修改属性

表 11-3　岩土和结构材料的属性

属性	土	管片	盾壳	注浆
类型	3D	3D	2D-板	2D-板
材料	土	管片	钢材	注浆
切面大小 TH	—	—	0.06	0.06

3. 建模

1）几何建模

（1）点击几何>顶点与曲线>矩形（Geometry>Point&Curve>Rectangle）。

按矩形生成岩土区域。勾选'生成面'选项。在开始位置上，输入'0，0'，按下"Enter"键。在对角位置上，输入'50，50'后点击"确认"键。如图 11-6 所示。

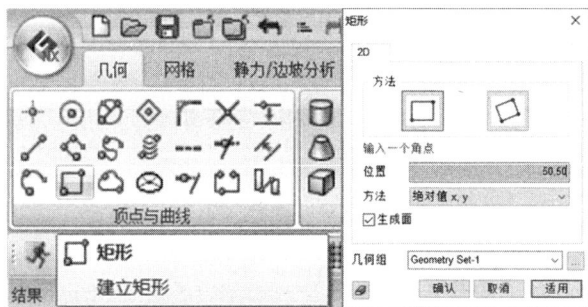

图 11-6　生成矩形面

（2）点击几何>顶点与曲线>圆（Geometry>Point&Curve>Circle）。

画圆形成隧道截面的形状。勾选'生成面'选项。中心位置输入"25，25"，按下"Enter"键。半径大小输入"3.4"后点击"适用"键。中心位置输入"25，25"，按下"Enter"键。半径的大小输入"3.7"后点击"确认"键。如图 11-7 所示。

图 11-7　生成圆形面

（3）几何>延伸>扩展（Geometry>Protrude>Extrude）。

采用生成的几何形状来创建实体。选择生成的 3 个的面。方向指定为 Y 方向（绿色）。长度上输入"20"后勾选"生成实体"选项。点击"确认"键。如图 11-8 所示。

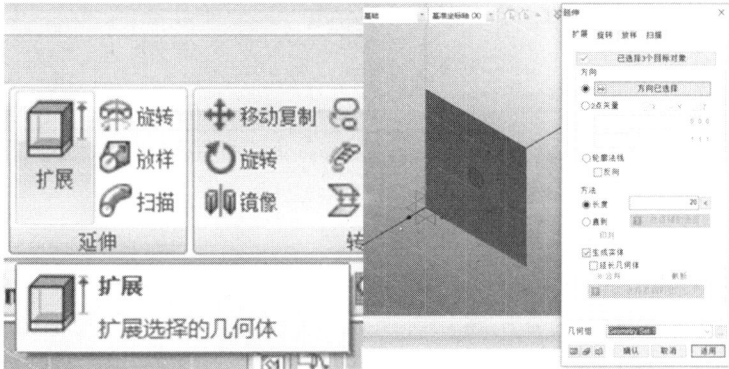

图 11-8　扩展功能（扫章首码查看彩图）

（4）点击几何>曲面与实体>自动连接（Geometry>Surface&Solid>AutoConnect）。

自动连接具有自动生成相邻实体之间共享面的功能。彼此相连的面或实体间需要布尔运算操作时，可以通过点击"自动连接"键，轻松地创建共享面，这样可以消除网格生成前建模误差。选择为目标形状（生成的 3 个的实体）。点击"确认"键。

利用 F2 键，把工作目录树>几何形状上生成的实体的名称分别修改为"外径""内径""岩土体"几何形状。如图 11-9 所示。

图 11-9　自动连接功能

（5）点击几何>顶点与曲线>矩形（Geometry>Point&Curve>Rectangle）。

定义盾构开挖进尺长度。按面分割实体时，必须生成大于分割实体的面，才能正常执行形状的布尔运算操作。视图工具条>视图模式（几何形状）选择线。在视图工具条上点击法向视图。勾选"生成面"选项。创建略大于隧道形状的矩形（开挖进尺长度）。

（6）点击几何>转换>移动复制（Geometry>Transform>Translate）。

这一步是把创建的开挖面，按开挖方向移动/复制的操作。目标形状选择前一阶段上生成的面。方向选择 Y 方向。方法指定为复制（均匀），距离、次数上分别输入"1""19"。点击"确认"键。利用"Delete"键，删除源面。如图 11-10 所示。

图 11-10　移动复制功能

(7)点击几何>分割>实体(Geometry>Divide>Solid)。

这一步是利用移动/复制的开挖面分割隧道的操作。因为相邻岩土的实体要共享节点，所以在分割相邻面上选择地层实体。目标实体选择"外径""内径"实体。选择滤波器变换成"面"后，按分割工具选择在前面生成的 19 个的面。勾选分割相邻面后，相邻面选择"岩土"实体。点击"确认"键。在视图工具条上点击右侧视图。在模型工作目录树>几何形状>形状组-1 上注册内径实体后，利用 F2 键，修改形状名称使其具有从左向右的顺序名称。用同样的方法，对 20 外径实体，也利用 F2 键来修改形状名称。如图 11-11 所示。

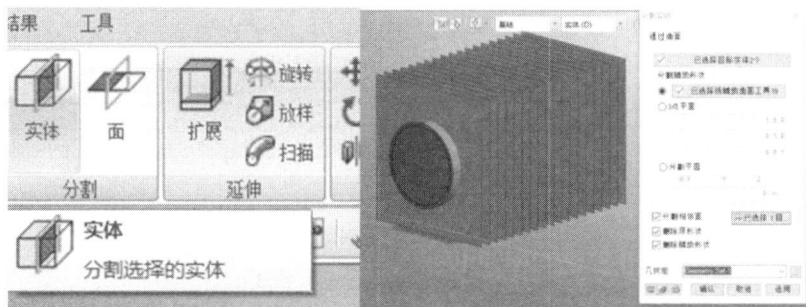

图 11-11　分割实体功能

2)创建网格

(1)点击网格>控制>尺寸控制(Mesh>Control>SizeCtrl)。

这一步是预先指定网格大小的操作。为了使生成网格的数量少且质量高，需预先指定网格的大小。在视图工具条上点击"正视图"。选择有关"内径""外径"实体的边线。方法指定为"单元长度"，网格尺寸输入"1"。点击预览键，确认是否正常指定了种子的大小。点击"确认"键。如图 11-12 所示。

(2)点击网格>生成>3D(Mesh>Generate>3D)。

生成网格。创建三维网格的方法有自动-实体、映射-实体、2D→3D 方式。因为映射网格只按六面体形状生成单元，所以相对的两面的种子信息必须一致才能生成单元。为此，GTS NX 提供基本的四面体和六面体单元的混合网格形式，方便生成高质量单元。

指定为自动-实体选项。目标形状选择 20 个的"内径"实体。尺寸输入"1"。指定为混合

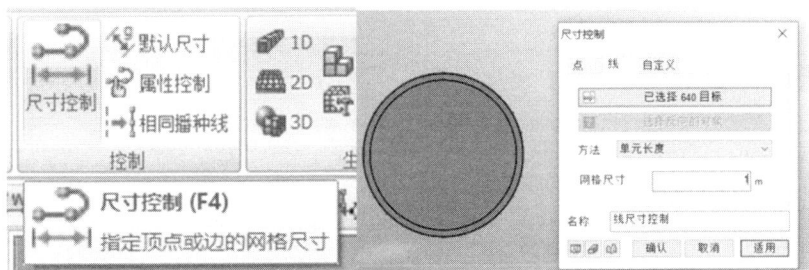

图 11-12　尺寸控制

网格(六面体中心)。勾选"匹配相邻面"。属性选择"1：soil"。网格组输入"内径"后，点击"适用"键。用同样的方法对 20 个的"外径"实体也生成网格组，这里外径网格即为管片。岩土地层，尺寸上输入"4"后生成网格组。如图 11-13、图 11-4 所示。

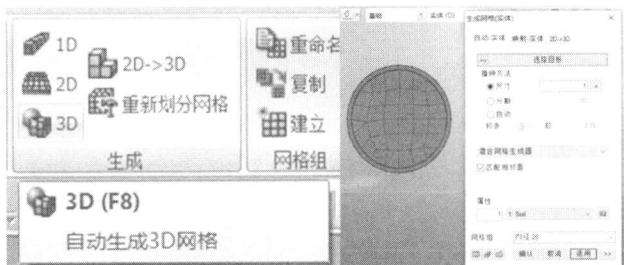

图 11-13　3D 网格生成

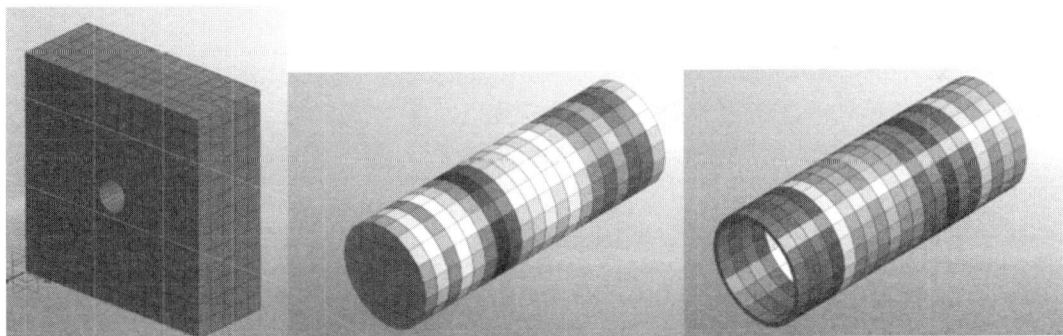

图 11-14　隧道建模整体情况(扫章首码查看彩图)

（3）点击网格>单元>析取(Mesh>Element>Extract)。

删除勾选工作目录树>网格，设置屏幕上不显示网格。在工作目录树>几何形状上，只勾选 20 个的"外径"实体显示在屏幕上。在视图工具条上点击"正视图"。在网格>单元>析取上，种类选择面。目标选择有关'外径'实体的面(200 个)。特性指定为"3：Steel"。网格组名称上输入"盾壳"。勾选"忽略重复面"选项和"基于所属形状独立注册"选项。点击"确认"

键。如图 11-15 所示。

图 11-15　网格单元析取功能

（4）点击网格>单元>删除（Mesh>Element>Delete）。

这一步是利用删除单元功能清除不使用的单元的操作。在视图工具条上点击"右视图"。选择模型的前面部分和后面部分的各单元。点击"适用"键。在视图工具条上点击正视图。选择内部生成的各单元后点击"确认"键。（在选择工具条上选择方法若选择多边形，则可以轻松地选择内部区域。）

（5）点击网格>网格组>重命名（Mesh>MeshSet>Rename）。

这一步是修改网格组名称的操作。在 GTS NX 中，使用施工阶段助手可以便捷地定义施工阶段。但是在这个过程中需要注意网格名称的规则性，因此在这个操作对网格的名称规则化。首先修改有关隧道的网格组名称。

在左侧工作目录树上，选择所有网格>网格组>"外径"。排列顺序指定为整体正交坐标系，1st 指定为"Y"。输出标准选择递增排序，名称输入"外径#"，后缀起始号输入"1"。点击"适用"键。在左侧工作目录树上，选择所有网格>网格组>"内径"。排列顺序指定为整体正交坐标系，1st 指定为"Y"。输出标准选择递增排序，名称输入"内径#"，后缀起始号输入"1"。点击"适用"键。在左侧工作目录树上选择所有网格>网格组>"盾壳"。排列顺序指定为整体正交坐标系，1st 指定为"Y"。输出标准选择递增排序，名称输入"盾壳#"，后缀起始号输入"1"。

4. 设置分析

1）设置荷载条件

（1）点击静力/边坡分析>荷载>自重（Static/Slope Analysis>Load>Self Weight）。

定义自重。岩土、结构构件上输入的容重乘以自动设置的重力加速度后自动计算。可以输入基于方向的比例因子。对重力方向设置了默认值。名称输入"自重-1"，荷载组上输入"自重"。荷载成分在重力加速度方向 Gz 上输入"-1"。点击"适用"键。如图 11-16 所示。

图 11-16　设置自重荷载

（2）点击静力/边坡分析>荷载>定义组（Static/SlopeAnalysis>Load>DefineSet）。

这一步是预先定义荷载组名称的操作。在既定的各荷载组的情况下，可以预先注册荷载组名称。利用"添加"键定义如表 11-4 所示的荷载组。其中 HP 为掘进压（200 kN/m^2），J 为千斤顶推力（4500 kN/m^2），S 为盾壳外压（50 kN/m^2），E 为适管片外压（1000 kN/m^2）。

表 11-4　预定义荷载组

$HP1$	$HP2$	$HP3$	$HP4$	$HP5$	$HP6$	$HP7$	$HP8$	$HP9$	
$J1$	$J2$	$J3$	$J4$	$J5$	$J6$	$J7$	$J8$	$J9$	
$S1$	$S2$	$S3$	$S4$	$S5$	$S6$	$J7$	$S8$	$S9$	$S10$
$E1$	$E2$	$E3$	$E4$	$E5$	$E6$	$E7$	$E8$	$E9$	$E10$

（3）点击静力/边坡分析>荷载>压力（HP，掘进压）（Static/SlopeAnalysis>Load>Press）。

这一步是在 ShieldTBM 开挖时输入掘进压的过程。在左侧工作目录树>几何形状>实体上，内径选择"3，5，7，9，11，13，15，17，19"后点击"仅显示"。在视图工具条上点击"右视图"。名称输入"压力-1"。目标形状的种类修改为"面"，选择有关内径 3 的前部分的面。荷载方向指定为"参考坐标系"/"整体正交坐标系""Y"。勾选等分布后大小上输入"200"。荷载组指定为"HP1"后点击"适用"键。用同样的方法选择有关内径 5，7，9，11，13，15，17，19 前部分的面，生成荷载组"HP2~HP9"。如图 11-17 所示。

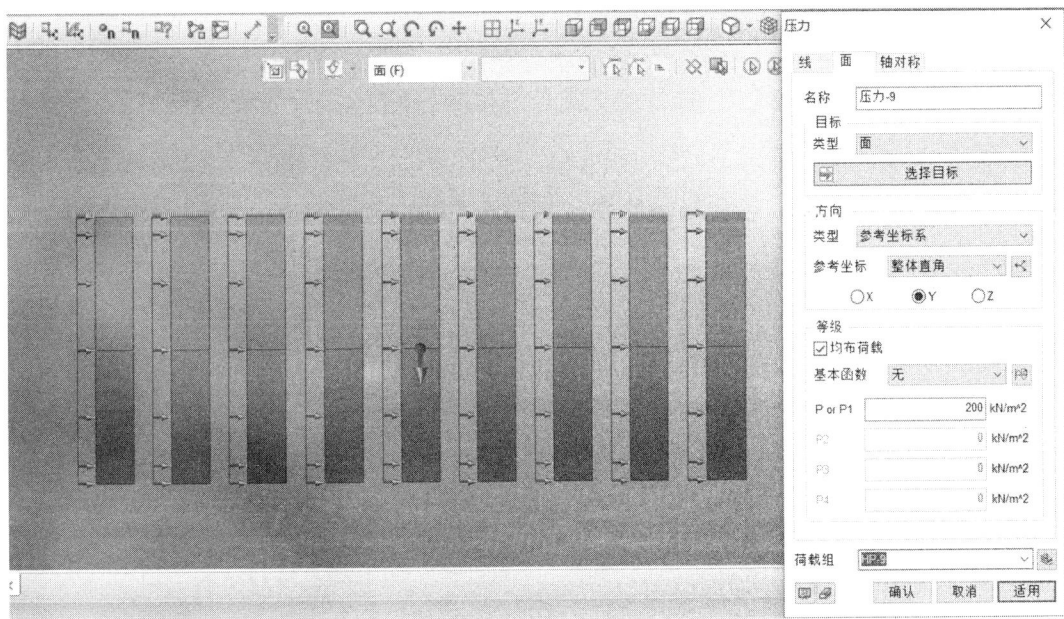

注：为展现操作后整体效果，该图为执行完所有压力设置操作后的示意图，非第一个压力设置的示意图。

图 11-17　设置掘进压

（4）点击静力/边坡分析>荷载>压力（J 千斤顶推力）（Static/SlopeAnalysis>Load>Press）。

这一步是在 ShieldTBM 开挖时输入千斤顶推力的过程。在左侧工作目录树>几何形状>实体上选择外径 2，4，6，8，10，12，14，16，18 后点击"仅显示"。在视图工具条上点击"右视图"。名称输入"压力-10"。目标形状的种类修改为"面"，选择有关外径 2 的后部分的面。荷载方向指定为"查看坐标系"/"整体正交坐标系""Y"。勾选等分布后在大小上输入"-4500"。荷载组指定为"J1"后点击"适用"键。用同样的方法选择有关外径 4，6，8，10，12，14，16，18 前部分的面，生成荷载组"J2~J9"。如图 11-18 所示。

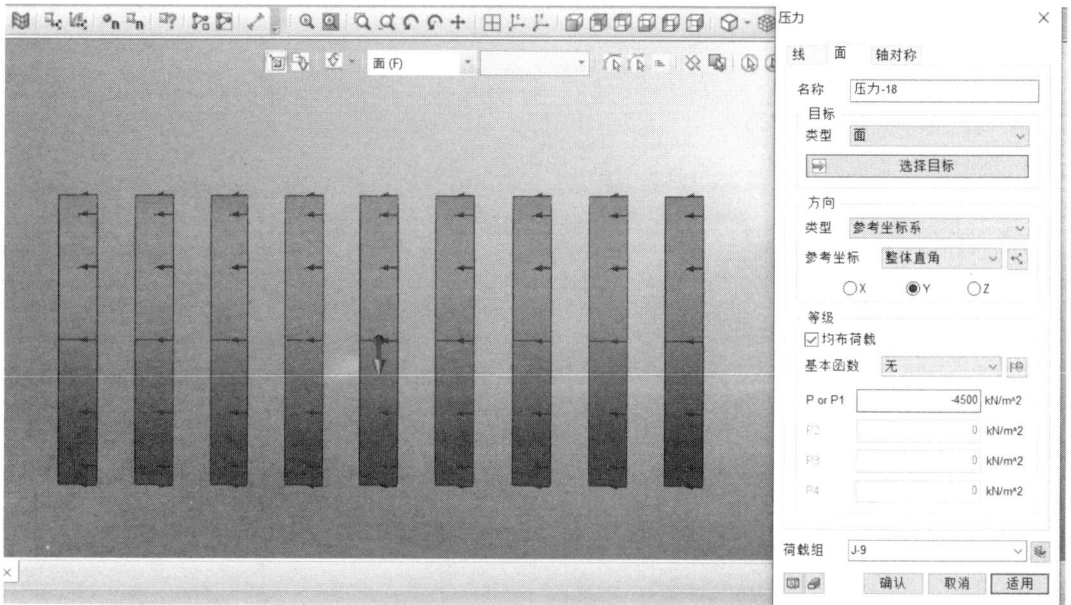

注：为展现操作后整体效果，该图为执行完所有压力设置操作后的示意图，非第一个压力设置的示意图。

图 11-18　设置千斤顶推力

（5）点击静力/边坡分析>荷载>压力（S 盾壳外压（Static/SlopeAnalysis>Load>Press）。

这一步是 ShieldTBM 开挖时输入盾壳外压的操作。在左侧工作目录树>几何形状>实体上，选择所有的外径实体后点击"仅显示"。名称输入"压力-19"。目标形状的种类修改为"面"，选择有关外径 1，2 实体外围的 8 个的面。荷载方向指定为"法线方向"。勾选等分布后大小上输入"50"。荷载组指定为"S1"后点击"适用"键。用同样的方法选择有关外径 3~20 实体的外围面，生成荷载组"S2~S10"。如图 11-19 所示。

（6）点击静力/边坡分析>荷载>压力（E，管片外压）（Static/SlopeAnalysis>Load>Press.）。

这一步是在 ShieldTBM 开挖时输入管片外压的过程。在左侧工作目录树>几何形状>实体上，选择所有的外径实体后点击仅显示。名称上输入"压力-29"。目标形状的种类修改为"面"，选择有关外径 1，2 实体外围的 8 个的面。荷载方向指定为"法线方向"。勾选等分布后大小上输入"1000"。荷载组指定为"E1"后点击"适用"键。用同样的方法选择有关外径 3~20 实体的外围面的面，生成荷载组"E2~E10"。如图 11-20 所示。

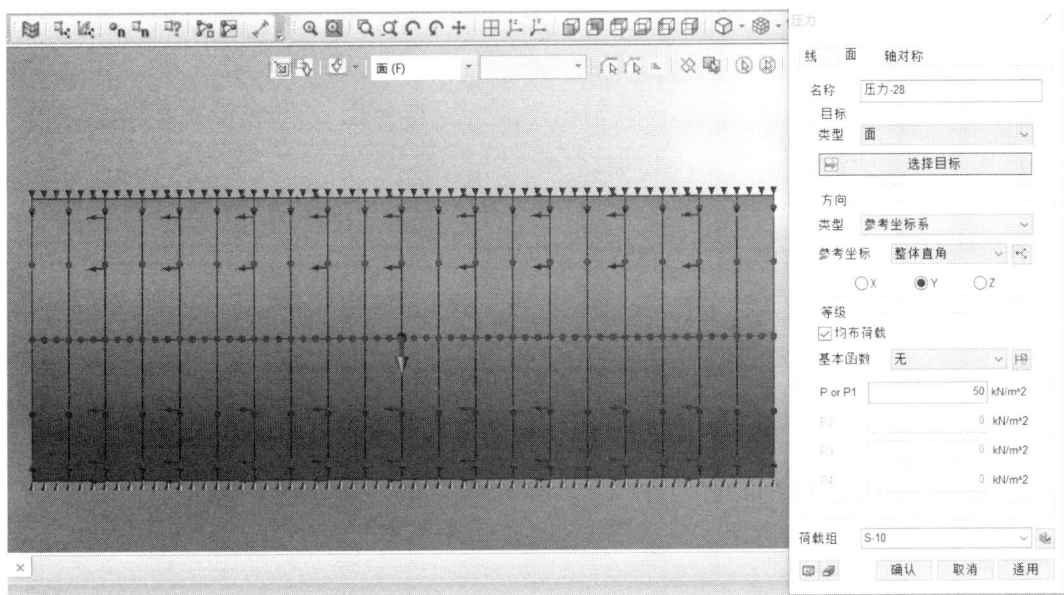

注：为展现操作后整体效果，该图为执行完所有压力设置操作后的示意图，非第一个压力设置的示意图。

图 11-19　设置盾壳外压

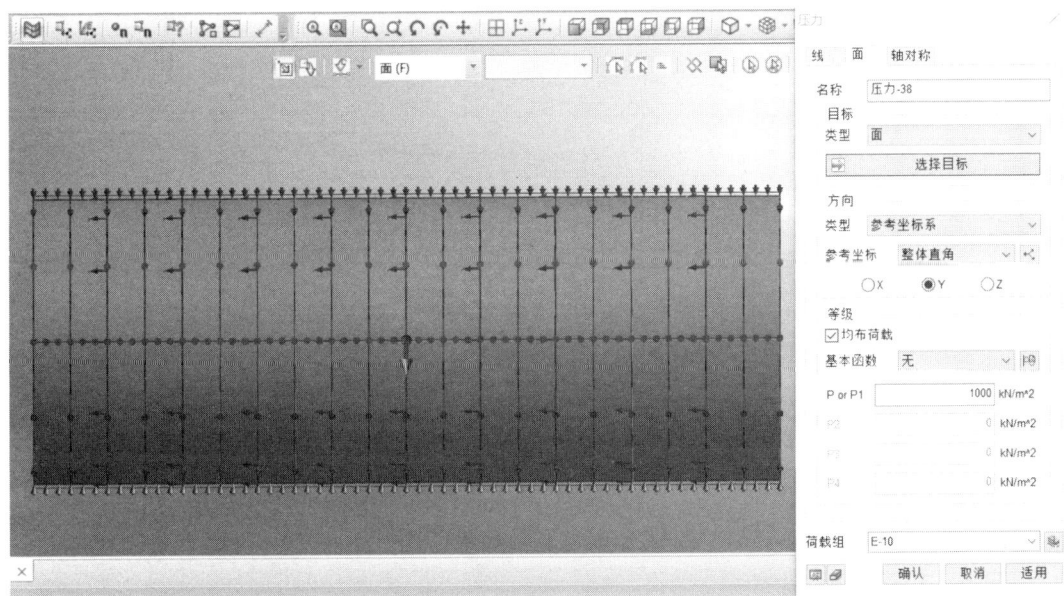

注：为展现操作后整体效果，该图为执行完所有压力设置操作后的示意图，非第一个压力设置的示意图。

图 11-20　设置管片外压

2）设置边界条件

（1）点击静力/边坡分析>边界条件>约束（Static/SlopeAnalysis>Boundary>Constraint）。
这一步是以整体坐标系为准设置模型位移以及设置旋转的约束条件的过程。根据整体坐标系方向在左/右/下端上自动设置位移约束。在自动表单上输入名称和边界条件组名称。如图 11-21 所示。

(2)点击静力/边坡分析>边界条件>改变属性

(Static/SlopeAnalysis>Boundary>ChangeProperty)。

输入更改属性的条件。随着开挖将按外径网格(实体)→管片网格(实体)修改属性、按盾壳网格(板)→注浆网格(板)更改。在施工阶段表单上,目标全部按外径网格选择。特性指定为"2:Segment"。点击"适用"键。在施工阶段上,目标全部按盾壳单元选择。特性指定为"4:Grout"单元。点击"确认"键。

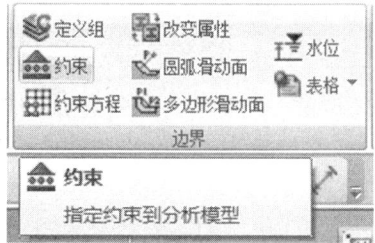

图 11-21 设置边界条件

3)定义施工阶段

按施工阶段模拟 ShieldTBM 开挖过程时,按每 2 m 进行开挖设置施工阶段。详细参数如表 11-5、表 11-6、表 11-7 所示。

表 11-5　各施工阶段网格条件

参数项目		开挖(清除单元)			(设置单元)		
		内部	管片	盾构机	内部	管片	注浆部分
施工阶段	1	—	—	—	岩土、内径 1~20,外径 1~20		
	2	内径 1, 2	外径 1, 2	—	盾壳 1, 2	—	—
	3	内径 3, 4	外径 3, 4	—	盾壳 3, 4	—	—
	4	内径 5, 6	外径 5, 6	—	盾壳 5, 6	—	—
	5	内径 7, 8	外径 7, 8	—	盾壳 7, 8	外径 1, 2	—
	6	内径 9, 10	外径 9, 10	盾壳 1, 2	盾壳 9, 10	外径 3, 4	—
	7	内径 11, 12	外径 11, 12	盾壳 3, 4	盾壳 11, 12	外径 5, 6	—
	8	内径 13, 14	外径 13, 14	盾壳 5, 6	盾壳 13, 14	外径 7, 8	—
	9	内径 15, 16	外径 15, 16	盾壳 7, 8	盾壳 15, 16	外径 9, 10	盾壳 1, 2
	10	内径 17, 18	外径 17, 18	盾壳 9, 10	盾壳 17, 18	外径 11, 12	盾壳 3, 4
	11	内径 19, 20	外径 19, 20	盾壳 11, 12	盾壳 19, 20	外径 13, 14	盾壳 5, 6
	12	—	—	盾壳 13, 14	—	外径 15, 16	盾壳 7, 8
	13	—	—	盾壳 15, 16	—	外径 17, 18	盾壳 9, 10
	14	—	—	盾壳 17, 18	—	外径 19, 20	盾壳 11, 12
	15	—	—	盾壳 19, 20	—	—	盾壳 13, 14
	16	—	—	—	—	—	盾壳 15, 16
	17	—	—	—	—	—	盾壳 17, 18
	18	—	—	—	—	—	盾壳 19, 20
单元类型		Solid	Solid	Plate	Plate	Solid	Plate

表 11-6　各施工阶段荷载条件

施工阶段	荷载加载条件				清除荷载条件
	开挖面压力	盾壳外压	管片外压	千斤顶压力	千斤顶压力
1	—	—	—	—	—
2	HP1(内径 3 前 Face)	S1(外径 1，2 压力)	—	—	—
3	HP2(内径 5 前 Face)	S2(外径 3，4 压力)	—	—	—
4	HP3(内径 7 前 Face)	S3(外径 5，6 压力)	—	—	—
5	HP4(内径 9 前 Face)	S4(外径 7，8 压力)	—	J1(外径 2)	—
6	HP5(内径 11 前 Face)	S5(外径 9，10 压力)	E1(外径 1，2 压力)	J2(外径 4)	J1(外径 2)
7	HP6(内径 13 前 Face)	S6(外径 11，12 压力)	E2(外径 3，4 压力)	J3(外径 6)	J2(外径 4)
8	HP7(内径 15 前 Face)	S7(外径 13，14 压力)	E3(外径 5，6 压力)	J4(外径 8)	J3(外径 6)
9	HP8(内径 17 前 Face)	S8(外径 15，16 压力)	E4(外径 7，8 压力)	J5(外径 10)	J4(外径 8)
10	HP9(内径 19 前 Face)	S9(外径 17，18 压力)	E5(外径 9，10 压力)	J6(外径 12)	J5(外径 10)
11	—	S10(外径 19，20 压力)	E6(外径 11，12 压力)	J7(外径 14)	J6(外径 12)
12	—	—	E7(外径 13，14 压力)	J8(外径 16)	J7(外径 14)
13	—	—	E8(外径 15，16 压力)	J9(外径 18)	J8(外径 16)
14	—	—	E9(外径 17，18 压力)	—	J9(外径 18)
15	—	—	E10(外径 19，20 压力)	—	—
16	—	—	—	—	—
17	—	—	—	—	—
18	—	—	—	—	—
单元类型	200	250	1000	4500	

表 11-7　各施工阶段边界条件

施工阶段	边界条件		
	位移边界条件	管片属性转换(外径属性转换)	注浆属性转换(盾壳属性转换)
1	原场地位移约束		
2			
3			
4			
5		管片 1，2	
6		管片 3，4	
7		管片 5，6	

续表11-7

施工阶段	边界条件		
	位移边界条件	管片属性转换(外径属性转换)	注浆属性转换(盾壳属性转换)
8		管片7, 8	
9		管片9, 10	注浆1, 2
10		管片11, 12	注浆3, 4
11		管片13, 14	注浆5, 6
12		管片15, 16	注浆7, 8
13		管片17, 18	注浆9, 10
14		管片19, 20	注浆11, 12
15			注浆13, 14
16			注浆15, 16
17			注浆17, 18
18			注浆19, 20

(1)静力/边坡分析>施工阶段>施工阶段管理。

设置施工阶段组。施工阶段种类有应力分析、渗流分析、应力-渗流-边坡分析、固结分析、完全应力-渗流耦合分析。在本书学习上设定为应力分析。名称输入"TBM",阶段种类指定为"应力分析"。点击"添加"键,生成施工阶段后点击"关闭"按钮。如图11-22所示。

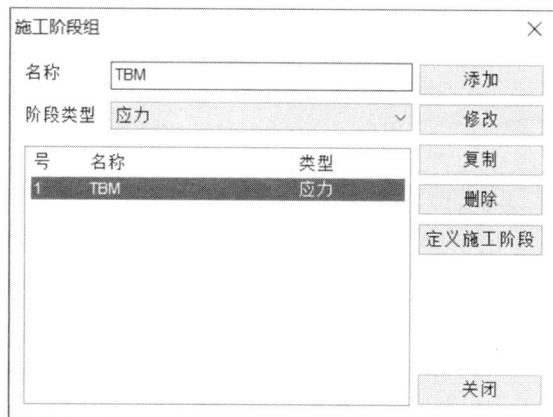

图11-22 设置施工阶段组

(2)静力/边坡分析>施工阶段>施工阶段助手。

(Static/SlopeAnalysis>ConstructionStage>StageWizard)

定义施工阶段。在 GTS NX 上,通过施工阶段助手对重复规律的单元进行添加/删除,可以轻松定义施工阶段。为了使用施工阶段助手定义施工阶段,就要在各组的名称上赋予规则性的编号(后缀标记)。

在分配规则上点击"组类型"，选择"网格组"。点击"组名称前缀"，选择"内径-"。在A/R 上选择"R"。开始后缀输入"1"，后缀增量输入"2"。开始阶段输入"1"，阶段增量输入"1"。其余也按如下规则指定。点击"适用分配规则"。选择"内径-""外径-""岩土"等网格组，"边界条件组""自重"。

(3)静力/边坡分析>施工阶段>施工阶段管理。

(Static/SlopeAnalysis>ConstructionStage>StageSet)

使用施工阶段向导功能，手动查看、修改生成的阶段。在施工阶段定义菜单上，可以设置比施工阶段助手更详细的选项(LDF 等)。因此，在复杂模型的情况下，使用施工阶段助手，生成整体性施工阶段的框架，当各步骤上有使用的个别选项时，利用施工阶段定管理，再在个别施工阶段上设置选项，这样的方法比较方便。点击阶段编号，选择"1：IS"。勾选"位移清理"。点击"保存"后点击"关闭"键。如表 11-8 以及图 11-23 所示。

表 11-8　施工阶段助手设置

组类型	组名称前缀 2	A/R	开始后缀	F	结束后缀	后缀增量	开始阶段	阶段增量
网格	内径-	R	1	0		2	1	1
	内径-	R	2	0		2	1	1
	外径-	R	1	0		2	1	1
	外径-	R	2	0		2	1	1
	盾壳-	R	1	0		2	5	1
	盾壳-	R	2	0		2	5	1
	盾壳-	A	1	0		2	1	1
	盾壳-	A	2	0		2	1	1
	外径-	A	1	0		2	4	1
	外径-	A	2	0		2	4	1
	盾壳-	A	1	0		2	8	1
	盾壳-	A	2	0		2	8	1
荷载	HP-	A	1	0		1	1	1
	S-	A	1	0		1	1	1
	E-	A	1	0		1	5	1
	J-	A	1	0		1	4	1
	J-	R	1	0		1	5	1
边界	外径-	A	1	0		2	4	1
	外径-	A	2	0		2	4	1

续表11-8

组类型	组名称前缀2	A/R	开始后缀	F	结束后缀	后缀增量	开始阶段	阶段增量
边界	盾壳-	A	1	0		2	8	1
	盾壳-	A	2	0		2	8	1

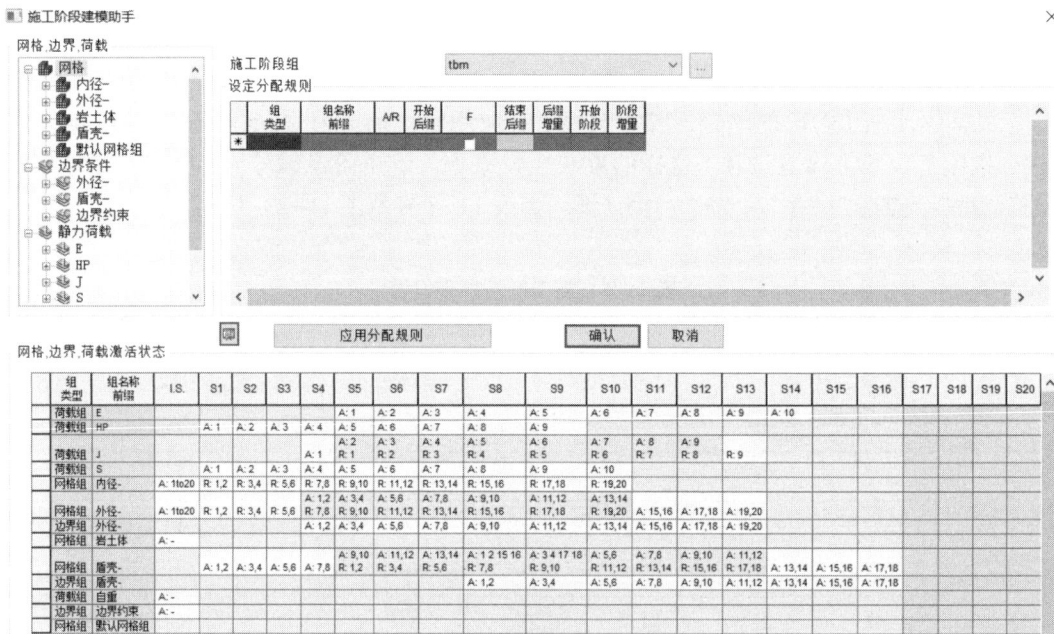

图11-23　设置施工阶段组

4）设置分析工况

点击分析>分析工况>新建（Analysis>AnalysisCase>General）

本阶段是设置分析方法和分析上使用的模型数据的过程。用高级选项可以控制分析及输出结果类型。在分析施工阶段的情况下，因为已经设置了分析上使用的数据，所以将钝化分析模型设置的部分。名称设置为"TBM 分析"。分析类型设置为施工阶段，施工阶段组设置为"tbm"。在控制分析>一般上，勾选应力分析初始阶段并指定为1：IS。

5）执行分析

点击分析>分析>运行（Analysis>Analysis>Perform）

执行分析。完成分析后将自动转换成后处理模式（查看结果），如需修改模型及变更选项要转换成前处理模式。

11.2.2　计算结果分析

分析结果

计算分析完成以后可以在结果目录树上按各施工阶段查看变形、应力、内力等。所有结果以等值线、云图、表格、图形等方式输出。在本例题中需要分析的主要结果如下。

隧道的位移−拱顶位移、整体位移、盾壳/管片位移及应力查看。

1) 查看位移

可用结果目录树的 Displacement 来确认位移趋势。$T1$，$T2$，$T3$ 为整体坐标系对应的 X，Y，Z 方向的位移。在本模型上重量方向为 Z 方向，拱顶位移可按 $T3$ TRANSLATION 确认，按 $T1$ TRANSLATION，$T2$ TRANSLATION 查看隧道的水平位移。如图 11-24 所示。

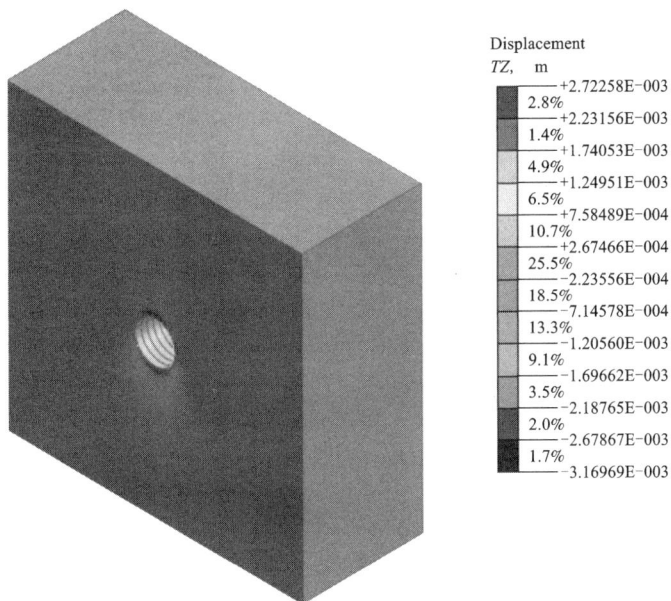

图 11-24　拱顶位移(等角视图)(扫章首码查看彩图)

选择分析结果>高级>结果标记，选择要查看的节点来确认有关节点上的结果值。在结果标记上也可以确认最大值、最小值、最大绝对值发生的位置。如图 11-25 所示。

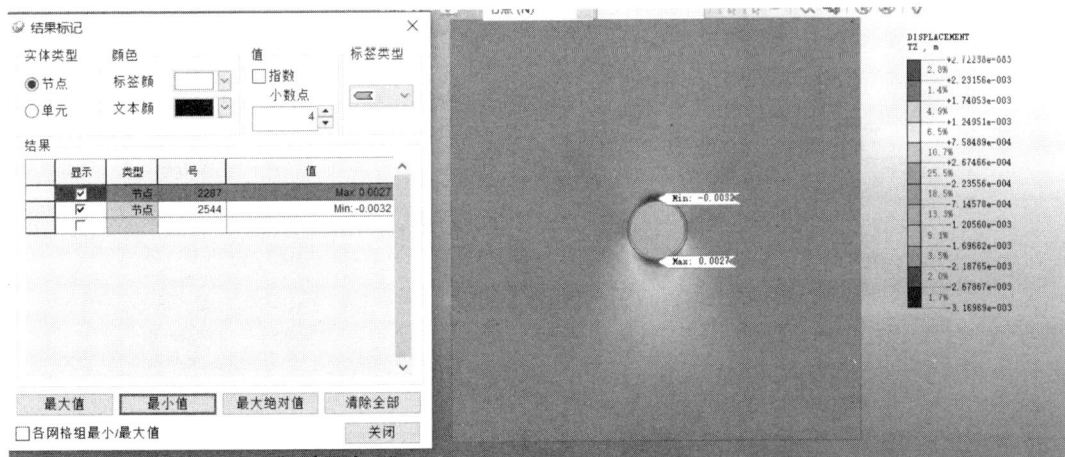

图 11-25　结构标记功能(扫章首码查看彩图)

在工作目录树>结果>TBM 分析上，指定查看结果的阶段（S17）后，选择 Displacement>
TOTAL TRANSLATION（V）来查看整体位移。选择分析结果>一般>云图>条纹后，在左侧下端
的属性窗口按显示等值线来查看变形趋势。如图 11-26 所示。

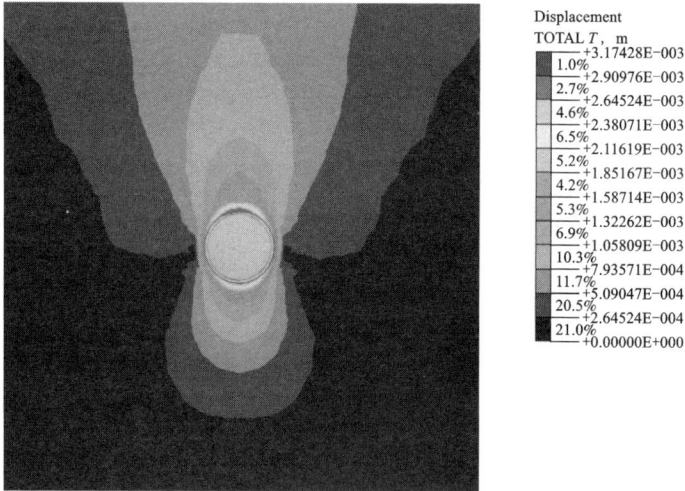

图 11-26　整体位移变化（扫章首码查看彩图）

2）查看应力

可用结果目录树的 Solid Stresses 来查看应力。S-XX, S-YY, S-ZZ 指各方向的应力，最
大主应力为 S-PRINCIPAL A（V），最小主应力为 S-PRICIPAL C（V）。

可用结果目录树的 Shell Element Stresses 来确认盾壳的应力。壳单元的情况下，作为具
有厚度的板单元，将输出板的 TOP、MID、BOTTOM 部分的结果，按照分析前在属性/坐标系/
函数>属性窗口上设置的坐标系输出。如图 11-27 所示。

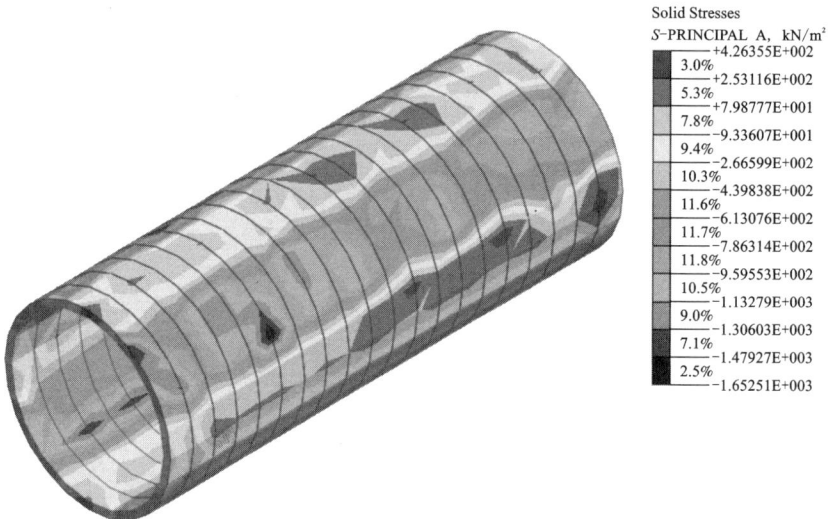

图 11-27　管片最大主应力（扫章首码查看彩图）

本章习题

1. 假设一个土体半圆形隧道，直径为 8 m，埋深 20 m，土体弹性模量为 20 MPa，泊松比为 0.32，土体容重为 18 kN/m³，黏聚力 $c = 30$ kPa，摩擦角 $\varphi = 15°$。衬砌的弹性模量为 30 MPa，容重为 25 kN/m³，泊松比为 0.25。先开挖隧道上部断面(上台阶)，上台阶超前 10 m 后开始开挖下部断面(下台阶)。假设开挖后立刻进行喷锚支护，试模拟台阶法隧道施工过全过程，并分析施工过程围压变形与应力变化特征。

2. 盾构隧道开挖过程中开挖面失稳的主要原因是隧道开挖面支护压力过大或过小，支护压力过大可能会造成地面隆起，支护压力过小则会造成隧道坍塌以及地面塌陷。假设有一盾构隧道，直径 6 m，覆土厚度 9 m。土体材料模型类型选择莫尔-库仑模型，其中弹性模量为 100 MPa，泊松比为 0.3，土体容重为 18 kN/m³，黏聚力 $c = 5$ kPa，摩擦角 $\varphi = 20°$。将混凝土隧道衬砌建模为线性弹性模型，其中衬砌弹性模量为 20 GPa，泊松比为 0.2，厚度为 200 mm，单位重量为 24 kN/m³。请模拟改盾构隧道开挖过程支护压力情况，并确定使得隧道开挖面位移最小的最佳支护压力。

参考文献

[1] 朱伯芳.有限单元法原理与应用[M].北京:中国水利水电出版社,2018.

[2] 彭细荣,杨庆生,孙卓.有限单元法及其应用[M].北京:清华大学出版社,2012.

[3] 孙铁成,岳祖润.岩土工程仿真分析·理论篇[M].北京:科学出版社,2019.

[4] Smith lan Moffat, Denwood Voughan Griffiths, Lee Margetts. Programming the inite element method[M]. New York:John Wiley Sons,2013.

[5] 费康,彭劼.ABAQUS岩土工程实例详解[M].北京:人民邮电出版社,2017.

[6] 王胜永.有限元理论及ANSYS工程应用[M].郑州:郑州大学出版社,2018.

[7] 刘志祥,张海清.PLAXIS 2D基础教程[M].北京:机械工业出版社,2017.

[8] 郑颖人,朱合华,方正昌,等.地下工程围岩稳定分析与设计理论[M].北京:人民交通出版社,2012.

[9] 王金艳,王珊珊.midas GTS NX常见问题解答[M].北京:人民交通出版社,2019.

图书在版编目(CIP)数据

有限单元法及应用 / 李地元, 苏晓丽, 韩明罡编著.
—长沙: 中南大学出版社, 2023.8
ISBN 978-7-5487-5470-1

Ⅰ. ①有⋯ Ⅱ. ①李⋯ ②苏⋯ ③韩⋯ Ⅲ. ①有限元
法 Ⅳ. ①O241.82

中国国家版本馆 CIP 数据核字(2023)第 137400 号

有限单元法及应用
YOUXIAN DANYUANFA JI YINGYONG

李地元　苏晓丽　韩明罡　编著

□出 版 人	吴湘华
□责任编辑	伍华进
□责任印制	唐　曦
□出版发行	中南大学出版社
	社址: 长沙市麓山南路　　　邮编: 410083
	发行科电话: 0731-88876770　传真: 0731-88710482
□印　　　装	长沙市宏发印刷有限公司

□开　　　本	787 mm×1092 mm 1/16　□印张 13.5　□字数 353 千字
□互联网+图书	二维码内容　视频 1 小时 40 分钟　图片 17 张
□版　　　次	2023 年 8 月第 1 版　　□印次 2023 年 8 月第 1 次印刷
□书　　　号	ISBN 978-7-5487-5470-1
□定　　　价	48.00 元